Python

面试通关宝典

洪锦魁◎著

清华大学出版社
北京

内 容 简 介

本书内容分为两篇，第 1 篇是 Python 语言面试题，第 2 篇是算法面试题。Python 语言面试题涵盖面试通用问题、Python 语法面试题、函数、类、模块、文件管理、正则表达式以及 Python 语言综合应用；算法面试题涵盖排序、搜寻、字符串、数组、链表、二叉树、堆栈、数学问题、贪婪算法、动态规划算法以及综合应用。

本书包括 100 多个问答题和 300 多个程序实例，全面、系统地帮助读者快速掌握 Python 语法与算法的知识。本书适合立志成为 Python 程序员或即将参加 Python 程序员面试的读者阅读，也可作为计算机相关专业毕业生的求职指导用书。

图书在版编目（CIP）数据

Python面试通关宝典 / 洪锦魁著. — 北京：清华大学出版社，2020.11
ISBN 978-7-302-56501-7

Ⅰ.①P⋯　Ⅱ.①洪⋯　Ⅲ.①软件工具－程序设计　Ⅳ.①TP311.561

中国版本图书馆CIP数据核字(2020)第182553号

责任编辑：杜　杨
封面设计：杨玉兰
责任校对：胡伟民
责任印制：丛怀宇

出版发行：清华大学出版社
　　　　　网　　　址：http://www.tup.com.cn，http://www.wqbook.com
　　　　　地　　　址：北京清华大学学研大厦 A 座　　　　邮　　编：100084
　　　　　社 总 机：010-62770175　　　　　　　　　　邮　　购：010-83470235
　　　　　投稿与读者服务：010-62776969，c-service@tup.tsinghua.edu.cn
　　　　　质 量 反 馈：010-62772015，zhiliang@tup.tsinghua.edu.cn
印 装 者：三河市君旺印务有限公司
经　　销：全国新华书店
开　　本：170mm×240mm　　　　**印　　张：**18.75　　　　**字　　数：**510 千字
版　　次：2020 年 12 月第 1 版　　　　**印　　次：**2020 年 12 月第 1 次印刷
定　　价：79.00 元

产品编号：089964-01

前　　言

　　Python 已经流行很多年了，从 2017 年起至 2020 年，根据 IEEE Spectrum 报道，Python 在编程语言中排名第一。Python 具有开源（open source）、简单易学、功能强大、应用领域广大等特性，更有许多公司或个人为 Python 设计模块供大家免费使用，所以 Python 成为当今最重要的程序语言。

　　许多工程师纷纷从熟悉的 Java、C/C++ 转向学习 Python，学校也开始由教 Java、C/C++ 转成教 Python，面向程序员的就业广告，几乎以 Python 语言为主。本书收集了国内外各大主流公司的热门考题、LeetCode 考题以及笔者认为学习 Python 应该掌握的知识，全部以详细、清楚的程序实例进行解说，期待帮助读者入职著名企业，获得高薪。

　　Python 工程师面试的第一个主题，当然是测试面试者对于 Python 语言的了解与熟悉程度，内行的面试主管可以通过面试者对于下列 Python 重点内容的理解程度，轻易地了解面试者的 Python 功力：

❑ Python 特色；

❑ 脱离 Java、C/C++ 的逻辑，以 Python 的逻辑设计程序；

❑ 列表 / 元组切片；

❑ 列表 / 元组打包、解包；

❑ 可迭代对象；

❑ 生成式；

❑ 字典、集合；

❑ 类与模块；

❑ 正则表达式。

　　坦白说，市面上有一些 Python 图书，由其所使用的范例就可以知道，作者仍是在用 Java、C/C++ 的逻辑撰写，并没有真正了解 Python 的核心精神。要成为一位合格的 Python 程序设计师，一定要了解 Python 语法的新概念。

　　面试的另一个重点是算法，一个看似简单的题目往往暗藏丰富的算法知识，这时就是在考查面试者的逻辑与思考能力。本书也包含了极为丰富的算法题目，详细说明解题过程，帮助读者在面试时碰上类似考题可以轻松面对。本书的算法考题主要包含下列内容：

❑ 排序与搜寻；

❑ 字符串；

❑ 数组；

❑ 链表；

❑ 二叉树；

❑ 堆栈与回溯；

❑ 数学问题；

❑ 深度优先搜寻、广度优先搜寻；

❑ 最短路径算法；

❑ 贪婪算法；

❑ 动态规划算法。

全书包含 100 多个问答题和 300 多个程序实例，所有实例的源代码请扫描封底二维码下载。笔者写过许多计算机图书，本书沿袭了笔者写作的特色，程序实例丰富。本书虽力求完美，但谬误难免，尚祈读者不吝指正。

洪锦魁

目　　录

第 1 篇　Python语言面试题

第 2 篇　算法面试题

第 1 篇
Python 语言面试题

在 Python 语言的面试题中，重点是考查 Python 语言的特色，例如：列表（list）、元组（tuple）、字典（dict）、集合（set）、enumerator( )、generator、iterator、iterable object、closure、lambda、decorator、map( )、reduce( )、@property、@classmethod、@staticmethod、打包（pack）、解包（unpack）等。本篇包含以下各章：

第 1 章：面试通用问题；

第 2 章：Python 语法面试题；

第 3 章：Python 函数、类与模块；

第 4 章：文件管理；

第 5 章：正则表达式；

第 6 章：Python 语言综合应用。

本篇内容是假设读者已有一定的 Python 基础，如果读者想要全面了解 Python，建议可以参考《Python 王者归来》及《Python 数据科学零基础一本通》。

01

第 1 章

面试通用问题

本章摘要

1-1　一份好的简历有助于取得面试的机会

　　一份简历其实就是描述个人的精彩故事，不建议用同样的简历应聘不同的公司，应该针对每一家公司的特色适度描述自己，让自己拥有可以让求贤若渴的公司惊艳的简历。

　　除非你是面试高级主管，这时可能需要较多篇幅描述自己的经历，也许需要 3～5 页。普通简历建议 1 页即可，让人力资源部门可以在 15 秒内抓重点阅读完毕，太多不重要的信息反而会起到相反的效果，所以如何描述重点变得很关键。

1-2　认识面试的公司

　　建议浏览面试公司的网页、查询是否有媒体报道，更进一步了解公司的文化、历史与价值观。

　　另外也建议利用社群网站认识曾经面试过此公司的人，请教面试心得。或是认识曾经或正在此公司上班的人，了解公司面试过程、公司产品发展方向、公司组织与决策过程。

　　了解公司、展现自己对公司有热情，这是非常重要的。求职者如果有先认识公司，表示对此工作有期待，这也是面试官想看到的。如果面试一家公司，不事先认识与了解公司，面试官是不会对此求职者有所期待的。

1-3　自我介绍

　　如果有一定英语基础，可以做中英文自我介绍。现在许多国外软件的使用手册皆可以在网络上取得，你必须要有能力阅读这些文件，所以用英文自我介绍是证明自己有英文能力的最好证明。

　　在自我介绍时，可以针对下列方向简单明确地说明：

　　1：毕业学校与专业，课外活动的经验。

　　2：目前工作，特殊表现。

　　3：工作之外学习的经验。

　　4：程序语言经验，建议可以列出几个自己熟悉的程序语言，例如 Java、JavaScript、C++，让公司了解你的能力是多元的。毕竟任何项目皆要协同合作，有其他语言经验可以应用在不同场合是更好的。

　　5：对面试工作的期待。

1-4　Python 工程师面试常见的三大类问题

Python 工程师面试常见的三大类问题如下：

1. Python 语言的概念问题

读者一定要熟悉 Python 语法特色，在这类问题中一定要展现是以 Python 概念设计程序、解决问题，而不是使用 Java 或 C++ 的语法概念解决问题。

2. 算法题目

考试时间很短暂，碰上全新的题目，也许你功力够、逻辑概念清楚，可以顺利解决，但一时无法解出的题目也不用慌，至少要知道使用不同数据结构的时机，究竟是使用堆栈、队列、串行、二叉树存储此数据？或是使用广度优先、深度优先、回溯、递归概念解决此问题？

未来在职场上一定会碰上全新的问题等待你去解决，这时有一个清楚的概念去拆解问题，有热情解决问题，才是公司需要的人才。

当然多做题目，夯实自己的基础，让问题迎刃而解更好。

3. 通用问题

可以参考 1-5 节。

1-5　常见的面试通用问题

在面试期间，可能碰上 10 ～ 20 个通用问题。可参考下列通用问题，请为每份问题准备 2 ～ 3 份解答。

1：你的前一份工作是什么？

2：有没有程序设计师的经历？还会哪些程序语言？

3：程序语言有很多，是什么原因让你选择 Python 当作主要使用的程序语言？

4：你是如何学会 Python 的？

5：请说明你觉得学习 Python 最困难的部分？

6：当你使用 Python 碰上困难时，如何解决问题？

7：简述你为什么想要应聘这份工作？

8：简述你曾经解决的最困难的事情。

9：说明你感觉最有成就感的事情。

10：请你提出对本公司任一产品的使用心得以及是否有任何可以改进的想法。

11：请说明你在团队工作，如何将自己保持在最好状态？

12：你的人生规划为何？是否有阶段性目标？

13：你的期待薪资？

14：录用后预计何时可以上班？

1-6　反问公司问题

在面试期间，面试主管也可能要你问一些问题，由你所问的问题面试主管也可以更进一步认识你。尽量不要说你没有任何问题，可以参考下列问题反问面试主管。

1：目前人力需求的团队规模如何？

2：团队目前工作计划如何？

3：请简介公司开发一个产品的流程。

4：目前开发产品公司设定的时间流程一般是怎样的？

5：每周平均开几次会？

6：请公司说明工作环境。

7：是否会经常为工作截止日期加班？工作时间是否有弹性？

02

第 2 章

Python 语法面试题

问答 2-1：Python 是什么？

问答 2-2：Pythonista 是什么？

问答 2-3：请简述 Python 的优点。

问答 2-4：请简述 Python 的特色。

问答 2-5：PEP 8 是什么？

问答 2-6：Pythonic 是什么？

问答 2-7：请简述静态语言（static language）和动态语言（dynamic language）。

问答 2-8：何谓文字码语言（scripting language）？ Python 是不是属于文字码语言？

问答 2-9：请说明 PYTHONPATH 环境变量功能。

问答 2-10：请说明 PYTHONSTARTUP 环境变量功能。

问答 2-11：请说明 PYTHONCASEOK 环境变量功能。

问答 2-12：请说明 PYTHONHOME 环境变量功能。

问答 2-13：请说明 .py 和 .pyc 文件的差异。

问答 2-14：在 Python 的程序设计中，有哪些工具可以协助找寻错误（bug）？

问答 2-15：Python 如何管理内存空间？

问答 2-16：变量名称前有单下画线，例如 _test，请说明适用时机。

问答 2-17：变量名称后有单下画线，例如 dict_，请说明适用时机。

问答 2-18：变量名称前后有双下画线，例如 __test__，请说明适用时机。

问答 2-19：变量名称前有双下画线，例如 __test，请说明适用时机。

问答 2-20：在 IDLE 环境使用 Python 时，单下画线有何特别意义？

问答 2-21：请说明 // 的用法。

问答 2-22：请说明 Python 的注释使用方式。

问答 2-23：简述列表（list）与元组（tuple）的区别。

问答 2-24：Python 提供哪些内建可变（mutable）和不可变（immutable）的数据结构？

问答 2-25：Python 提供哪些数值（number）的数据？

问答 2-26：请列出 Python 内建的容器数据形态。

问答 2-27：请列出 Python 序列（sequence）的数据类型。

问答 2-28：请列出 Python 映射（mapping）数据类型。

问答 2-29：Python 的名称空间（namespace）是指什么？

问答 2-30：请说明如何获得变量的地址。

问答 2-31：Python 是否会区分大小写？

问答 2-32：Python 的数据形态转换是什么？请列出所有的数据形态转换函数。

问答 2-33：有一个数学运算的字符串 '5×9+4'，应如何转换成计算结果并打印？

问答 2-34：请说明 Python 的 help( ) 和 dir( )。

问答 2-35：列出整数的方法。

问答 2-36：列出列的方法。

问答 2-37：请说明 int('5.5')和 int (5.5) 的执行结果。

问答 2-38：使用一行指令，执行 x、y 值对调。

问答 2-39：有一个字符串 s = 'abc is abc'，请使用一行指令将字符串 s 改为 'xyz is xyz'。

问答 2-40：请说明何谓转义字符（escape character）。

问答 2-41：请说明字符串前面加上 r 与 b 的功能。

问答 2-42：请说明编码（encode）与译码（decode）。

问答 2-43：请说明 find( ) 和 rfind( ) 的差异。

问答 2-44：请说明 index( ) 和 rindex( ) 的差异。

问答 2-45：请说明循环的 continue 和 break 运作方式。

问答 2-46：有 2 个数字 x、y，不可以使用 max( ) 函数，请使用一行指令，可以得到最大值。

问答 2-47：请说明列表（list）正索引与负索引的用法。

问答 2-48：什么是切片（slicing）？

问答 2-49：切片的应用。

问答 2-50：请说明列表（list）中 append( ) 和 extend( ) 方法的区别。

问答 2-51：请说明浅拷贝 copy( ) 和深拷贝 deepcopy( ) 应用在不可变数据的差异。

问答 2-52：请说明浅拷贝 copy( ) 和深拷贝 deepcopy( ) 应用在可变数据的差异。

问答 2-53：如何设定字符串的第 1 个字母是大写？

问答 2-54：如何将字符串全部改成小写？

问答 2-55：请问应该如何去掉字符串头尾空格？

问答 2-56：请说明 split( ) 方法。

问答 2-57：请说明 is 的用法。

问答 2-58：回答片段指令的输出结果。

问答 2-59：请说明 not 的用法。

问答 2-60：请说明 in 的用法。

问答 2-61：什么是列表打包（packing）？

问答 2-62：什么是元组（或列表）解包（unpacking）？

问答 2-63：什么是可迭代对象？

问答 2-64：请说明 divmod（x，y）的用法，它的回传值数据形态如何？

问答 2-65：请问如何将 B 字典元素合并到 A 字典内。

问答 2-66：如何合并和删除字典？

问答 2-67：请列出所有被列为逻辑值 False 的情况。

问答 2-68：请说明 any( ) 和 all( ) 的区别。

问答 2-69：Python 的 pass 是什么？

问答 2-70：什么是 pickling 和 unpickling？

问答 2-71：请简述 redis 和 mysql 的差异。

问答 2-72：请说明 AttributeError、ZeroDivisionError 等错误原因。

面试实例 ch2_1.py：转义字符的应用。

面试实例 ch2_2.py：字符串前加上 r 的应用。

面试实例 ch2_3.py：Unicode 字符串与 utf-8 格式 bytes 数据的转换。

面试实例 ch2_4.py：了解字符串的数据形态与内容。

面试实例 ch2_5.py：find( ) 和 rfind( ) 的说明。

面试实例 ch2_6.py：列出段落内某一个字符串出现的次数。

面试实例 ch2_7.py：删除字符串内的空格，使用 replace( )。

面试实例 ch2_8.py：删除字符串内的空格，使用 split( ) 和 join( )。

面试实例 ch2_9.py：请说明数组和列表的差异。

面试实例 ch2_10.py：索引实例解说。

面试实例 ch2_11.py：切片应用。

面试实例 ch2_12.py：说明 append( ) 的用法。

面试实例 ch2_13.py：说明 extend( ) 的用法。

面试实例 ch2_14.py：赋值（=）运算取代 extend( ) 的应用。

面试实例 ch2_15.py：浅拷贝、深拷贝与赋值（=）内存位置的观察。

面试实例 ch2_16.py：将两种不同类型的字符串转成列表。

面试实例 ch2_17.py：请说明 join( ) 方法。

面试实例 ch2_18.py：请说明 sort( ) 和 sorted( ) 的区别。

面试实例 ch2_19.py：列表打包，然后打印结果。

面试实例 ch2_20.py：enumerate( ) 打包的应用。

面试实例 ch2_21.py：使用 zip( ) 将列表打包，然后使用 for … in 解包。

面试实例 ch2_22.py：使用 enumerate 将列表打包，然后使用 for … in 解包。

面试实例 ch2_23.py：请用文字说明 zip( ) 的用法，同时用程序解说。

面试实例 ch2_24.py：请用文字说明 enumerate 对象，同时用程序解说。

面试实例 ch2_25.py：什么是生成器（generators）？请举例说明。

面试实例 ch2_26.py：divmod( ) 的应用。

面试实例 ch2_27.py：取得此字典的键（key）。

面试实例 ch2_28.py：取得此字典的值（value）。

面试实例 ch2_29.py：取得此字典的键：值（key：value）的元组。

面试实例 ch2_30.py：将 fruits2 字典元素整合到 fruits1 字典内。

程序实例 ch2_31.py：使用 del 分别删除字典元素与字典。

面试实例 ch2_32.py：删除字典的元素。

面试实例 ch2_33.py：用不同数据调用函数 3 次。

面试实例 ch2_34.py：列表转成字典应用 1。

面试实例 ch2_35.py：列表转成字典应用 2。

面试实例 ch2_36.py：元组转成字典应用。

面试实例 ch2_37.py：客户数据的整理。

面试实例 ch2_38.py：不使用集合的方法处理交集问题。

面试实例 ch2_39.py：any( ) 方法的应用。

也许读者已经很熟悉 Python 语言，可以使用 Python 设计各类问题，但你熟悉的可能只是片面的知识。在面试时更着重考查对语言的全盘掌握，读者可由本章考题对 Python 语言概念进行全盘了解。

问答 2-1：Python 是什么？

解答：

Python 是一种开放原始码（open source）、直译式（interpreted language）、可携式（portable）、面向对象的程序语言（object oriented programming language），具有模块（module）、多线程（threads）、异常处理（exceptions）以及自动内存管理功能（automatic memory management）。

问答 2-2：Pythonista 是什么？

解答：

Python 资深工程师。

问答 2-3：请简述 Python 的优点。

解答：

Python 的优点是开放原始码（open source），任何人皆可以免费使用，许多人或单位为此建立模块免费供所有人使用，它方便、好用，内建数据结构，可以跨平台使用。

问答 2-4：请简述 Python 的特色。

解答：

（1）Python 是直译语言，所编写的程序代码执行前不用经过编译（compile）过程。

（2）Python 是动态语言，所有变量使用前不需要宣告，例如下列是合法变量定义。

```
x = 10
x = 'Python'
```

（3）Python 是一个面向对象的程序语言，语法本身有类（class）、继承（inheritance）、封装（encapsulation）等面向对象的概念与特色。

（4）Python 是一个跨平台的程序语言。例如，在 Windows 操作系统下所设计的程序可以在 Mac OS 或 Linux 环境下执行。

（5）Python 是一个多功能的程序语言，应用范围很广，如网站开发、数据科学、防黑客攻击、人工智能等。

问答 2-5：PEP 8 是什么？

解答：

PEP 的全名是 Python Enhancement Proposals，其中编号 8 是指程序设计风格，其内容包含一系列程序代码写作建议，主要目的是讲解如何设计更具可读性的程序。

问答 2-6：Pythonic 是什么？

解答：

表示所设计的 Python 程序是依照 PEP 8 的规范撰写，程序具有可读性。

问答 2-7：请简述静态语言（static language）和动态语言（dynamic language）的差异，同时各列举 3 种语言，最后请告知 Python 是属于哪一种程序语言。

解答：

（1）静态语言（static language）：有些程序语言的变量在使用前需要先宣告它的数据形态，这样编译程序（compile）可以在内存预留空间给这个变量。这个变量的数据形态经过宣告后，未来无法再改变，这类程序语言称为静态语言（static language），例如 C、C++、Java。

（2）动态语言（dynamic language）：有些程序语言的变量在使用前不必宣告它的数据形态，这样可以用比较少的程序代码完成更多工作，增加程序设计的便利性，这类程序在执行前不必经过编译（compile）过程，而是使用直译器（interpreter）直接直译（interpret）与执行（execute），这类程序语言称为动态语言（dynamic language），例如 Python、Perl、Ruby。

Python 是动态语言。

问答 2-8：何谓文字码语言（scripting language）？ Python 是不是属于文字码语言？

解答：

有些程序语言的变量在使用前不必宣告它的数据形态，这样可以用比较少的程序代码完成更多工作，增加程序设计的便利性，这类程序在执行前不必经过编译（compile）过程，而是使用直译器（interpreter）直接直译（interpret）与执行（execute），这类的程序语言称为动态语言（dynamic language），动态语言也可以称作文字码语言（script language）。

Python 是文字码语言（script language）。

问答 2-9：请说明 PYTHONPATH 环境变量功能。

解答：

当启动 Python 直译器时，系统会自行建立一个 PYTHONPATH 路径列表，这个路径列表元素是各种未来可以 import 模块的路径。可以使用下列方式列出路径内容。

```
>>> import sys
>>> for path in sys.path:
        print(path)

D:/Python interveiw/ch2
C:\Users\User\AppData\Local\Programs\Python\Python37-32\Lib\idlelib
C:\Users\User\AppData\Local\Programs\Python\Python37-32\python37.zip
C:\Users\User\AppData\Local\Programs\Python\Python37-32\DLLs
C:\Users\User\AppData\Local\Programs\Python\Python37-32\lib
C:\Users\User\AppData\Local\Programs\Python\Python37-32
C:\Users\User\AppData\Local\Programs\Python\Python37-32\lib\site-packages
```

从中可以看到笔者计算机所列出的 sys.path 内容，当我们导入模块时，Python 会依上述顺序往下搜寻所导入的模块，当找到第一个时就会导入。上述 sys.path 第 0 个元素是 D：\Python interview\ch2，这是笔者所设计模块的目录，如果笔者不小心设计了相同系统模块，例如 time，同时它的搜寻路径在标准 Python 链接库的模块路径前面，程序将无法存取标准链接库的模块。

问答 2-10：请说明 PYTHONSTARTUP 环境变量功能。

解答：

当启动 Python 后，系统会找寻 PYTHONSTARTUP 的环境变量，然后执行此变量的文件。

问答 2-11：请说明 PYTHONCASEOK 环境变量功能。

解答：

PYTHONCASEOK 环境变量是在 Windows 中指示 Python 未来使用 import 导入模块时，可以找寻第 1 个不区分大小写的匹配项目。

问答 2-12：请说明 PYTHONHOME 环境变量功能。

解答：

这是替代模块搜寻路径，通常嵌入在 PYTHONSTARTUP 和 PYTHONPATH 目录中，可以让模块库切换变得容易。

问答 2-13：请说明 .py 和 .pyc 文件的差异。

解答：

.py 文件是 Python 的原始程序文件，Python 在执行 .py 文件时将 .py 文件程序编码编译成 .pyc 文件，这样可以加快下次的执行。当我们在执行 .py 文件时，Python 会先看有没有这个 .py 文件的 .pyc 文件，如果有会直接读此 .pyc 文件，否则就读取原先的 .py 文件。

不过执行一般的 .py 文件不会产生 .pyc 文件，只有 import 的 .py 文件才会产生 .pyc 文件。这个文件是存放在目前工作文件夹的 __pycache__ 内。

问答 2-14：在 Python 的程序设计中，有哪些工具可以协助找寻错误（bug）？

解答：

PyChecker 或是 Pylint。

PyChecker 是 Python 程序代码的静态分析工具，可以找出程序的错误，同时对程序的复杂度和格式发出警告。

Pylint 是高阶的 Python 程序代码分析工具，可以找出程序代码的错误，同时如果所设计的程序代码不符合 PEP 8 的标准也会被标示出来。

问答 2-15：Python 如何管理内存空间？

解答：

Python 使用私有堆积（heap）空间管理内存，所有 Python 对象和数据结构是在此空间存放，程序设计师无法存取此区间数据，该空间是由直译器（interpreter）操作。

有关 Python 对象的内存空间配置是由 Python 内存管理程序（memory manager）处理。

Python 具有垃圾回收（garbage collection）功能，所谓的垃圾回收是指程序执行时，直译程序会定时主动收回不再需要的存储空间，将内存集中管理。这种机制可以减轻程序设计师的负担，当然也就减少了程序设计师犯错的机会。

问答 2-16：变量名称前有单下画线，例如 _test，请说明适用时机。

解答：

这是一种私有**变量、函数**或**方法**，在测试中或一般应用在不想直接被调用的方法可以使用**单下画线开头的变量**。

问答 2-17：变量名称后有单下画线，例如 dict_，请说明适用时机。

解答：

这种命名方式主要是避免与 Python 的**关键词**（built-in keywords）或**内建函数**（built-in functions）有相同的名称，例如 max 是求较大值函数、min 是求较小值函数，如果我们真的想建立 max 或 min 变量，可以将变量命名为 max_ 或 min_。

问答 2-18：变量名称前后有双下画线，例如 __test__，请说明适用时机。

解答：

这是保留给 Python 内建（built-in）的**变量**（variables）或**方法**（methods）使用。

问答 2-19：变量名称前有双下画线，例如 __test，请说明适用时机。

解答：

这也是私有方法或变量的命名，无法直接使用本名存取。

问答 2-20：在 IDLE 环境使用 Python 时，单下画线有何特别意义？

解答：

代表前一个结果值。

```
>>> 10
10
>>> _ * 5
50
```

问答 2-21：请说明 // 的用法，有一道指令如下，请说明执行结果。

```
x = 7.0 // 2.0
print(x)
```

解答：

这是除法运算只保留整数，结果是 3.0。

问答 2-22：请说明 Python 的注释使用方式。

解答：

可以使用 # 字符，# 符号后的叙述皆是注释。

另一种是使用 docstrings 当作注释，所谓 docstrings 是指 3 个单引号 ''' 或双引号 """ 包含的内容。

问答 2-23：简述列表（list）与元组（tuple）的区别，请以 start_list、start_tuple 为变量名称，

为下列 3 个元素分别建立列表与元组。

'James'、20、2000？

解答：

❏ **列表（list）的特点如下：**

（1）元素是可变（mutable）的，可以编辑元素内容。

（2）速度比元组慢。

实例如下：

```
start_list = ['James',20,2000]
```

❏ **元组（tuple）的特点如下：**

（1）元素是不可变（immutable）的，不可以编辑元素内容。

（2）速度比列表快。

实例如下：

```
start_tuple = ('James',20,2000)
```

问答 2-24：Python 提供哪些内建可变（mutable）和不可变（immutable）的数据结构？

解答：

Python 内建可变（mutable）和不可变（immutable）数据结构分别如下：

可变数据结构：列表（list）、字典（dict）、集合（set）。

不可变数据结构：元组（tuple）、字符串（string）、数字（number）。

问答 2-25：Python 提供哪些数值（number）的数据？

解答：

整数（int）；

浮点数（float）；

复数（complex number）；

布尔值（boolean）。

问答 2-26：请列出 Python 内建的容器数据形态。

解答：

列表（list）；

元组（tuple）；

字典（dict）；

集合（set）。

问答 2-27：请列出 Python 序列（sequence）的数据类型。

解答：

列表（list）；

元组（tuple）；

字符串（str）；

bytes 数据（bytes）。

问答 2-28：请列出 Python 映射（mapping）数据类型。

解答：

字典（dict）。

问答 2-29：Python 的名称空间（namespace）是指什么？

解答：

这是一个 Python 的名称系统（naming system），可以确保变量名称是唯一的，不会有冲突（conflicts）。

问答 2-30：请说明如何获得变量的地址。

解答：

使用 id( )。

```
>>> x = 5
>>> print(id(x))
1680132288
```

问答 2-31：Python 是否会区分大小写？

解答：

是，例如：ABC、Abc、abc 会被视为 3 个变量。

问答 2-32：Python 的数据形态转换是什么？请列出所有的数据形态转换函数。

解答：

所谓的数据形态转换是将一种数据强制转换成另一种数据格式。

int( )：可以将数据转换成整数。

float( )：可以将数据转换成浮点数（float）。

bin( )：可以将数据转换成二进制整数。

oct( )：可以将数据转换成八进制整数。

hex( )：可以将数据转换成十六进制整数。

ord( )：可以回传字符的 Unicode 码值。

list( )：可以将数据转换成列表。

tuple( )：可以将数据转换成元组。

dict( )：可以将数据转换成字典。

set( )：可以将数据转换成集合。

complex( )：可以将数据转换成复数。

问答 2-33：有一个数学运算的字符串 '5×9+4'，应如何转换成计算结果并打印？

解答：

```
print(eval('5*9+4'))
```

实例：使用 eval( ) 计算数学表达式的字符串。

```
>>> print(eval('5*9+4'))
49
```

问答 2-34：请说明 Python 的 help( ) 和 dir( )。

解答：

help( )：可以列出各种内建函数、模块或模块内方法的使用说明。

dir( )：可以列出对象的方法。

实例 1：使用 help( ) 列出 print 的使用说明。

```
>>> help(print)
Help on built-in function print in module builtins:

print(...)
    print(value, ..., sep=' ', end='\n', file=sys.stdout, flush=False)

    Prints the values to a stream, or to sys.stdout by default.
    Optional keyword arguments:
    file:  a file-like object (stream); defaults to the current sys.stdout.
    sep:   string inserted between values, default a space.
    end:   string appended after the last value, default a newline.
    flush: whether to forcibly flush the stream.
```

实例 2：使用 help( ) 列出 format 的使用说明。

```
>>> help(format)
Help on built-in function format in module builtins:

format(value, format_spec='', /)
    Return value.__format__(format_spec)

    format_spec defaults to the empty string.
    See the Format Specification Mini-Language section of help('FORMATTING') for
    details.
```

实例 3：使用 help( ) 列出 'sys' 模块的使用说明，下列列出部分说明。

```
>>> help('sys')
Help on built-in module sys:

NAME
    sys

MODULE REFERENCE
    https://docs.python.org/3.7/library/sys

    The following documentation is automatically generated from the Python
    source files.  It may be incomplete, incorrect or include features that
    are considered implementation detail and may vary between Python
    implementations.  When in doubt, consult the module reference at the
    location listed above.

DESCRIPTION
    This module provides access to some objects used or maintained by the
    interpreter and to functions that interact strongly with the interpreter.

    Dynamic objects:

    argv -- command line arguments; argv[0] is the script pathname if known
    path -- module search path; path[0] is the script directory, else ''
    modules -- dictionary of loaded modules
```

实例 4：使用 dir( ) 列出字符串对象的方法。

```
>>> dir('ABC')
['__add__', '__class__', '__contains__', '__delattr__', '__dir__', '__doc__', '_
_eq__', '__format__', '__ge__', '__getattribute__', '__getitem__', '__getnewargs
__', '__gt__', '__hash__', '__init__', '__init_subclass__', '__iter__', '__le_
_', '__len__', '__lt__', '__mod__', '__mul__', '__ne__', '__new__', '__reduce__',
'__reduce_ex__', '__repr__', '__rmod__', '__rmul__', '__setattr__', '__sizeof__'
, '__str__', '__subclasshook__', 'capitalize', 'casefold', 'center', 'count', 'e
ncode', 'endswith', 'expandtabs', 'find', 'format', 'format_map', 'index', 'isal
num', 'isalpha', 'isascii', 'isdecimal', 'isdigit', 'isidentifier', 'islower',
'isnumeric', 'isprintable', 'isspace', 'istitle', 'isupper', 'join', 'ljust', 'lo
wer', 'lstrip', 'maketrans', 'partition', 'replace', 'rfind', 'rindex', 'rjust',
'rpartition', 'rsplit', 'rstrip', 'split', 'splitlines', 'startswith', 'strip',
'swapcase', 'title', 'translate', 'upper', 'zfill']
```

实例 5：使用 help( ) 列出字符串对象 find( ) 函数的使用方法。

```
>>> help('ABC'.find)
Help on built-in function find:

find(...) method of builtins.str instance
    S.find(sub[, start[, end]]) -> int

    Return the lowest index in S where substring sub is found,
    such that sub is contained within S[start:end].  Optional
    arguments start and end are interpreted as in slice notation.

    Return -1 on failure.
```

问答 2-35：列出整数的方法。

解答：

```
>>> dir(int)
['__abs__', '__add__', '__and__', '__bool__', '__ceil__', '__class__', '__delatt
r__', '__dir__', '__divmod__', '__doc__', '__eq__', '__float__', '__floor__', '_
_floordiv__', '__format__', '__ge__', '__getattribute__', '__getnewargs__', '__g
t__', '__hash__', '__index__', '__init__', '__init_subclass__', '__int__', '__in
vert__', '__le__', '__lshift__', '__lt__', '__mod__', '__mul__', '__ne__', '__ne
g__', '__new__', '__or__', '__pos__', '__pow__', '__radd__', '__rand__', '__rdiv
mod__', '__reduce__', '__reduce_ex__', '__repr__', '__rfloordiv__', '__rlshift__
', '__rmod__', '__rmul__', '__ror__', '__round__', '__rpow__', '__rrshift__', '_
_rshift__', '__rsub__', '__rtruediv__', '__rxor__', '__setattr__', '__sizeof__'
, '__str__', '__sub__', '__subclasshook__', '__truediv__', '__trunc__', '__xor__'
, 'bit_length', 'conjugate', 'denominator', 'from_bytes', 'imag', 'numerator',
'real', 'to_bytes']
```

问答 2-36：列出列表的方法。

解答：

```
>>> dir(list)
['__add__', '__class__', '__contains__', '__delattr__', '__delitem__', '__dir__
', '__doc__', '__eq__', '__format__', '__ge__', '__getattribute__', '__getitem__
', '__gt__', '__hash__', '__iadd__', '__imul__', '__init__', '__init_subclass__',
'__iter__', '__le__', '__len__', '__lt__', '__mul__', '__ne__', '__new__', '__r
educe__', '__reduce_ex__', '__repr__', '__reversed__', '__rmul__', '__setattr__
', '__setitem__', '__sizeof__', '__str__', '__subclasshook__', 'append', 'clear',
'copy', 'count', 'extend', 'index', 'insert', 'pop', 'remove', 'reverse', 'sort
']
```

问答 2-37：请说明 int（'5.5'）和 int（5.5）的执行结果。

解答：

int（'5.5'）出现错误。

int（5.5）输出 5。

实例：

```
>>> int(5.5)
5
>>> int('5.5')
Traceback (most recent call last):
  File "<pyshell#43>", line 1, in <module>
    int('5.5')
ValueError: invalid literal for int() with base 10: '5.5'
```

问答 2-38：使用一行指令，执行 x、y 值对调。

解答：

```
x,y = y,x
```

实例：验证执行 x、y 值对调的结果。

```
>>> x = 5
>>> y = 10
>>> x, y = y, x
>>> x
10
>>> y
5
```

问答 2-39：有一个字符串 s ='abc is abc'，请使用一行指令将字符串 s 改为 'xyz is xyz'。

解答：

```
s.replace(abc,xyz)
```

实例：验证字符串修改。

```
>>> s = 'abc is abc'.replace('abc', 'xyz')
>>> s
'xyz is xyz'
```

问答 2-40：请说明何谓转义字符（escape character）。

解答：

在字符串使用中，如果字符串内有一些特殊字符，例如单引号、双引号 等，必须在此特殊字符前加上 "\"（反斜杠），才可正常使用，这种含有 "\" 符号的字符称**转义字符**。

相关的程序解说，请参考面试实例 ch2_1.py。

问答 2-41：请说明字符串前面加上 r 与 b 的功能。

解答：

在使用 Python 时，如果在字符串前加上 r，可以防止转义字符被转义，相当于可以取消转义字符的功能。

字符串前加上 b，这是 bytes 数据格式。

相关的程序解说，请参考面试实例 ch2_2.py。

问答 2-42：请说明编码（encode）与译码（decode）。

解答：

将字符串转成 bytes 数据称为编码（encode），所使用的是 encode( )。

将 bytes 数据转成字符串称为译码，所使用的是 decode( )。

相关的程序解说，请参考面试实例 ch2_3.py。

问答 2-43：请说明 find( ) 和 rfind( ) 的差异。

解答：

find( ) 方法可以执行字符串搜寻，如果搜寻到字符串会回传字符串的**索引位置**，如果没有找到则回传 -1。

```
index = S.find(sub[,start[,end]])        # S 代表被搜寻字符串,sub 是欲搜寻字符串
```

index 是搜寻到时**回传的索引值**，start 和 end 代表可以被搜寻字符串的区间，若是省略表示全部搜寻，如果没有找到则回传 -1 给 index。

rfind( ) 方法可以搜寻特定子字符串最后一次出现的位置，它的语法如下：

```
index = S.rfind(sub[,start[,end]])        # S 代表被搜寻字符串,sub 是欲搜寻子字符串
```

index 是搜寻到时**回传的索引值**，start 和 end 代表可以被搜寻字符串的区间，若是省略表示全部搜寻，如果没有找到则回传 -1 给 index。

相关的程序解说，请参考面试实例 ch2_5.py。

问答 2-44：请说明 index( ) 和 rindex( ) 的差异。

解答：

index( ) 方法可以应用在列表，也可以应用在字符串，index( ) 可以回传搜寻字符串的索引。rindex( ) 则只能应用在字符串，可以回传搜寻字符串最后一次出现的索引位置。

实例 1：验证 index( ) 与 rindex( ) 正确情况。

```
>>> x = 'University of Mississippi'
>>> x.index('ss')
16
>>> x.rindex('ss')
19
```

实例 2：说明 index( ) 与 rindex( ) 错误情况。

```
>>> x = 'University of Mississippi'
>>> x.index('abc')
Traceback (most recent call last):
  File "<pyshell#6>", line 1, in <module>
    x.index('abc')
ValueError: substring not found
>>> x = 'University of Mississippi'
>>> x.rindex('abc')
Traceback (most recent call last):
  File "<pyshell#8>", line 1, in <module>
    x.rindex('abc')
ValueError: substring not found
```

问答 2-45：请说明循环的 continue 和 break 运作方式。

解答：

continue：在循环中，当满足特定条件时，程序不再往下执行，将控制权转移到循环开始处。

break：在循环中，当满足特定条件时，循环将中止，将控制权转移到循环区块后面的指令。

问答 2-46：有 2 个数字 x、y，不可以使用 max( ) 函数，请使用一行指令，可以得到最大值。

解答：

```
max_ = x if x > y else y
```

实例：

```
>>>
>>> x = 5
>>> y = 10
>>> max_ = x if x > y else y
>>> max_
10
```

问答 2-47：请说明列表（list）正索引与负索引的用法，例如：有一个列表内容如下：

```
x = [0,1,2,3,4,5,6,7,8,9]
```

请说明 x[-1]、x[-3]、x[-5] 可以得到什么结果。

解答：

对于正索引而言，索引 0 是第 1 个元素，索引 1 是第 2 个元素，其他依此类推。对于负索引而言，索引 -1 是倒数第 1 个元素，索引 -2 是倒数第 2 个元素，其他依此类推。

x[-1] 是 9。

x[-3] 是 7。

x[-5] 是 5。

相关的程序解说，请参考面试实例 ch2_10.py。

问答 2-48：什么是切片（slicing）？ Python 常见的数据结构有字符串（string）、列表（list）、元组（tuple）、字典（dict）、集合（set），请说明哪些数据结构可以使用切片功能？

解答：

在设计程序时，常会需要取得前几个元素、后几个元素、某区间元素或是依照一定规则排序的元素，这个概念称为切片。

字符串、列表、元组可以使用切片功能。

问答 2-49：有一个列表内容如下：

```
x = [0,1,2,3,4,5,6,7,8,9]
```

当 n=3 时，请列出 x[1, n]、x[: n]、x[: -n]、x[n :]、x[-n]、x[:] 和 x[: : -1] 的结果。

解答：

x[1 : n]：取得列表索引 1 到索引 n，此例是取 [1 : 3]，结果为 [1,2]。

x[: n]：取得列表前 n 名，此例是取 [: 3]，结果为 [0,1,2]。

x [: -n]：取得列表不含最后 n 名，此例是 [: -3]，结果为 [0,1,2,3,4,5,6]。

x [n：]：取得列表索引 n 到最后，此例是 [3：]，结果为 [3,4,5,6,7,8,9]。

x [-n：]：取得列表后 n 名，此例是 [-3：]，结果为 [7,8,9]。

x [：]：取得所有元素，结果为 [0,1,2,3,4,5,6,7,8,9]。

x[：：-1]：内容反转，结果为 [9,8,7,6,5,4,3,2,1,0]。

相关的程序解说，请参考面试实例 ch2_11.py。

问答 2-50：请说明列表（list）中 append( ) 和 extend( ) 方法的区别。

解答：

append( )：假设加入的是元素，可以将元素加在列表末端。假设加入的是列表，则所加入的列表将变成元素存在新的列表。语法如下：

```
x.append(data)          # 将 data 元素加在 x 列表内
x.append(y)             # 假设 y 是列表，y 将变成 x 的末端元素
```

extend( )：只适合加入的是列表，可以将一个列表当作元素加在列表末端。

相关的程序解说，请参考面试实例 ch2_12.py 和 ch2_13.py。

问答 2-51：请说明浅拷贝 copy( ) 和深拷贝 deepcopy( ) 应用在不可变数据（如数值、字符串）的差异。

对于不可变数据而言，浅拷贝、深拷贝与赋值（=）概念相同，变量具有相同地址，所以某一个数据更改，所有变量数据也会更改。

相关的程序解说，请参考面试实例 ch2_15.py。

问答 2-52：请说明浅拷贝 copy( ) 和深拷贝 deepcopy( ) 应用在可变数据（如列表）的差异。

解答：

❑ **浅拷贝**

假设 b=a.copy( )，a 和 b 是独立的对象，但是它们的子对象元素是指向同一对象，也就是对象的子对象会连动。

实例 1：浅拷贝的应用，a 增加元素观察结果。

```
>>> a = [1, 2, 3, [4, 5, 6]]
>>> b = a.copy()          ←────────── 浅拷贝
>>> id(a), id(b)          地址不同
(15518056, 49414872)
>>> a, b
([1, 2, 3, [4, 5, 6]], [1, 2, 3, [4, 5, 6]])
>>> a.append(7)           ←────────── 增加元素
>>> a, b
([1, 2, 3, [4, 5, 6], (7)], [1, 2, 3, [4, 5, 6]])
```

a有更改, b没有更改

实例 2：浅拷贝的应用，a 的子对象增加元素观察结果。

```
>>> a = [1, 2, 3, [4, 5, 6]]
>>> b = a.copy()
>>> a[3].append(7)
>>> a, b
([1, 2, 3, [4, 5, 6, 7]], [1, 2, 3, [4, 5, 6, 7]])
```

从上述执行结果可以发现 a 的子对象因为指向同一地址，所以同时增加 7。

❑ **深拷贝**

假设 b=deepcopy（a），a 和 b 以及其子对象皆是独立的对象，所以未来不受干扰，使用前需要 import copy 模块，这是引用外部模块，未来会讲更多相关的应用。

实例 3：深拷贝的应用，并观察执行结果。

```
>>> import copy
>>> a = [1, 2, 3, [4, 5, 6]]
>>> b = copy.deepcopy(a)
>>> id(a), id(b)
(10293936, 15518496)
>>> a[3].append(7)
>>> a.append(8)
>>> a, b
([1, 2, 3, [4, 5, 6, 7], 8], [1, 2, 3, [4, 5, 6]])
```

由上述可以得到 b 完全不会受到 a 影响，深拷贝是得到完全独立的对象。

问答 2-53：如何设定字符串的第 1 个字母是大写？

解答：

字符串函数 title( ) 可以设定字符串第 1 个字母是大写。

```
>>> x = 'benz'
>>> x.title()
'Benz'
```

问答 2-54：如何将字符串全部改成小写？

解答：

字符串函数 lower( ) 可以设定字符串全部改成小写。

```
>>> x = 'ABC'
>>> x.lower()
'abc'
```

问答 2-55：有一个字符串如下：

```
string = '  Python  '
```

请问应该如何去掉头尾空格？

解答：

可以使用 strip( ) 方法。

```
>>> string = '  Python  '
>>> string.strip()
'Python'
```

问答 2-56：请说明 split( ) 方法。

解答：

这个方法可以将字符串以空格或其他符号为分隔符，将字符串拆开，变成一个列表。

```
str1.split( )          # 以空格当作分隔符将字符串拆开成列表
str2.split(ch)         # 以 ch 字符当作分隔符将字符串拆开成列表
```

相关的程序解说，请参考面试实例 ch2_16.py。

问答 2-57：请说明 is 的用法。

解答：

可以用于比较两个对象是否相同，在此所谓相同并不只是内容相同，而是指对象变量指向相同的内存，对象可以是变量、字符串、列表、元组、字典。

实例：了解 is 的操作。

```
>>> x = [1, 2]              >>> x = [1, 2]
>>> id(x)                   >>> y = x
46924664                    >>> id(x)
>>> y = [1, 2]              46924184
>>> id(y)                   >>> id(y)
53079856                    46924184
>>> print(x is y)          >>> print(x is y)
False                       True
```

问答 2-58：有一个叙述如下：

```
x = [ ]
if x is None:
print('It is None')
else:
print('It is not None')
```

请问输出是什么？

解答：

```
It is not None
```

问答 2-59：请说明 not 的用法。

解答：

这是逻辑运算符，可以回传相反的布尔值（boolean）。

问答 2-60：请说明 in 的用法。

解答：

可以用此判断一个对象是否属于另一个对象，然后回传布尔值（boolean）。

实例：了解 in 的操作。

```
>>> data = [1, 2, 3]
>>> x = 1
>>> print(x in data)
True
>>> y = 4
>>> print(y in data)
False
```

问答 2-61：什么是列表打包（packing）？

解答：

❑ **情况 1**

在多重指定中，如果等号左边的变量较少，可以用"* 变量"方式，将多余的右边内容，用列表方式打包给含 * 的变量。

实例 1：将多的内容打包给 c。

```
>>> a, b, *c = 1, 2, 3, 4, 5
>>> print(a, b, c)
1 2 [3, 4, 5]
```

上述 c 的结果是 [3，4，5]，变量内容打包时，不一定要在最右边，可以在任意位置。

实例 2：将多的内容打包给 b。

```
>>> a, *b, c = 1, 2, 3, 4, 5
>>> print(a, b, c)
1 [2, 3, 4] 5
```

上述 b 的结果是 [2，3，4]。

❑ **情况 2**

Python 也可以使用 zip( ) 函数，针对多个列表元素的值进行打包，此时语法如下：

```
zip（列表 1，列表 2，… ）
```

相关的程序解说，请参考面试实例 ch2_19.py。

❑ **情况 3**

Python 的内建函数 enumerate（可迭代对象 [，start=0]）其实也可以说是一个打包函数，这个函数是将索引值与列表元素做打包，默认索引值是从 0 开始，可以使用 start 参数设定索引值的起始值。

相关的程序解说，请参考面试实例 ch2_20.py。

问答 2-62：什么是元组（或列表）解包（unpacking）？

解答：

❑ **情况 1**

在多重指定中，等号左右两边也可以是容器，只要它们的结构相同即可。例如：有一个指令如下：

```
x,y = (10,20)                    # 元组解包
x,y = [10,20]                    # 列表解包
```

这称为**元组解包**（tuple unpacking）或**列表解包**（list unpacking），然后将元素内容设定给对应

的变量。

实例 1：等号两边是容器的应用。

```
>>> [a, b, c] = (1, 2, 3)
>>> print(a, b, c)
1 2 3
```

上述并不是将"1，2，3"设定给列表更改列表内容，而是将两边都解包，所以可以得到 a，b，c 分别是 1，2，3。

❑ 情况 2

如果列表（或元组）的元素是列表（或元组），则可以使用 for 循环执行解包。

相关的程序解说，请参考面试实例 ch2_21.py 和 ch2_22.py。

问答 2-63：什么是可迭代对象（iterators/iterable object），请举 3 个可迭代对象实例。

解答：

所谓的可迭代对象是指可以遍历或迭代的对象。

例如：列表（list）、元组（tuple）、字典（dict）皆是可迭代对象。

问答 2-64：请说明 divmod（x，y）的用法，它的回传值数据形态为何？

解答：

divmod（x，y）函数的第 1 个参数 x 是被除数，第 2 个参数 y 是除数，回传值是商和余数，数据形态是元组。

```
商，余数 = divmod(被除数，除数)         # 函数方法
```

更严格地说，divmod( ) 的回传值是元组，所以我们可以使用元组方式取得**商**和**余数**。

相关的程序解说，请参考面试实例 ch2_26.py。

问答 2-65：请问如何将 B 字典元素合并到 A 字典内。

解答：

可以使用 A.update（B）。

相关的程序解说，请参考面试实例 ch2_30.py。

问答 2-66：如何合并和删除字典？

解答：

可以使用 update 方法合并字典。

可以使用 del 方法删除字典元素或整个字典。

```
del mydict                    # 可以删除字典 mydict
del mydict["data"]            # 可以删除 mydict 字典的 data 为 key 的元素
mydict.clear( )               # 可以删除字典所有元素
```

相关的程序解说，请参考面试实例 ch2_31.py 和 ch2_32.py。

问答 2-67：请列出所有被列为逻辑值 False 的情况。

解答：

布尔值 `False`；

整数 `0`　　　；

浮点数 `0.0`；

空字符串 `' '`；

空列表 `[ ]`；

空元组 `( )`；

空字典 `{ }`；

空集合 `set( )`；

`None`。

至于其他的皆会被视为 `True`。

问答 2-68：请说明 any( ) 和 all( ) 的区别。

解答：

any（x）：x 是可迭代对象，只要一个对象不为空、0 或 False，就回传 True。否则回传 False。

```
>>> any([0])
False
>>> any([1])
True
>>> any([])
False
>>> any(['a', 'b'])
True
>>> any([0, 1])
True
```

all（x）：x 是可迭代对象，要所有对象不为 ''、0、False 或是空对象，才回传 True。否则回传 False。

```
>>> all([1, 2])
True
>>> all([1, 0])
False
>>> all([])
True
>>> all(())
True
```

注　上述空列表和元组回传是 True。

相关的程序解说，请参考面试实例 ch2_39.py。

问答 2-69：Python 的 pass 是什么？

解答：

在设计程序尚未完成时，为了要侦错其他程序部分，在尚未完成的部分使用 pass。

问答 2-70：什么是 pickling 和 unpickling ？

解答：

pickle 是 Python 的一种原生数据形态，pickle 文件内部是以二进制格式存储数据存储，当数据以二进制方式存储时不方便人类阅读，但是这种数据格式最大的优点是方便保存，以及方便未来调用。

程序设计师可以很方便地将所建立的数据（例如字典、列表等）使用 dump( ) 以 pickle 文件存储，这个过程称 pickling。

程序设计师可以很方便地将 pickle 文件使用 load( ) 复原文件原先的数据格式，这个过程称 unpickling。

问答 2-71：请简述 redis 和 mysql 的差异。

解答：

redis：这是非关系数据库，数据存储在内存，速度快。

mysql：这是关系数据库，数据存储在磁盘，访问速度相对较慢。

问答 2-72：请说明 AttributeError、Exception、FileNotFoundError、IOError、IndexError、KeyError、MemoryError、NameError、SyntaxError、SystemError、TypeError、ValueError、ZeroDivisionError 的错误原因。

解答：

AttributeError：通常是指对象没有这个属性。

Exception：一般错误皆可使用。

FileNotFoundError：找不到 open( ) 开启的文件。

IOError：在输入或输出时发生错误。

IndexError：索引超出范围区间。

KeyError：在映射中没有这个键。

MemoryError：需求内存空间超出范围。

NameError：对象名称未宣告。

SyntaxError：语法错误。

SystemError：直译器的系统错误。

TypeError：数据类型错误。

ValueError：传入无效参数。

ZeroDivisionError：除数为 0。

面试实例 ch2_1.py：转义字符的应用，这个程序第 9 行增加 \t 字符，所以 can't 跳到下一个 Tab 键位置输出。同时有 \n 字符，这是换行符号，所以 loving 跳到下一行输出。

```
1   # ch2_1.py
2   #以下输出使用单引号设定的字符串，需使用\'
3   str1 = 'I can\'t stop loving you.'
4   print(str1)
5   #以下输出使用双引号设定的字符串，不需使用\'
6   str2 = "I can't stop loving you."
7   print(str2)
8   #以下输出有\t和\n字符
9   str3 = "I \tcan't stop \nloving you."
10  print(str3)
```

执行结果

```
================ RESTART: D:/Python interveiw/ch2/ch2_1.py ================
I can't stop loving you.
I can't stop loving you.
I        can't stop
loving you.
```

程序实例 ch2_2.py：字符串前加上 r 的应用。

```
1  # ch2_2.py
2  str1 = "Hello!\nPython"
3  print("不含r字符的输出")
4  print(str1)
5  str2 = r"Hello!\nPython"
6  print("含r字符的输出")
7  print(str2)
```

执行结果

```
================ RESTART: D:\Python interveiw\ch2\ch2_2.py ================
不含r字符的输出
Hello!
Python
含r字符的输出
Hello!\nPython
```

面试实例 ch2_3.py：将字符串‘abc’和‘芝加哥’转成 utf-8 格式 bytes 数据，然后转回 Unicode 字符串。

```
1  # ch2_3.py
2  str1 = 'abc'
3  str2 = '芝加哥'
4
5  x1 = str1.encode('utf-8')
6  x2 = str2.encode('utf-8')
7  print('{} 的btyes数据格式 {}，内容 {}'.format(str1, type(x1), x1))
8  print('{} 的btyes数据格式 {}，内容 {}'.format(str2, type(x2), x2))
9  print('将bytes数据转回一般字符串')
10 y1 = x1.decode()
11 y2 = x2.decode()
12 print('数据格式 {}，内容 {}'.format(type(y1), y1))
13 print('数据格式 {}，内容 {}'.format(type(y2), y2))
```

执行结果

```
================ RESTART: D:\Python interveiw\ch2\ch2_3.py ================
abc 的btyes数据格式 <class 'bytes'>，内容 b'abc'
芝加哥 的btyes数据格式 <class 'bytes'>，内容 b'\xe8\x8a\x9d\xe5\x8a\xa0\xe5\x93\xa5'
将bytes数据转回一般字符串
数据格式 <class 'str'>，内容 abc
数据格式 <class 'str'>，内容 芝加哥
```

面试实例 ch2_4.py：有一个字符串如下：

```
data = '%.4f'%2.12345
```

请列出上述字符串的数据形态与内容，同时输出分别保留到小数第 1、2、3 位的结果。

```
1  # ch2_4.py
2  data = '%.4f'%2.12335
3  print(type(data), data)
4  x = round(float(data), 1)
5  print(data, x)
6  y = round(float(data), 2)
7  print(data, y)
8  z = round(float(data), 3)
9  print(data, z)
```

执行结果

```
================= RESTART: D:/Python interveiw/ch2/ch2_4.py =================
<class 'str'> 2.1233
2.1233 2.1
2.1233 2.12
2.1233 2.123
```

面试实例 ch2_5.py：find( ) 和 rfind( ) 的说明。

```
1  # ch2_5.py
2  msg = '''CIA Mark told CIA Linda that the secret USB
3  had given to CIA Peter'''
4  print("CIA最先出现位置: ", msg.find("CIA"))
5  print("CIA最后出现位置: ", msg.rfind("CIA"))
6
7  print("FBI最先出现位置: ", msg.find("FBI"))
8  print("FBI最后出现位置: ", msg.rfind("FBI"))
```

执行结果

```
================= RESTART: D:\Python interveiw\ch2\ch2_5.py =================
CIA最先出现位置:  0
CIA最后出现位置:  57
FBI最先出现位置:  -1
FBI最后出现位置:  -1
```

面试实例 ch2_6.py：列出段落内某一个字符串出现的次数，此例会找出 CIA 字符串出现的次数。

```
1  # ch2_6.py
2  msg = '''CIA Mark told CIA Linda that the secret USB \
3  had given to CIA Peter'''
4
5  result = msg.count('CIA')
6  print(result)
```

执行结果

```
================= RESTART: D:/Python interveiw/ch2/ch2_6.py =================
3
```

面试实例 ch2_7.py：删除字符串内的空格，使用 replace( )。

```
1  # ch2_7.py
2  msg = 'CIA Mark told CIA Linda'
3
4  result = msg.replace(' ', '')
5  print(result)
```

执行结果

```
================ RESTART: D:/Python interveiw/ch2/ch2_7.py ================
CIAMarktoldCIALinda
```

面试实例 ch2_8.py：删除字符串内的空格，使用 split( ) 和 join( )。

```
1  # ch2_8.py
2  msg = 'CIA Mark told CIA Linda'
3
4  message = msg.split(' ')
5  result = ''.join(message)
6  print(result)
```

执行结果

```
================ RESTART: D:/Python interveiw/ch2/ch2_8.py ================
CIAMarktoldCIALinda
```

面试实例 ch2_9.py：Python 的 array 模块可以建立数组，list( ) 可以建立列表，请说明数组和列表的差异。

数组元素必须是相同的数据形态，因为数组元素的数据形态相同，所以占据的内存空间较少。一个列表可以拥有多个数据形态的数据，所需内存空间较大。

下列是用程序解说这道题的概念，在真正面试时不用撰写程序，只要说明清楚即可。

```
1  # ch2_9.py
2  from array import *
3  x = array('i', [5, 15, 25, 35, 45])        # 建立无号整数数组
4  print(type(x))
5  print(x)
6
7  y = ['a', 5, 15, 25, 35, 45]
8  print(type(y))
9  print(y)
```

执行结果

```
================ RESTART: D:/Python interveiw/ch2/ch2_9.py ================
<class 'array.array'>
array('i', [5, 15, 25, 35, 45])
<class 'list'>
['a', 5, 15, 25, 35, 45]
```

面试实例 ch2_10.py：索引实例解说。

```
1  # ch2_10.py
2  x = [0, 1, 2, 3, 4, 5, 6, 7, 8, 9]
3  print('x[-1] = ', x[-1])
4  print('x[-3] = ', x[-3])
5  print('x[-5] = ', x[-5])
```

执行结果

```
================= RESTART: D:/Python interveiw/ch2/ch2_10.py =================
x[-1] =  9
x[-3] =  7
x[-5] =  5
```

面试实例 ch2_11.py：切片应用。

```
1   # ch2_11.py
2   x = [0, 1, 2, 3, 4, 5, 6, 7, 8, 9]
3   n = 3
4   print('x[1:n]  = ', x[1:n])
5   print('x[:n]   = ', x[:n])
6   print('x[:-n]  = ', x[:-n])
7   print('x[n:]   = ', x[n:])
8   print('x[-n:]  = ', x[-n:])
9   print('x[:]    = ', x[:])
10  print('x[::-1] = ', x[::-1])
```

执行结果

```
================= RESTART: D:/Python interveiw/ch2/ch2_11.py =================
x[1:n]  =  [1, 2]
x[:n]   =  [0, 1, 2]
x[:-n]  =  [0, 1, 2, 3, 4, 5, 6]
x[n:]   =  [3, 4, 5, 6, 7, 8, 9]
x[-n:]  =  [7, 8, 9]
x[:]    =  [0, 1, 2, 3, 4, 5, 6, 7, 8, 9]
x[::-1] =  [9, 8, 7, 6, 5, 4, 3, 2, 1, 0]
```

面试实例 ch2_12.py：说明 append() 的用法，列表会单独成为一个列表的元素。

```
1  # ch2_12.py
2  cars1 = ['toyota', 'nissan', 'honda']
3  cars2 = ['ford', 'audi']
4  print("原先cars1列表内容 = ", cars1)
5  print("原先cars2列表内容 = ", cars2)
6  cars1.append(cars2)
7  print("执行append( )后列表cars1内容 = ", cars1)
8  print("执行append( )后列表cars2内容 = ", cars2)
```

执行结果

```
================= RESTART: D:\Python interveiw\ch2\ch2_12.py =================
原先cars1列表内容 =  ['toyota', 'nissan', 'honda']
原先cars2列表内容 =  ['ford', 'audi']
执行append( )后列表cars1内容 =  ['toyota', 'nissan', 'honda', ['ford', 'audi']]
执行append( )后列表cars2内容 =  ['ford', 'audi']
```

面试实例 ch2_13.py：说明 extend( ) 的用法，列表元素会分解成另一个列表的元素。

```
1  # ch2_13.py
2  cars1 = ['toyota', 'nissan', 'honda']
3  cars2 = ['ford', 'audi']
4  print("原先cars1列表内容 = ", cars1)
5  print("原先cars2列表内容 = ", cars2)
6  cars1.extend(cars2)
7  print("执行extend( )后列表cars1内容 = ", cars1)
8  print("执行extend( )后列表cars2内容 = ", cars2)
```

执行结果

```
================== RESTART: D:\Python interveiw\ch2\ch2_13.py ==================
原先cars1列表内容 =  ['toyota', 'nissan', 'honda']
原先cars2列表内容 =  ['ford', 'audi']
执行extend( )后列表cars1内容 =  ['toyota', 'nissan', 'honda', 'ford', 'audi']
执行extend( )后列表cars2内容 =  ['ford', 'audi']
```

程序实例 ch2_14.py：有一个 extend( ) 语法如下：

```
A.extend(B)
```

请使用赋值（=）运算取代，列出写法，同时用程序验证此结果。

```
1  # ch2_14.py
2  cars1 = ['toyota', 'nissan', 'honda']
3  cars2 = ['ford', 'audi']
4  print("原先cars1列表内容 = ", cars1)
5  print("原先cars2列表内容 = ", cars2)
6  cars1 += cars2
7  print("执行extend( )后列表cars1内容 = ", cars1)
8  print("执行extend( )后列表cars2内容 = ", cars2)
```

执行结果

```
================== RESTART: D:\Python interveiw\ch2\ch2_14.py ==================
原先cars1列表内容 =  ['toyota', 'nissan', 'honda']
原先cars2列表内容 =  ['ford', 'audi']
执行extend( )后列表cars1内容 =  ['toyota', 'nissan', 'honda', 'ford', 'audi']
执行extend( )后列表cars2内容 =  ['ford', 'audi']
```

程序实例 ch2_15.py：浅拷贝、深拷贝与赋值（=）应用在不可变量数据中时概念相同，变量具有相同地址，所以某一个数据更改，所有变量数据也会更改。

```
1   # ch2_15.py
2   import copy
3
4   print('以下测试字符串')
5   a = 'Python'
6   b = a
7   c = copy.copy(a)
8   d = copy.deepcopy(a)
9   print('字符串={}, 地址={}'.format(a, id(a)))
10  print('字符串={}, 地址={}'.format(b, id(b)))
11  print('字符串={}, 地址={}'.format(c, id(c)))
12  print('字符串={}, 地址={}'.format(d, id(d)))
13  print('以下测试整数')
14  a = 100
15  b = a
16  c = copy.copy(a)
17  d = copy.deepcopy(a)
18  print('整数={}, 地址={}'.format(a, id(a)))
19  print('整数={}, 地址={}'.format(b, id(b)))
20  print('整数={}, 地址={}'.format(c, id(c)))
21  print('整数={}, 地址={}'.format(d, id(d)))
```

执行结果

```
=============== RESTART: D:\Python interveiw\ch2\ch2_15.py ===============
以下测试字符串
字符串=Python, 地址=15457728
字符串=Python, 地址=15457728
字符串=Python, 地址=15457728
字符串=Python, 地址=15457728
以下测试整数
整数=100, 地址=1475202736
整数=100, 地址=1475202736
整数=100, 地址=1475202736
整数=100, 地址=1475202736
```

面试实例 ch2_16.py：将两种不同类型的字符串转成列表，其中 str1 使用空格当作分隔符，str2 使用 \ 当作分隔符（因为这是转义字符，所以使用 \\），同时列出这两个列表的元素数量。

```
1   # ch2_16.py
2   str1 = "Python Jobs Exam"
3   str2 = "D:\Job\Interview"
4
5   sList1 = str1.split()                    # 字符串转成列表
6   sList2 = str2.split("\\")                # 字符串转成列表
7   print(str1, " 列表内容是 ", sList1)        # 打印列表
8   print(str1, " 列表字数是 ", len(sList1))    # 打印字数
9   print(str2, " 列表内容是 ", sList2)        # 打印列表
10  print(str2, " 列表字数是 ", len(sList2))    # 打印字数
```

执行结果

```
=============== RESTART: D:\Python interveiw\ch2\ch2_16.py ===============
Python Jobs Exam  列表内容是  ['Python', 'Jobs', 'Exam']
Python Jobs Exam  列表字数是  3
D:\Job\Interview  列表内容是  ['D:', 'Job', 'Interview']
D:\Job\Interview  列表字数是  3
```

面试实例 ch2_17.py：请说明 join( ) 方法，同时用程序验证。

　　基本上列表元素会用连接字符串组成一个字符串，它的语法格式如下：

　　连接字符串 .join（列表）

```
1  # ch2_17.py
2  path = ['D:','Python','Job']
3  connect = '\\'
4  print(connect.join(path))
5  connect = '*'
6  print(connect.join(path))
```

执行结果

```
================ RESTART: D:/Python interveiw/ch2/ch2_17.py ================
D:\Python\Job
D:*Python*Job
```

面试实例 ch2_18.py：有一个列表如下，请说明 sort( ) 和 sorted( ) 的区别，同时用程序实例验证。

　　data = [-5,3,-1,12,8]

　　使用 sort( ) 方法没有返回值，但是原列表内容会更改。使用 sorted( ) 方法返回值是排序后的内容，原列表内容不会更改。

```
1   # ch2_18.py
2   data = [-5, 3, -1, 12, 8]
3   print('使用 sort 前 {} '.format(data))
4   data.sort()
5   print('使用 sort 后 {} '.format(data))
6
7   data = [-5, 3, -1, 12, 8]
8   print('使用sorted前 {} '.format(data))
9   res = sorted(data)
10  print('使用sorted后 {} '.format(data))
11  print('排序结果     {} '.format(res))
```

执行结果

```
================ RESTART: D:\Python interveiw\ch2\ch2_18.py ================
使用 sort 前 [-5, 3, -1, 12, 8]
使用 sort 后 [-5, -1, 3, 8, 12]
使用sorted前 [-5, 3, -1, 12, 8]
使用sorted后 [-5, 3, -1, 12, 8]
排序结果     [-5, -1, 3, 8, 12]
```

面试实例 ch2_19.py：有一个 cities 列表，元素是地区名称；有一个 populations 列表，元素是人口数，单位是万。这个程序会执行列表打包，然后打印结果。

```
1  # ch2_19.py
2  cities = ['台北市', '新北市', '新竹县']
3  populations = [200, 300, 30, 50]
4
5  print('列表打包')
6  for p in zip(cities, populations):
7      print(p)
```

执行结果

```
================ RESTART: D:\Python interveiw\ch2\ch2_19.py ================
列表打包
('台北市', 200)
('新北市', 300)
('新竹县', 30)
```

上述第 3 行笔者建立 populations 列表时有 4 个元素，cities 列表有 3 个元素，在列表打包时，如果有一个列表比较短，当比较短的列表打包到最后一个元素时，这个打包工作就会结束。

面试实例 ch2_20.py：enumerate( ) 打包的应用。

```
1  # ch2_20.py
2  drinks = ["coffee", "tea", "wine"]
3
4  print('列表打包')
5  for d in enumerate(drinks):
6      print(d)
```

执行结果

```
================ RESTART: D:\Python interveiw\ch2\ch2_20.py ================
列表打包
(0, 'coffee')
(1, 'tea')
(2, 'wine')
```

面试实例 ch2_21.py：使用 zip( ) 将列表打包，然后使用 for … in 解包。

```
1  # ch2_21.py
2  cities = ['台北市', '新北市', '新竹县']
3  populations = [200, 300, 30, 50]
4
5  data = zip(cities, populations)
6  for c, p in data:                    # 解包
7      print('{} 人口数约 {}万'.format(c, p))
```

执行结果

```
================ RESTART: D:\Python interveiw\ch2\ch2_21.py ================
台北市 人口数约 200万
新北市 人口数约 300万
新竹县 人口数约 30万
```

面试实例 ch2_22.py：使用 enumerate 将列表打包，然后使用 for … in 解包。

```
1  # ch2_22.py
2  drinks = ["coffee", "tea", "wine"]
3
4  data = enumerate(drinks, start=1)
5  for i, d in data:
6      print('编号 {} 饮料是 {}'.format(i, d))
```

执行结果

```
================ RESTART: D:\Python interveiw\ch2\ch2_22.py ================
编号 1 饮料是 coffee
编号 2 饮料是 tea
编号 3 饮料是 wine
```

面试实例 ch2_23.py：请用文字说明 zip( ) 的用法，同时用程序解说。

　　解答：

　　这是一个内建函数，参数内容主要是 2 个或更多个**可迭代（iterable）**的对象，如果有多个对象（例如列表或元组），可以用 zip( ) 将多个对象打包成 zip 对象，然后未来视需要将此 zip 对象转成列表或其他对象，例如元组。

```
1  # ch2_23.py
2  fields = ['Name', 'Age', 'Hometown']
3  info = ['Peter', '30', 'Chicago']
4  zipData = zip(fields, info)         # 执行zip
5  print(type(zipData))               # 打印zip数据类型
6  player = list(zipData)             # 将zip资料转成列表
7  print(player)                      # 打印列表
```

执行结果

```
================ RESTART: D:/Python interveiw/ch2/ch2_23.py ================
<class 'zip'>
[('Name', 'Peter'), ('Age', '30'), ('Hometown', 'Chicago')]
```

面试实例 ch2_24.py：请用文字说明 enumerate 对象，同时用程序解说。

　　解答：

　　enumerate( ) 方法可以将 iterable（**迭代**）类数值的元素用**索引值**与元素配对方式回传，返回的数据称 **enumerate 对象**，用这个方式可以为可迭代对象的每个元素增加索引值，这也可以称为元素打包，这对未来的数据应用是有帮助的。它的语法格式如下：

　　obj = enumerate(iterable[,start = 0])　　　　　# 若省略 start= 设定，默认索引值是 0

　　下列程序会将列表数据转成 enumerate 对象，再将 enumerate 对象转成列表，start 索引起始值分别为 0 和 10。

```
1  # ch2_24.py
2  drinks = ["coffee", "tea", "wine"]
3  enumerate_drinks = enumerate(drinks)              # 数值初始是0
4  print("转成列表输出, 初始索引值是 0 = ", list(enumerate_drinks))
5
6  enumerate_drinks = enumerate(drinks, start = 10)   # 数值初始是10
7  print("转成列表输出, 初始索引值是10 = ", list(enumerate_drinks))
```

执行结果

```
================ RESTART: D:\Python interveiw\ch2\ch2_24.py ================
转成列表输出, 初始索引值是 0 =  [(0, 'coffee'), (1, 'tea'), (2, 'wine')]
转成列表输出, 初始索引值是10 =  [(10, 'coffee'), (11, 'tea'), (12, 'wine')]
```

面试实例 ch2_25.py：什么是生成器（generators）？请举例说明。

解答：

生成器可以返回一组可迭代项目的函数，例如下列一行代码可以产生 1 ～ 10 的平方列表。

```
square = [n ** 2 for n in range(1,11)]
```

下列是使用生成器（generators）建立 1 ～ 10 的平方列表。

```
1   # ch2_5.py
2   num = 10
3   square = [n ** 2 for n in range(1, num+1)]
4   print(square)
```

执行结果

```
================= RESTART: D:/Python interveiw/ch2/ch2_25.py =================
[1, 4, 9, 16, 25, 36, 49, 64, 81, 100]
```

面试实例 ch2_26.py：说明 divmod( ) 的应用。

```
1   # ch2_26.py
2   x = 9
3   y = 5
4   data = divmod(x, y)
5   print(type(data))
6   v1, v2 = data
7   print('商 = {},    余数 = {}'.format(v1, v2))
```

```
================= RESTART: D:\Python interveiw\ch2\ch2_26.py =================
<class 'tuple'>
商 = 1,    余数 = 4
```

面试实例 ch2_27.py：假设字典名称是 fruits，如何取得此字典的键（key）？请同时使用程序说明。

解答：

可以使用 fruits.keys（）。

下列是打印字典的键（key）。

```
1   # ch2_27.py
2   fruits = {'Apple':50, 'Orange':30, 'Grape':40}
3   print(fruits.keys())
4
5   for k in fruits.keys():
6       print(k)
```

执行结果

```
================= RESTART: D:/Python interveiw/ch2/ch2_27.py =================
dict_keys(['Apple', 'Orange', 'Grape'])
Apple
Orange
Grape
```

面试实例 ch2_28.py：假设字典名称是 fruits，如何取得此字典的值（value）？请使用程序说明。

解答：

可以使用 fruits.values( )。

下列是打印字典的值（value）。

```
1  # ch2_28.py
2  fruits = {'Apple':50, 'Orange':30, 'Grape':40}
3  print(fruits.values())
4
5  for v in fruits.values():
6      print(v)
```

执行结果

```
================ RESTART: D:/Python interveiw/ch2/ch2_28.py ================
dict_values([50, 30, 40])
50
30
40
```

面试实例 ch2_29.py：假设字典名称是 fruits，如何取得此字典的键：值（key：value）的元组？请使用程序说明。

解答：

可以使用 fruits.items（）。

下列是打印字典的键：值（key：value）。

```
1  # ch2_29.py
2  fruits = {'Apple':50, 'Orange':30, 'Grape':40}
3  print(fruits.items())
4
5  for k, v in fruits.items():
6      print('{} 一斤单价是 {}'.format(k, v))
```

执行结果

```
================ RESTART: D:\Python interveiw\ch2\ch2_29.py ================
dict_items([('Apple', 50), ('Orange', 30), ('Grape', 40)])
Apple 一斤单价是 50
Orange 一斤单价是 30
Grape 一斤单价是 40
```

面试实例 ch2_30.py：将 fruits2 字典元素整合到 fruits1 字典内，由于字典的键（key）是唯一，所以如果有重复的键，fruits2 键的值会覆盖 fruits1 键的值。此例中，fruits1 的 Orange 键值是 30，经过 update( ) 后 fruits1 的 Orange 键值将改为与 fruits2 相同，值是 35。

```
1  # ch2_30.py
2  fruits1 = {'Apple':50, 'Orange':30, 'Grape':40}
3  fruits2 = {'Orange':35, 'Banana':25, 'Mango':55}
4  print('fruits1 : ', fruits1)
5  print('fruits2 : ', fruits2)
6  fruits1.update(fruits2)
7  print('执行update后')
8  print(fruits1)
```

执行结果

```
================ RESTART: D:\Python interveiw\ch2\ch2_30.py ================
fruits1 :  {'Apple': 50, 'Orange': 30, 'Grape': 40}
fruits2 :  {'Orange': 35, 'Banana': 25, 'Mango': 55}
执行update后
{'Apple': 50, 'Orange': 35, 'Grape': 40, 'Banana': 25, 'Mango': 55}
```

程序实例 ch2_31.py：使用 del 分别删除字典元素与字典，当字典删除后，再打印字典时，由于字典已经不存在所以会产生错误。

```
1   # ch2_31.py
2   fruits = {'Apple':50, 'Orange':30, 'Grape':40}
3   del fruits['Apple']
4   print('执行del key之后')
5   print(fruits)
6   del fruits
7   print('执行del之后')
8   print(fruits)
```

执行结果

```
================ RESTART: D:\Python interveiw\ch2\ch2_31.py ================
执行del key之后
{'Orange': 30, 'Grape': 40}
执行del之后
Traceback (most recent call last):
  File "D:\Python interveiw\ch2\ch2_31.py", line 8, in <module>
    print(fruits)
NameError: name 'fruits' is not defined
```

面试实例 ch2_32.py：有一个字典内容如下，如何删除字典的 'Jan'。

```
    data = {'Jan':1,'Feb':2,'March':3}
```

```
1   # ch2_32.py
2   data1 = {'Jan':1, 'Feb':2, 'March':3}
3   data1.pop('Jan')
4   print('方法 1', data1)
5
6   data2 = {'Jan':1, 'Feb':2, 'March':3}
7   del data2['Jan']
8   print('方法 2', data2)
```

执行结果

```
================ RESTART: D:/Python interveiw/ch2/ch2_32.py ================
方法 1 {'Feb': 2, 'March': 3}
方法 2 {'Feb': 2, 'March': 3}
```

面试实例 ch2_33.py：请指出下列程序代码的执行结果，这一题的重点是使用下列数据调用函数 3 次。

```
    myfun('Jan',1)

    myfun('Feb',2)

    myfun('March',3,{ })
```

```
1  # ch2_33.py
2  def myfun(k, v, mydict={}):
3      mydict[k] = v
4      print(mydict)
5
6  myfun('Jan', 1)
7  myfun('Feb', 2)
8  myfun('March', 3, {})
```

执行结果

```
================= RESTART: D:/Python interveiw/ch2/ch2_33.py =================
{'Jan': 1}
{'Jan': 1, 'Feb': 2}
{'March': 3}
```

上述第 2 次调用 myfun（'Feb'，2）时，因为指向同一个地址，原先字典数据将保存，所以字典内有 2 笔数据。当第 3 次调用 myfun（'March'，3，{ }）时，因为多了参数 { }，这将是新的字典，所以字典内只有 1 笔数据。

面试实例 ch2_34.py：有 2 个列表如下：

　　str1 = ['a','b','c']

　　str2 = [1,2,3]

请将上述 2 个列表处理成下列字典。

　　['a':1,'b':2,'c':3]

```
1  # ch2_34.py
2  str1 = ['a', 'b', 'c']
3  str2 = [1, 2, 3]
4  zipdata = zip(str1, str2)
5  x = dict(zipdata)
6  print(x)
```

执行结果

```
================= RESTART: D:/Python interveiw/ch2/ch2_34.py =================
{'a': 1, 'b': 2, 'c': 3}
```

面试实例 ch2_35.py：有 2 个列表如下：

　　str1 = ['a',1]

　　str2 = ['b',2]

请将上述 2 个元组处理成下列字典。

　　{'a':1,'b':2}

```
1  # ch2_35.py
2  str1 = ['a', 1]
3  str2 = ['b', 2]
4  x = dict([str1, str2])
5  print(x)
```

执行结果

```
================ RESTART: D:/Python interveiw/ch2/ch2_35.py ================
{'a': 1, 'b': 2}
```

面试实例 ch2_36.py：有 2 个元组如下：

```
str1 = ('a',1)
str2 = ('b',2)
```

请将上述 2 个元组处理成下列字典。

```
{'a':1,'b':2}
```

```python
1  # ch2_36.py
2  str1 = ('a', 1)
3  str2 = ('b', 2)
4  x = dict([str1, str2])
5  print(x)
```

执行结果

```
================ RESTART: D:/Python interveiw/ch2/ch2_36.py ================
{'a': 1, 'b': 2}
```

面试实例 ch2_37.py：一家公司有 3 个业务员搜集了全球的潜在客户数据，A 业务员收集了亚洲的潜在客户数据存放在 asia 列表，B 业务员收集了欧洲的潜在客户数据放在 euro 列表，C 业务员收集了美洲的潜在客户数据放在 america 列表，由于所搜集的客户有些是跨国企业，因此即使在不同地点也会有客户重复的问题，请问应该如何设计程序让客户不会重复？

```
asia = ['IBM','Google','Acer','Asus','TSMC']
euro = ['Philip','HP','Simens','IBM','Google']
america = ['HP','Microsoft','Google','IBM']
```

提示：其实这一题主要是考查读者懂不懂应用 Python 集合的概念。

```python
1  # ch2_37.py
2  asia = ['IBM', 'Google', 'Acer', 'Asus', 'TSMC']
3  euro = ['Philip', 'HP', 'Simens', 'IBM', 'Google']
4  america = ['HP', 'Microsoft', 'Google', 'IBM']
5
6  customers = asia + euro + america
7  print(customers)
8
9  cust = set(customers)              # 列表转成集合
10
11 customer = list(cust)              # 集合转成列表
12 print('最后客户名单如下')
13 print(customer)
```

执行结果

```
================ RESTART: D:\Python interveiw\ch2\ch2_37.py ================
['IBM', 'Google', 'Acer', 'Asus', 'TSMC', 'Philip', 'HP', 'Simens', 'IBM', 'Goog
le', 'HP', 'Microsoft', 'Google', 'IBM']
最后客户名单如下
['TSMC', 'Acer', 'Asus', 'HP', 'Google', 'Microsoft', 'Philip', 'IBM', 'Simens']
```

面试实例 ch2_38.py：有 2 个列表内容如下：

```
list1 = [1,2,3,4,5]
list2 = [3,4,5,6,7]
```

请不要使用集合相关方法，列出上述的交集。

```
1  # ch2_38.py
2  list1 = [1, 2, 3, 4, 5]
3  list2 = [3, 4, 5, 6, 7]
4  x = [i for i in list1 if i in list2]
5  print(x)
```

执行结果

```
================ RESTART: D:/Python interveiw/ch2/ch2_38.py ================
[3, 4, 5]
```

面试实例 ch2_39.py：考查 any( ) 方法的应用，有了 any( ) 方法有时可以让整个 Python 程序变得简洁易懂。

```
1  # ch2_39.py
2  cars = ['BMW', 'Benz', 'Nissan']
3  str = 'I like Benz'
4  if any(car in str for car in cars):
5      print('cars列表含有我喜欢的车')
```

执行结果

```
================ RESTART: D:\Python interveiw\ch2\ch2_39.py ================
cars列表含有我喜欢的车
```

03

第 3 章

Python 函数、类与模块

简答 3-1：使用 Python 调用函数，在传递参数时，是传值还是传地址？

简答 3-2：更改全局变量的内容。

简答 3-3：设计一个含有多个回传值的函数时，请问这些回传值的数据形态如何？

简答 3-4：请用一句话解释什么样的程序语言可以使用装饰器。

简答 3-5：Python 模块（module）是什么？

简答 3-6：Python 的 __init__ 是什么？

简答 3-7：Python 的类内的关键词 self 是什么？

简答 3-8：请说明封装（encapsulation）。

简答 3-9：请说明 super( )。

简答 3-10：请说明多态（polymorphism）。

简答 3-11：Java 不支持多重继承，Python 是否支持多重继承？

简答 3-12：请说明 __iter__( ) 方法和 __next__( ) 方法。

面试实例 ch3_1.py：random 模块的 shuffle( ) 函数的应用。

面试实例 ch3_2.py：random 模块的 sample( ) 函数的应用。

面试实例 ch3_3.py：random 模块的 randint( ) 函数的应用。

面试实例 ch3_4.py：random 模块的 choice( ) 函数的应用。

面试实例 ch3_5.py：random 模块的 seed( ) 函数的应用。

面试实例 ch3_6.py：random 模块的 random( ) 函数的应用。

面试实例 ch3_7.py：产生 5 笔 0（含）～ 10.0（不含）的随机浮点数。

面试实例 ch3_8.py：Python 的 docstring 是什么？同时用程序说明。

面试实例 ch3_9.py：何谓全局变量（global variable）？何谓区域变量（local variable）？同时使用简单程序解说。

面试实例 ch3_10.py：lambda 是什么？请同时用程序实例解说。

面试实例 ch3_11.py：设计含 2 个参数的匿名函数应用，可以回传参数的积（相乘的结果）。

面试实例 ch3_12.py：使用 sorted 配合 lambda 将列表从小到大排序。

面试实例 ch3_13.py：使用 sorted 配合 lambda 将列表正值的元素从小到大排序，负值的元素从大到小排序。

面试实例 ch3_14.py：字典数据的姓名由小到大排序，年龄由大到小排序。

面试实例 ch3_15.py：元组数据的姓名由小到大排序，年龄由大到小排序。

面试实例 ch3_16.py：列表数据的姓名由小到大排序，年龄由大到小排序。

面试实例 ch3_17.py：将姓名由小到大排序，将年龄由小到大排序，当年龄相同时依照姓名由小到大排序。

面试实例 ch3_18.py：将字典转成列表，最后将列表转为字典，使用 zip( )。

面试实例 ch3_19.py：将字典转成列表，最后将列表转为字典，不使用 zip( )。

面试实例 ch3_20.py：为字符串 ['a', 'b', 'c'] 随机建立 1 ～ 10 的值，成为字典。

面试实例 ch3_21.py：在列表内依据字符串长度为元素排序。

面试实例 ch3_22.py：说明 map( ) 函数的用法，同时用程序解说。

面试实例 ch3_23.py：说明 filter( ) 函数的用法，同时用程序解说。

面试实例 ch3_24.py：说明 reduce( ) 函数的用法，同时用程序解说。

面试实例 ch3_25.py：何谓关键词参数？同时用程序解说。

面试实例 ch3_26.py：请说明如何设计可以传递任意数量参数的函数。

面试实例 ch3_27.py：请说明如何设计可以传递一般参数与任意数量参数的函数。

面试实例 ch3_28.py：请说明 *args 和 **kwargs，同时举程序实例说明。

面试实例 ch3_29.py：请说明函数是否可以当作一般函数的参数？

面试实例 ch3_30.py：请说明嵌套。

面试实例 ch3_31.py：请说明函数是否可以作为回传值，请举程序实例说明。

面试实例 ch3_32.py：请说明何谓闭包（closure）？请举程序实例说明。

面试实例 ch3_33.py：设计闭包 closure 的另一个应用。

面试实例 ch3_34.py：请说明 yield、next( ) 和 send( ) 的用法，请举程序例说明。

面试实例 ch3_35.py：重新设计 ch3_34.py，增加使用 send( ) 函数调用。

面试实例 ch3_36.py：设计自己的 range( ) 函数，此函数名称是 myRange( )。

面试实例 ch3_37.py：请说明装饰器（decorator）功能，请用实例解说。

面试实例 ch3_38.py：装饰器函数的基本操作。

面试实例 ch3_39.py：请说明 if __name__ == '__main__' 叙述的优点。

面试实例 ch3_40.py：导入 new_makefood，观察执行结果。

面试实例 ch3_41.py：如果有 A、B、C 三个变量供 test1.py、test2.py 和 test3.py 使用，应该如何设计程序？

面试实例 ch3_42.py：请说明 __init__ 和 __new__ 的区别，用文字和实例解说。

面试实例 ch3_43.py：请同时用文字和程序实例说明 isinstance( )。

面试实例 ch3_44.py 和 ch3_45.py：请同时用文字和程序实例说明 __str__( ) 方法。

面试实例 ch3_46.py：请同时用文字和程序实例说明 __repr__( ) 方法。

面试实例 ch3_47.py：斐波那契数列实践。

面试实例 ch3_48.py：不使用 sort( ) 方法，请设计列表排序。

简答 3-1：使用 Python 调用函数，在传递参数时，是传值（value）还是传地址（address）？

解答：

传地址。

简答 3-2：如果没有特别设定，可否在函数内更改全局变量的内容？如果要在函数内更改全局变量的值，须使用什么关键词设定此全局变量？

解答：

不可以。

在函数内经过 global 设定的全局变量可以在函数内更改其内容。

简答 3-3：设计一个含有多个回传值的函数时，请问这些回传值的数据形态如何？

解答：

元组（tuple）。

简答 3-4：请用一句话解释什么样的程序语言可以使用装饰器。

解答：

函数可以当作参数传递的程序语言。

简答 3-5：Python 模块（module）是什么？请列出 5 个 Python 内建的模块及其用法。

解答：

Python 模块是指包含 Python 程序代码的 .py 文件，文件内容可以是函数或类，或是一些常用变量的设定。

下列是 Python 内建的主要模块与功能简述，读者可以任选 5 个说明。

calendar	日历
csv	csv 文件
datetime	日期与时间
email	电子邮件
io	输入与输出
json	Json 文件
html	HTML
html.parser	解析 HTML
http	HTTP
math	常用数学
os	操作系统
os.path	路径管理
pickle	pickle 列表化数据
random	随机数
re	正则表达式

socket	网络应用
sqlite3	SQLite
statistics	统计
sys	系统
time	时间
urllib	URL
urllib.request	URL 的相关操作
xml.dom	XML DOM
zipfile	压缩与解压

简答 3-6：Python 的 __init__ 是什么？

解答：

建立类很重要的一个工作是**初始化整个类**，所谓的**初始化类**是在类内建立一个初始化**方法**（method），这是一个特殊**方法**，当在程序内宣告这个类的对象时将自动执行这个方法。初始化方法有一个固定名称是 __init__( )，写法是 init 左右皆有双下画线，init 其实是 initialization 的缩写。

简答 3-7：Python 的类内的关键词 self 是什么？

解答：

在 __init__( ) 初始化函数中，**self** 是必需的，它放在所有参数的**最前面**（相当于最左边），Python 在初始化时会自动传入这个参数 **self**，代表的是类本身的对象，未来在类内想要参照各**属性**与**函数**执行运算皆要使用 self。

简答 3-8：请说明封装（encapsulation）。

解答：

面向对象程序设计时，外部直接引用也代表可以直接修改类内的属性值，这将造成类数据不安全。

Python 提供了一个**私有属性与方法**的概念，这个概念的主要精神是类外无法直接更改类内的**私有属性**，类外也无法直接调用**私有方法**，这个概念又称**封装**（encapsulation）。

简答 3-9：请说明 super( )。

解答：

在面向对象的程序设计里，也可以使用 Python 的 super( ) 方法取得基类的属性。

简答 3-10：请说明多态（polymorphism）。

解答：

基类与衍生类有相同方法名称的实例，其实就是**多态**（polymorphism），但是在**多态**（polymorphism）的概念中是不局限在必须有父子关系的类。

简答 3-11：Java 不支持多重继承，Python 是否支持多重继承？

解答：

Python 支持多重继承，在 Python 面向对象的程序设计中，也常会发生一个类继承多个类的应用。

简答 3-12：请说明 __iter__( ) 方法和 __next__( ) 方法。

解答：

建立类的时候也可以将类定义成一个迭代对象，类似 list 或 tuple，供 for … in 循环内使用，这时类需设计 next( ) 方法，取得下一个值，直到达到结束条件，可以使用 raise StopIteration 终止继续。

面试实例 ch3_1.py：假设有 13 张扑克牌，定义如下：

```
porker = ['A','2','3','4','5','6','7','8','9','10','J','Q','K']
```

请用最简单的方式打散此牌，然后输出。

这一题主要是考 random 模块的 shuffle( ) 函数，这个函数可以将列表内容打散，主要内容如下：

```
random.shuffle(porker)
```

```
1  # ch3_1.py
2  import random
3  porker = ['A', '1', '2', '3', '4', '5', '6', '7',
4            '8', '9', '10', 'J', 'Q', 'K']
5  random.shuffle(porker)
6  print(porker)
```

执行结果

```
================ RESTART: D:/Python interveiw/ch3/ch3_1.py ================
['6', '7', '8', '5', 'A', '9', 'K', 'J', '3', '2', '4', 'Q', '10', '1']
```

面试实例 ch3_2.py：假设有 13 张扑克牌，定义如下：

```
porker = ['A','2','3','4','5','6','7','8','9','10','J','Q','K']
```

请随机每次发 5 张牌。

这一题主要是考 random 模块的 sample（列表，数量）函数，这个函数可以将列表内容打散，然后回传第 2 个参数数量的元素，主要内容如下：

```
random.sample(porker,5)
```

```
1  # ch3_2.py
2  import random
3  porker = ['A', '1', '2', '3', '4', '5', '6', '7',
4            '8', '9', '10', 'J', 'Q', 'K']
5  n = 5
6  print(random.sample(porker, n))
```

执行结果

```
================ RESTART: D:/Python interveiw/ch3/ch3_2.py ================
['2', '9', '8', 'Q', '3']
```

面试实例 ch3_3.py：请说明如何产生 5 笔 0 ～ 100 的随机数整数。

这一题主要是考 random 模块的 randint（min，max）函数，这个函数可以回传 min（含）和 max（含）之间的整数，主要内容如下：

```
random.randint(0,100)
```

```
1  # ch3_3.py
2  import random
3  n = 5
4  min = 0
5  max = 100
6  for i in range(n):
7      print(random.randint(min, max))
```

执行结果

```
================ RESTART: D:/Python interveiw/ch3/ch3_3.py ================
61
26
74
15
25
```

面试实例 ch3_4.py：请使用 choice( ) 方法产生 5 笔 0 ～ 100 的随机整数。

```
1  # ch3_4.py
2  import random
3
4  n = 5
5  for i in range(n):
6      print(random.choice(range(0, 101)))
```

执行结果

```
================ RESTART: D:/Python interveiw/ch3/ch3_4.py ================
18
8
57
72
20
```

面试实例 ch3_5.py：使用 random.randint( ) 方法每次产生的随机数皆不相同，例如：若是重复执行 ch3_3.py，可以看到每次皆是不一样的 5 个随机数。

```
================ RESTART: D:/Python interveiw/ch3/ch3_3.py ================
6
67
43
44
70
>>>
================ RESTART: D:/Python interveiw/ch3/ch3_3.py ================
39
29
71
15
56
>>>
================ RESTART: D:/Python interveiw/ch3/ch3_3.py ================
81
0
19
15
67
```

如果我们希望每次皆可以产生相同的随机数，应该如何处理？

其实可以使用 random 模块的 seed（x）方法，其中参数 x 是种子值，例如设定 x=5，当设定此种子值后，未来每次使用随机函数如 randint( )、random( ) 产生随机数时，都可以得到相同的随机数。

```
1   # ch3_5.py
2   import random
3   n = 5
4   min = 0
5   max = 100
6   random.seed(5)
7   for i in range(n):
8       print(random.randint(min, max))
```

执行结果

```
================ RESTART: D:/Python interveiw/ch3/ch3_5.py ================
79
32
94
45
88
>>>
================ RESTART: D:/Python interveiw/ch3/ch3_5.py ================
79
32
94
45
88
>>>
================ RESTART: D:/Python interveiw/ch3/ch3_5.py ================
79
32
94
45
88
```

面试实例 ch3_6.py：请说明如何产生 5 笔 0（含）～ 1.0（不含）的随机浮点数。

这一题主要是考 random 模块的 random（）函数，这个函数可以回传 0.0（含）和 1.0（不含）之间的浮点数，主要内容如下：

```
random.random( )
```

```
1   # ch3_6.py
2   import random
3   n = 5
4   for i in range(n):
5       print(random.random())
```

执行结果

```
================ RESTART: D:/Python interveiw/ch3/ch3_6.py ================
0.31631674944917154
0.2259714972551281
0.624651917662772
0.6277901195045082
0.08075119571962819
```

面试实例 ch3_7.py：请说明如何产生 5 笔 0（含）～ 10.0（不含）的随机浮点数。

解答：

这一题主要是考 random 模块的 uniform（min，max）函数，这个函数可以回传 min（含）和 max（不含）之间的浮点数，主要内容如下：

```
random.randint(0,10.0)
```

```python
1  # ch3_7.py
2  import random
3  n = 5
4  min = 0.0
5  max = 10.0
6  for i in range(n):
7      print(random.uniform(min, max))
```

执行结果

```
================ RESTART: D:/Python interveiw/ch3/ch3_7.py ================
4.533288630187668
0.00014370976877065011
1.3817140454964927
0.30209024198817325
6.227072304364718
```

面试实例 ch3_8.py：Python 的 docstring 是什么？同时用程序说明。

解答：

所谓 docstring 全名是 documentation string，可以解释为文件字符串，是指在模块、函数、类方法中第一行使用 3 个单引号 ''' 或是双引号 """ 包含的内容，这个内容也常被用作注释。

```python
1  # ch3_8.py
2  def greeting(name):
3      """Python函数需传递名字name"""
4      print("Hi,", name, "Good Morning!")
5  greeting('Nelson')
```

执行结果

```
================ RESTART: D:/Python interveiw/ch3/ch3_8.py ================
Hi, Nelson Good Morning!
```

上述函数 greeting( ) 名称下方是 """**Python 函数需传递名字 name** """ 字符串，Python 语言将此函**数注释称文件字符串** docstring。一个公司设计大型程序时，常常将工作分成很多小程序，每个人的工作将用函数完成，为了要让其他团队成员可以了解你所设计的函数，需要用**文件字符串**注明此函数的功能与用法。

可以使用 help（函数名称）列出此函数的文件字符串，可以参考下列实例。假设程序已经执行了 ch3_8.py 程序，下列是列出此程序的 greeting( ) 函数的**文件字符串**。

```
>>> help(greeting)
Help on function greeting in module __main__:

greeting(name)
    Python函数需传递名字name
```

如果只想看函数注释，可以使用下列方法：

```
>>> print(greeting.__doc__)
Python函数需传递名称name
```

上述奇怪的 greeting.__doc__ 就是 greeting( ) 函数文件字符串的变量名称，__ 其实是双下画线，这是系统保留名称的方法。

面试实例 ch3_9.py：何谓全局变量（global variable）？何谓区域变量（local variable）？同时使用简单程序解说。

解答：

全局变量（global variable）：在函数或类外宣告的变量，这个变量可以在程序所有地方引用，直到整个程序执行结束。

区域变量（local variable）：在函数内宣告的变量，这个变量只能在所宣告的函数内使用，同时此函数执行结束后，区域变量所占用的内存空间将被收回，区域变量也将被销毁。

有一个程序如下，请列出全局变量（global variable）和区域变量（local variable）。

```
1  # ch3_9.py
2  def fun():
3      a = 5
4      c = a + b
5      print(c)
6
7  b = 3
8  fun()
```

执行结果

```
================= RESTART: D:/Python interveiw/ch3/ch3_9.py =================
8
```

全局变量：b。

区域变量：a，c。

面试实例 ch3_10.py：lambda 是什么？请同时用程序实例解说。

解答：

匿名函数（anonymous function）是指一个没有名称的函数，适合使用在程序中只存在一小段时间的情况。Python 是使用 def 定义一般函数，匿名函数则是使用 **lambda** 来定义，有的人称之为 lambda 表达式，也可以将匿名函数称为 lambda 函数。

匿名函数另一个特色是可以有许多的参数，但是只能有一个程序码表达式，然后可以将执行结果回传。

```
lambda arg1[,arg2,… argn]:expression        # arg1 是参数，可以有多个参数
```

上述 expression 就是匿名函数 lambda 表达式的内容，下列是单一参数的匿名函数应用，可以回传立方值。

```
1  # ch3_10.py
2  # 定义lambda函数
3  cube = lambda x: x * x * x
4
5  # 输出立方值
6  print(cube(10))
```

执行结果

```
================ RESTART: D:/Python interveiw/ch3/ch3_10.py ================
1000
```

面试实例 ch3_11.py：设计含 2 个参数的匿名函数应用，可以回传参数的积（相乘的结果）。

```
1   # ch3_11.py
2   # 定义lambda函数
3   product = lambda x, y: x * y
4
5   # 输出相乘结果
6   print(product(5, 10))
```

执行结果

```
================ RESTART: D:/Python interveiw/ch3/ch3_11.py ================
50
```

面试实例 ch3_12.py：有一个列表内容如下：

```
lst = [-8,5,9,-2,-11,12,1,10,-5]
```

请使用 sorted 配合 lambda 将上述列表从小到大排序。

```
1   # ch3_12.py
2   lst = [-8, 5, 9, -2, -11, 12, 1, 10, -5]
3   sorted_lst = sorted(lst, key=lambda x:x)
4   print(sorted_lst)
```

执行结果

```
================ RESTART: D:/Python interveiw/ch3/ch3_12.py ================
[-11, -8, -5, -2, 1, 5, 9, 10, 12]
```

面试实例 ch3_13.py：有一个列表内容如下：

```
lst = [-8,5,9,-2,-11,12,1,10,-5]
```

请使用 sorted 配合 lambda 将上述列表正值的元素从小到大排序，负值的元素从大到小排序。

```
1   # ch3_13.py
2   lst = [-8, 5, 9, -2, -11, 12, 1, 10, -5]
3   sorted_lst = sorted(lst, key=lambda x:(x<0, abs(x)))
4   print(sorted_lst)
```

执行结果

```
================ RESTART: D:/Python interveiw/ch3/ch3_13.py ================
[1, 5, 9, 10, 12, -2, -5, -8, -11]
```

面试实例 ch3_14.py：有一个列表内部元素是字典，如下所示：

```
member = [{'name':'Peter',
           'age':25},
          {'name':'Mary',
           'age':22},
          {'name':'Kevin',
           'age':29},
          {'name':'Tom',
           'age':18}]
```

将姓名由小到大排序，将年龄由大到小排序。

```
 1  # ch3_14.py
 2  member = [{'name':'Peter',
 3             'age':25},
 4            {'name':'Mary',
 5             'age':22},
 6            {'name':'Kevin',
 7             'age':29},
 8            {'name':'Tom',
 9             'age':18}]
10  sorted_name = sorted(member, key=lambda x:x['name'])
11  print('依照姓名由小到大排序')
12  for n in sorted_name:
13      print(n)
14  print('依照年龄由大到小排序')
15  sorted_age = sorted(member, key=lambda x:x['age'], reverse=True)
16  for a in sorted_age:
17      print(a)
```

执行结果

```
================ RESTART: D:\Python interveiw\ch3\ch3_14.py ================
依照姓名由小到大排序
{'name': 'Kevin', 'age': 29}
{'name': 'Mary', 'age': 22}
{'name': 'Peter', 'age': 25}
{'name': 'Tom', 'age': 18}
依照年龄由大到小排序
{'name': 'Kevin', 'age': 29}
{'name': 'Peter', 'age': 25}
{'name': 'Mary', 'age': 22}
{'name': 'Tom', 'age': 18}
```

面试实例 ch3_15.py：有一个列表内部元素是元组，如下所示：

```
member = [('Peter', 25),
          ('Mary', 22),
          ('Kevin', 29),
          ('Tom', 18)]
```

将姓名由小到大排序，将年龄由大到小排序。

```
1  # ch3_15.py
2  member = [('Peter', 25),
3            ('Mary', 22),
4            ('Kevin', 29),
5            ('Tom', 18)]
6  sorted_name = sorted(member, key=lambda x:x[0])
7  print('依照姓名由小到大排序')
8  for n in sorted_name:
9      print(n)
10 print('依照年龄由大到小排序')
11 sorted_age = sorted(member, key=lambda x:x[1], reverse=True)
12 for a in sorted_age:
13     print(a)
```

执行结果

```
================= RESTART: D:\Python interveiw\ch3\ch3_15.py =================
依照姓名由小到大排序
('Kevin', 29)
('Mary', 22)
('Peter', 25)
('Tom', 18)
依照年龄由大到小排序
('Kevin', 29)
('Peter', 25)
('Mary', 22)
('Tom', 18)
```

面试实例 ch3_16.py：有一个列表内部元素是列表，如下所示：

```
member = [['Peter', 25],
          ['Mary', 22],
          ['Kevin', 29],
          ['Jessica', 22],
          ['Nancy', 22],
          ['Tom', 18]]
```

将姓名由小到大排序，将年龄由大到小排序。

```
1  # ch3_16.py
2  member = [['Peter', 25],
3            ['Mary', 22],
4            ['Kevin', 29],
5            ['Jessica', 22],
6            ['Nancy', 22],
7            ['Tom', 18]]
8  sorted_name = sorted(member, key=lambda x:x[0])
9  print('依照姓名由小到大排序')
10 for n in sorted_name:
11     print(n)
12 print('依照年龄由大到小排序')
13 sorted_age = sorted(member, key=lambda x:x[1], reverse=True)
14 for a in sorted_age:
15     print(a)
```

执行结果

```
================= RESTART: D:\Python interveiw\ch3\ch3_16.py =================
依照姓名由小到大排序
['Jessica', 22]
['Kevin', 29]
['Mary', 22]
['Nancy', 22]
['Peter', 25]
['Tom', 18]
依照年龄由大到小排序
['Kevin', 29]
['Peter', 25]
['Mary', 22]
['Jessica', 22]
['Nancy', 22]
['Tom', 18]
```

面试实例 ch3_17.py：有一个列表内部元素是列表，如下所示：

```
member = [['Peter', 25],
          ['Mary', 22],
          ['Kevin', 29],
          ['Jessica', 22],
          ['Nancy', 22],
          ['Tom', 18]]
```

将姓名由小到大排序，将年龄由小到大排序，当年龄相同时依照姓名由小到大排序。

```
1   # ch3_17.py
2   member = [['Peter', 25],
3             ['Mary', 22],
4             ['Kevin', 29],
5             ['Jessica', 22],
6             ['Nancy', 22],
7             ['Tom', 18]]
8   sorted_name = sorted(member, key=lambda x:x[0])
9   print('依照姓名由小到大排序')
10  for n in sorted_name:
11      print(n)
12  print('依照年龄由小到大排序，年龄相同则依照姓名由小到大')
13  sorted_age = sorted(member, key=lambda x:(x[1],x[0]))
14  for a in sorted_age:
15      print(a)
```

执行结果

```
================= RESTART: D:\Python interveiw\ch3\ch3_17.py =================
依照姓名由小到大排序
['Jessica', 22]
['Kevin', 29]
['Mary', 22]
['Nancy', 22]
['Peter', 25]
['Tom', 18]
依照年龄由小到大排序，年龄相同则依照姓名由小到大
['Tom', 18]
['Jessica', 22]
['Mary', 22]
['Nancy', 22]
['Peter', 25]
['Kevin', 29]
```

面试实例 ch3_18.py：有一个字典内容如下：

```
member = {'Peter':25,
          'Kevin':29,
          'Tom':18}
```

将字典转成列表，列表元素是元组，然后将列表元组排序，最后将列表转为字典。

```
1   # ch3_18.py
2   member = {'Peter':25,
3             'Kevin':29,
4             'Tom':18}
5   mem_zip = zip(member.keys(), member.values())
6   mem = [i for i in mem_zip]
7   print('字典转成列表，元素是元组 :', mem)
8   sorted_mem = sorted(mem, key=lambda x:x[0])
9   print('依键值由小到大排序', sorted_mem)
10  dict_mem = {i[0]:i[1] for i in sorted_mem}
11  print('转为字典 :', dict_mem)
```

执行结果

```
================= RESTART: D:\Python interveiw\ch3\ch3_18.py =================
字典转成列表，元素是元组 : [('Peter', 25), ('Kevin', 29), ('Tom', 18)]
依键值由小到大排序 [('Kevin', 29), ('Peter', 25), ('Tom', 18)]
转为字典 : {'Kevin': 29, 'Peter': 25, 'Tom': 18}
```

面试实例 ch3_19.py：有一个字典内容如下：

```
member = {'Peter':25,
          'Kevin':29,
          'Tom':18}
```

将字典转成列表，列表元素是元组，然后将列表元组排序，最后将列表转为字典，这一题要求不使用 zip( )。

```
1   # ch3_19.py
2   member = {'Peter':25,
3             'Kevin':29,
4             'Tom':18}
5   mem = member.items()
6   print('字典转成列表，元素是元组 :', mem)
7   sorted_mem = sorted(mem, key=lambda x:x[0])
8   print('依键值由小到大排序', sorted_mem)
9   dict_mem = {i[0]:i[1] for i in sorted_mem}
10  print('转为字典 :', dict_mem)
```

执行结果

```
================= RESTART: D:\Python interveiw\ch3\ch3_19.py =================
字典转成列表，元素是元组 : dict_items([('Peter', 25), ('Kevin', 29), ('Tom', 18)
])
依键值由小到大排序 [('Kevin', 29), ('Peter', 25), ('Tom', 18)]
转为字典 : {'Kevin': 29, 'Peter': 25, 'Tom': 18}
```

面试实例 ch3_20.py：有一个列表如下：

```
['a','b','c']
```

将上述列表的元素当作字典的键，随机建立 1 ～ 10 的值。

```
1  # ch3_20.py
2  import random
3
4  my_dict = {i:random.randint(1, 10) for i in ['a', 'b', 'c']}
5  print(my_dict)
```

执行结果

```
================ RESTART: D:/Python interveiw/ch3/ch3_20.py ================
{'a': 3, 'b': 8, 'c': 7}
>>>
================ RESTART: D:/Python interveiw/ch3/ch3_20.py ================
{'a': 8, 'b': 2, 'c': 6}
```

面试实例 ch3_21.py：在列表内依据字符串长度为元素排序，先使用 sorted( ) 方法不更改原列表内容，再用 sort( ) 方法重新依据字符串长度为元素排序，此时将更改原列表内容。

```
1  # ch3_21.py
2  string = ['abc', 'ab', 'linda', 'a']
3  new_str = sorted(string, key = lambda x:len(x))
4  print('string  : ', string)
5  print('new_str : ', new_str)
6  string.sort(key=len)
7  print('string  : ', string)
```

执行结果

```
================ RESTART: D:/Python interveiw/ch3/ch3_21.py ================
string  :  ['abc', 'ab', 'linda', 'a']
new_str :  ['a', 'ab', 'abc', 'linda']
string  :  ['a', 'ab', 'abc', 'linda']
```

面试实例 ch3_22.py：说明 map( ) 函数的用法，同时用程序解说。

解答：

内建函数 map( )，它的语法格式如下：

```
map(func,iterable)
```

上述函数将依次把 iterable（可以重复执行的字符串 string、列表 list 或元组 tuple 等）的元素（item）放入 func( ) 内，然后将 func( ) 函数执行结果回传，上述参数 func 常常使用 lambda 表达式。

下列是使用匿名函数对列表元素执行平方运算。

```
1  # ch3_22.py
2  mylist = [5, 10, 15, 20, 25, 30]
3
4  squarelist = list(map(lambda x: x ** 2, mylist))
5
6  # 输出列表元素的平方值
7  print("列表的平方值: ",squarelist)
```

执行结果

```
================ RESTART: D:\Python interveiw\ch3\ch3_22.py ================
列表的平方值:  [25, 100, 225, 400, 625, 900]
```

面试实例 ch3_23.py：说明 filter( ) 函数的用法，同时用程序解说。

解答：

内建函数 filter( ) 主要用于筛选序列，它的语法格式如下：

```
filter(func,iterable)
```

上述函数将依次把 iterable（可以重复执行的字符串 string、列表 list 或元组 tuple 等）的元素（item）放入 func( ) 内，然后将 func( ) 函数执行结果是 True 的元素组成新的筛选对象（filter object）回传，上述参数 func 常常使用 lambda 表达式。

下列是使用 lambda 配合 filter( ) 函数，将列表内容是奇数的元素筛选出来。

```
1  # ch3_23.py
2  mylist = [5, 10, 15, 20, 25, 30]
3
4  oddlist = list(filter(lambda x: (x % 2 == 1), mylist))
5
6  # 输出奇数列表
7  print("奇数列表: ",oddlist)
```

执行结果

```
================ RESTART: D:\Python interveiw\ch3\ch3_23.py ================
奇数列表:  [5, 15, 25]
```

面试实例 ch3_24.py：说明 reduce( ) 函数的用法，同时用程序解说。

解答：

内建函数 reduce( ) 的语法格式如下：

```
reduce(func,iterable)                              # func 必须有 2 个参数
```

它会先对可迭代对象的第 1 和第 2 个元素操作，得出结果再和第 3 个元素操作，直到最后一个元素。假设 iterable 有 4 个元素，可以用下列方式解说：

```
reduce(f,[a,b,c,d]) = f( f( f(a,b),c),d)        # f 其实就是 func 常用 lambda
```

早期 reduce( ) 是内建函数，现在被移至 funtools，所以使用前需在程序前方加上下列 import：

```
from functools import reduce              # 导入 reduce( )
```

下列是设计字符串转整数的函数，为了验证转整数是否正确，笔者将此字符串加 10，最后再输出。

```
1   # ch3_24.py
2   from functools import reduce
3   def strToInt(s):
4       def charToNum(s):
5           return {'0':0,'1':1,'2':2,'3':3,'4':4,'5':5,'6':6,'7':7,'8':8,'9':9}[s]
6       return reduce(lambda x,y:10*x+y, map(charToNum,s))
7
8   string = '5487'
9   x = strToInt(string) + 10
10  print("x = ", x)
```

执行结果

```
================ RESTART: D:/Python interveiw/ch3/ch3_24.py ================
x =   5497
```

面试实例 ch3_25.py：请说明在调用函数时，何谓关键词参数？同时用程序解说。

解答：

所谓的关键词参数（keyword arguments）是指调用函数时，参数是用"参数名称 = 值"的配对方式呈现，本质上关键词参数是字典形式（dict）。

下列程序传递参数时，直接使用关键词参数（keyword arguments），即参数名称 = 值的配对方式传送。

```
1  # ch3_25.py
2  def interest(interest_type, subject):
3      """ 显示兴趣和主题 """
4      print("我的兴趣是 " + interest_type )
5      print("在 " + interest_type + " 中, 最喜欢的是 " + subject)
6      print( )
7
8  interest(interest_type = '旅游', subject = '敦煌')   # 位置正确
9  interest(subject = '敦煌', interest_type = '旅游')   # 位置更动
10 hobby = '旅游'
11 place = '敦煌'
12 interest(hobby, subject = place)
```

执行结果

```
================ RESTART: D:\Python interveiw\ch3\ch3_25.py ================
我的兴趣是 旅游
在 旅游 中, 最喜欢的是 敦煌

我的兴趣是 旅游
在 旅游 中, 最喜欢的是 敦煌

我的兴趣是 旅游
在 旅游 中, 最喜欢的是 敦煌
```

面试实例 ch3_26.py：请说明如何设计可以传递任意数量参数的函数。

解答：

有时候可能会碰上不知道会有多少个参数会传递到这个函数，在设计这类函数时，可以在参数左边加上 *。例如：如果函数是 beef_noddle( )，参数是 toppings，当不知道有多少参数会传递时，可以使用下列方式设计此函数：

```
def beef_noodle(*toppings):
        ...
```

下列是建立一个牛肉面的配料程序，这个程序在调用牛肉面函数 beef_noodle( ) 时，可以传递 0 到多个配料，然后 beef_noodle( ) 函数会将配料结果的牛肉面列出来。

```
1  # ch3_26.py
2  def beef_noodle(*toppings):
3      """ 列出制作牛肉面的配料 """
4      print("这碗牛肉面所加配料如下")
5      for topping in toppings:
6          print("--- ", topping)
7
8  beef_noodle('牛肉')
9  beef_noodle('牛肉', '辣椒', '葱花')
```

执行结果

```
================ RESTART: D:\Python interveiw\ch3\ch3_26.py ================
这碗牛肉面所加配料如下
---   牛肉
这碗牛肉面所加配料如下
---   牛肉
---   辣椒
---   葱花
```

面试实例 ch3_27.py：请说明如何设计可以传递一般参数与任意数量参数的函数。

解答：

程序设计时会遇上需要传递一般参数与任意数量参数的情况，此时任意数量的参数必须放在最右边。

```
def make_noodles(noodle_type,*toppings):
        ...
```

下列程序在传递参数时第一个参数是面的种类，然后才是不同数量的面的配料。

```
1  # ch3_27.py
2  def make_noodle(noodle_type, *toppings):
3      """ 列出制作各种面的配料 """
4      print("这个 ", noodle_type, " 面所加配料如下")
5      for topping in toppings:
6          print("--- ", topping)
7
8  make_noodle('肉丝', '猪肉', '酸菜')
9  make_noodle('牛肉', '牛肉', '辣椒', '葱花')
```

执行结果

```
================ RESTART: D:\Python interveiw\ch3\ch3_27.py ================
这个  肉丝   面所加配料如下
---    猪肉
       酸菜
这个  牛肉   面所加配料如下
---    牛肉
---    辣椒
---    葱花
```

面试实例 ch3_28.py：请说明 *args 和 **kwargs，同时举程序实例说明。

解答：

*args 是指函数可以有任意数量的参数，本质是元组（tuple）。

**kwargs 是指函数可以有任意数量的关键词参数，本质是字典（dict）。

在一个函数内同时有 *args 和 **kwargs 时，*args 必须在 **kwargs 前面，下列是程序实例解说。

```
1  # ch3_28.py
2  def fun(*args,**kwargs):
3      print('args =', args)
4      print('kwargs =',kwargs)
5
6  fun(1, 2, 3, 4, 5, A='I', B='like', C='Python')
```

执行结果

```
================ RESTART: D:/Python interveiw/ch3/ch3_28.py ===============
args = (1, 2, 3, 4, 5)
kwargs = {'A': 'I', 'B': 'like', 'C': 'Python'}
```

面试实例 ch3_29.py：请说明函数是否可以当作一般函数的参数？如果可以，请举程序实例说明。

解答：

在 Python 中函数也可以当作参数被传递给其他函数，当函数当作参数传递时，可以不用加上 ( )
符号，这样 Python 就可以将函数当作对象处理。如果加上括号，会被视为调用这个函数。

下列是函数当作是传递参数的基本应用。

```
1  # ch3_29.py
2  def add(x, y):
3      return x+y
4
5  def mul(x, y):
6      return x*y
7
8  def running(func, arg1, arg2):
9      return func(arg1, arg2)
10
11 result1 = running(add, 5, 10)      # add函数当作参数
12 print(result1)
13 result2 = running(mul, 5, 10)      # mul函数当作参数
14 print(result2)
```

执行结果

```
================ RESTART: D:/Python interveiw/ch3/ch3_29.py ===============
15
50
```

面试实例 ch3_30.py：请说明嵌套函数，请举程序例说明。

解答：

所谓的嵌套函数是指函数内部也可以有函数，有时候可以利用这个特性执行复杂的运算。嵌套
函数也具有可重复使用、封装、隐藏数据的效果。

下列是使用嵌套函数计算 2 个坐标点之距离，外层函数是第 2-7 行的 dist( )，此函数第 3-4 是内
层 mySqrt( ) 函数。

```
1  # ch3_30.py
2  def dist(x1,y1,x2,y2):          # 计算2点之距离函数
3      def mySqrt(z):              # 计算开根号值
4          return z ** 0.5
5      dx = (x1 - x2) ** 2
6      dy = (y1 - y2) ** 2
7      return mySqrt(dx+dy)
8
9  print(dist(0,0,1,1))
```

执行结果

```
=============== RESTART: D:/Python interveiw/ch3/ch3_30.py ===============
1.4142135623730951
```

面试实例 ch3_31.py：请说明函数是否可以作为回传值，请举程序实例说明。

解答：

在嵌套函数的应用中，常常会将一个内层函数当作回传值，这时所回传的是内层函数的内存地址。

下列是计算 1 - (n-1) 的总和，观察函数当作回传值的应用，这个程序的第 2 ~ 6 行是 outer( ) 函数，第 6 行的回传值是不含 ( ) 的 inner。

```
1  # ch3_31.py
2  def outer():
3      def inner(n):
4          print('inner running')
5          return sum(range(n))
6      return inner
7
8  f = outer()            # outer()回传inner地址
9  print(f)               # 打印inner内存
10 print(f(5))            # 实际执行的是inner()
11
12 y = outer()
13 print(y)
14 print(y(10))
```

执行结果

```
=============== RESTART: D:/Python interveiw/ch3/ch3_31.py ===============
<function outer.<locals>.inner at 0x0275F150>
inner running
10
<function outer.<locals>.inner at 0x02B74738>
inner running
45
```

面试实例 ch3_32.py：请说明何谓闭包（closure）？请举程序实例说明。

解答：

内部函数是一个动态产生的程序，当它可以记住函数以外的程序所建立的环境变量值时，可以

称这个内部函数是**闭包**（closure）。

下列是一个线性函数 ax+b 的闭包说明。

```
1  # ch3_32.py
2  def outer():
3      b = 10                    # inner所使用的变量值
4      def inner(x):
5          return 5 * x + b      # 引用第3行的b
6      return inner
7
8  b = 2
9  f = outer()
10 print(f(b))
```

执行结果

```
================ RESTART: D:/Python interveiw/ch3/ch3_32.py ================
20
```

上述第 3 行 b 是一个环境变量，这也是定义在 inner( ) 以外的变量，由于第 6 行使用 inner 当作回传值，inner( ) 内的 b 其实就是第 3 行所定义的 b，变量 b 和 inner( ) 就构成了一个 closure。 程序第 10 行 f（b）中的 b 将是 inner（x）的 x 参数，所以最后可以得到 5 * 2 + 10，结果是 20。

其实 __closure__ 内是一个元组，环境变量 b 就是存在 cell_contents 内。

```
>>> print(f)
<function outer.<locals>.inner at 0x0357F150>
>>> print(f.__closure__)
(<cell at 0x039D72D0: int object at 0x5B8EC910>,)
>>> print(f.__closure__[0].cell_contents)
10
```

面试实例 ch3_33.py：设计闭包 closure 的另一个应用，这也是线性函数 ax+b，不过环境变量是 outer( ) 的参数。

```
1  # ch3_33.py
2  def outer(a, b):
3      ''' a 和 b 将是inner()的环境变量 '''
4      def inner(x):
5          return a * x + b
6      return inner
7
8  f1 = outer(1, 2)
9  f2 = outer(3, 4)
10 print(f1(1), f2(3))
```

执行结果

```
================ RESTART: D:/Python interveiw/ch3/ch3_33.py ================
3 13
```

这个程序第 8 行建立了 x+2，第 9 行建立了 3x+4，相当于使用了 closure 将最终线性函数确定下来。第 10 行传递适当的值，就可以获得结果。在这里我们发现程序代码可以重复使用，此外如果没有 closure，我们需要传递 a、b、x 参数，所以 closure 可以让程序设计更有效率，同时未来扩充时程序代码可以更容易移植。

面试实例 ch3_34.py：请说明 yield、next( ) 和 send( ) 的用法，请举程序实例说明。

解答：

可以将 yield 想成是 return，普通的 return 在函数中回传某个值后就不再往下执行，同时此函数所有区域数据将被删除。yield 其实是生成器（generator）的一部分，gen 函数内有 yield 时，若是执行到 yield 指令，只是将程序的主导权由 gen 函数交还原调用 gen 函数的位置，此 gen 函数数据依旧保留，下一次调用 gen 函数时，由上次暂停位置（yield）往下执行。

下列是简单的 yield 指令实例，由这个实例可以观察 yield 的操作。

```
1   # ch3_34.py
2   def gen():
3       ''' 测试yield '''
4       print('进入gen()')
5       while True:
6           rtn = yield 10
7           print('rtn :', rtn)
8
9   g = gen()                        # 建立生成器gen对象
10  print('主程序 :', next(g))
11  print('*'*50)
12  print('主程序 :', next(g))
```

执行结果

```
================ RESTART: D:\Python interveiw\ch3\ch3_34.py ================
进入gen()
主程序 : 10
**************************************************
rtn : None
主程序 : 10
```

这个程序说明如下：

（1）执行第 9 行，这个指令调用 gen( )，由于 gen( ) 函数内有 yield 所以不会真正执行，而是建立生成器对象 g。

（2）执行第 10 行，这是 print( )，参数是 next（g），可以进入 gen( )，所以打印第 4 行的"进入 gen( )"，然后进入 while 循环，执行第 6 行的 rtn = yield 10，这时返回调用的主程序，读者需留意现在并没有设定赋值给 rtn。

```
rtn = yield 10          # 在现阶段只有执行 yield 10，并没有执行赋值给 rtn
```

因为是回传 10，所以第 10 行打印"主程序：10"。

（3）执行第 11 行，这是 print( )，这会打印 *50 次。

（4）执行第 12 行，这时回到 gen( ) 函数内先前离开的 yield。

```
rtn = yield 10          # 在现阶段要执行赋值给 rtn
```

因为原先 yield 的 10 已经回传，此时没有值赋给 rtn，rtn 是 None，所以输出 rtn：None，再度进入 while 循环，当执行到第 6 行的 yield 10，这时返回调用的主程序，因为是回传 10，所以第 12

行打印"主程序：10"。

其实内含 yield 的函数式在 Python 中称生成器，这个生成器有一个函数 next( )，可以想成下一次生成哪一个数值，下一次 next( ) 执行的地方是从上次终止的地方开始执行，然后遇到 yield 后，可以将数值生成。

在这个生成器中有一个函数 send( ) 可以接着 yield 执行，然后将 send（x）函数的 x 参数给 yield 进行赋值操作。

面试实例 ch3_35.py：重新设计 ch3_34.py，增加使用 send( ) 函数调用。

```
1  # ch3_35.py
2  def gen():
3      ''' 测试yield '''
4      print('进入gen()')
5      while True:
6          rtn = yield 10
7          print('rtn :', rtn)
8
9  g = gen()                          # 建立生成器gen对象
10 print('主程序 :', next(g))
11 print('*'*50)
12 print('主程序 :', g.send(100))
```

执行结果

```
================ RESTART: D:\Python interveiw\ch3\ch3_35.py ================
进入gen()
主程序 : 10
**************************************************
rtn : 100
主程序 : 10
```

上述执行第 12 行，这时回到 gen( ) 函数内先前离开的 yield。

```
rtn = yield 10                     # 在现阶段要执行赋值给 rtn
```

这时第 12 行的 g.send（100）赋了 100 给 rtn，所以 rtn 是 100，所以输出 rtn：100。再度进入 while 循环，当执行到第 6 行的 yield 10，这时返回调用的主程序，因为是回传 10，所以第 10 行打印"主程序：10"。

当我们懂了上述概念后，就可以设计属于自己的 range( ) 函数了。

面试实例 ch3_36.py：设计自己的 range( ) 函数，此函数名称是 myRange( )。

```
1  # ch3_36.py
2  def myRange(start=0, stop=100, step=1):
3      n = start
4      while n < stop:
5          yield n
6          n += step
7
8  print(type(myRange))
9  for x in myRange(0,5):
10     print(x)
```

执行结果

```
================ RESTART: D:/Python interveiw/ch3/ch3_36.py ================
<class 'function'>
0
1
2
3
4
```

上述我们设计的 myRange( ) 函数，它的数据类型是 function，所执行的功能与 range( ) 类似，不过当我们调用此函数时，它的回传值不是使用 return，而是使用 yield，同时整个函数内部不是立即执行。第一次 for 循环执行时会执行到 yield 关键词，然后回传 n 值。下一次 for 循环迭代时会继续执行此函数的第 6 行 n += step，然后回到函数起点再执行到 yield，循环直到没有值可以回传。

我们又将此 range( ) 概念称为**生成器**（generator）。

面试实例 ch3_37.py：请说明装饰器（decorator）功能，请用实例解说。

解答：

在设计程序时，如果我们想在函数内增加一些功能，但是又不想更改原先的函数，这时可以使用 Python 所提供的**装饰器**（decorator）。装饰器其实也是一种函数，此函数会接收一个函数，然后回传另一个函数。下列是一个简单打印所传递的字符串然后输出的实例：

```
>>> def greeting(string):
        return string

>>> greeting('Hello! iPhone')
'Hello! iPhone'
```

假设我们不想更改 greeting( ) 函数的内容，但是希望可以将输出改成大写，此时就可以使用装饰器。

下列是装饰器函数的基本操作，这个程序将设计一个 upper( ) 装饰器，这个程序除了将所输入字符串改成大写，同时也列出所装饰的函数名称，以及函数所传递的参数。

```
 1  # ch3_37.py
 2  def upper(func):                    # 装饰器
 3      def newFunc(args):
 4          oldresult = func(args)
 5          newresult = oldresult.upper()
 6          print('函数名称 : ', func.__name__)
 7          print('函数参数 : ', args)
 8          return newresult
 9      return newFunc
10
11  def greeting(string):               # 问候函数
12      return string
13
14  mygreeting = upper(greeting)        # 手动装饰器
15  print(mygreeting('Hello! iPhone'))
```

执行结果

```
================ RESTART: D:\Python interveiw\ch3\ch3_37.py ================
函数名称 ： greeting
函数参数 ： Hello! iPhone
HELLO! IPHONE
```

上述程序第 14 行是手动设定装饰器，第 15 行是调用装饰器和打印。

装饰器设计的原则是有一个函数当作参数，然后在装饰器内重新定义一个含有装饰功能的新函数，可参考第 3 ～ 8 行。第 4 行是获得原函数 greeting( ) 的结果，第 5 行是将 greeting( ) 的结果装饰成新的结果，也就是将字符串转成大写。第 6 行是打印原函数的名称，在这里我们使用了 func.__name__，这是函数名称变量。第 7 行是打印所传递参数内容，第 8 行是回传新的结果。

下面实例是用 @upper 直接定义装饰器名称。

面试实例 ch3_38.py：设计一个 upper( ) 装饰器，这个程序除了将所输入字符串改成大写，同时也列出所装饰的函数名称，以及函数所传递的参数。

```python
1  # ch3_38.py
2  def upper(func):                    # 装饰器
3      def newFunc(args):
4          oldresult = func(args)
5          newresult = oldresult.upper()
6          print('函数名称 : ', func.__name__)
7          print('函数参数 : ', args)
8          return newresult
9      return newFunc
10 @upper                              # 设定装饰器
11 def greeting(string):               # 问候函数
12     return string
13
14 print(greeting('Hello! iPhone'))
```

执行结果

```
================ RESTART: D:\Python interveiw\ch3\ch3_38.py ================
函数名称 ： greeting
函数参数 ： Hello! iPhone
HELLO! IPHONE
```

面试实例 ch3_39.py：请说明下列程序的优点，并用实例解说。

```
if __name__ == '__main__'
dosomething( )
```

解答：

假设上述程序名称是 test.py，如果上述程序是自己执行，那么 __name__ 就一定是 __main__，会执行 dosomething( ) 函数。

如果上述程序 test.py 是被 import，则 __name__ 是程序名称 test。下列笔者将用多个程序解说。

所以如果所设计的程序是当作模块使用，则须加 if __name__ == '__main__'，下列是此要点的程序实例解说。

程序实例 old_makefood.py：设计不含 if __name__ == '__main__' 的传统 Python 程序。

```
1   # old_makefood.py
2   def make_icecream(*toppings):
3       # 列出制作冰淇淋的配料
4       print("这个冰淇淋所加配料如下")
5       for topping in toppings:
6           print("--- ", topping)
7
8   def make_drink(size, drink):
9       # 输入饮料规格与种类,然后输出饮料
10      print("所点饮料如下")
11      print("--- ", size.title())
12      print("--- ", drink.title())
13
14  make_icecream('草莓酱')
15  make_icecream('草莓酱', '葡萄干', '巧克力碎片')
16  make_drink('large', 'coke')
```

执行结果

```
============== RESTART: D:\Python interveiw\ch3\old_makefood.py ==============
这个冰淇淋所加配料如下
---    草莓酱
这个冰淇淋所加配料如下
---    草莓酱
---    葡萄干
---    巧克力碎片
所点饮料如下
---    Large
---    Coke
```

上述是传统 Python 程序，接下来看含 if __name__ == '__main__' 的 Python 程序。

程序实例 new_makefood.py：设计含 if __name__ == '__main__' 的 Python 程序。

```
1   # new_makefood.py
2   def make_icecream(*toppings):
3       # 列出制作冰淇淋的配料
4       print("这个冰淇淋所加配料如下")
5       for topping in toppings:
6           print("--- ", topping)
7
8   def make_drink(size, drink):
9       # 输入饮料规格与种类,然后输出饮料
10      print("所点饮料如下")
11      print("--- ", size.title())
12      print("--- ", drink.title())
13
14  def main():
15      make_icecream('草莓酱')
16      make_icecream('草莓酱', '葡萄干', '巧克力碎片')
17      make_drink('large', 'coke')
18
19  if __name__ == '__main__':
20      main()
```

执行结果

```
================ RESTART: D:\Python interveiw\ch3\new_makefood.py ===============
这个冰淇淋所加配料如下
---    草莓酱
这个冰淇淋所加配料如下
---    草莓酱
---    葡萄干
---    巧克力碎片
所点饮料如下
---    Large
---    Coke
```

表面上看，old_makefood.py 和 new_makefood.py 没什么不同，但是当这两个程序被当作模块 import 时，呈现的效果就会不同。

下列是 ch3_39.py 执行导入 old_makefood，观察执行结果。

```
1  # ch3_39.py
2  import old_makefood              # 导入模块old_makefood.py
3
4  old_makefood.make_icecream('草莓酱')
5  old_makefood.make_icecream('草莓酱', '葡萄干', '巧克力碎片')
6  old_makefood.make_drink('large', 'coke')
```

执行结果

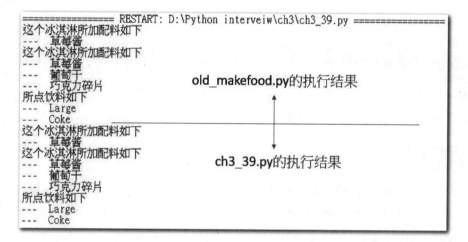

可以发现在导入 old_makefood.py 时，会执行第 14 ～ 16 行，所以会有上述输出，然后执行 ch3_39.py 时，会执行第 3 ～ 5 行，所以会再输出一次。

面试实例 ch3_40.py：导入 new_makefood，观察执行结果。

```
1  # ch3_40.py
2  import new_makefood              # 导入模块new_makefood.py
3
4  new_makefood.make_icecream('草莓酱')
5  new_makefood.make_icecream('草莓酱', '葡萄干', '巧克力碎片')
6  new_makefood.make_drink('large', 'coke')
```

执行结果

```
================ RESTART: D:\Python interveiw\ch3\ch3_40.py ================
这个冰淇淋所加配料如下
---   草莓酱
这个冰淇淋所加配料如下
---   草莓酱
---   葡萄干
---   巧克力碎片
所点饮料如下
---   Large
---   Coke
```

上述在导入 new_makefood.py 时，因为 __name__ 是 __new_makefood__，所以不会执行 main( )，此程序直接执行第 3 ~ 5 行，所以只输出一次。

面试实例 ch3_41.py：如果有 A、B、C 三个变量供 test1.py、test2.py 和 test3.py 使用，应该如何设计程序？

解答：

建立一个存储 A、B、C 变量的模块，然后在 test1.py、test2.py 和 test3.py 中分别导入此模块，则可以共享 A、B、C 变量。

程序实例 ch3_41.py：建立一个存储 A、B、C 变量的模块。

```
1   # ch3_41.py
2   A = 1
3   B = 2
4   C = 3
```

程序实例 test1.py：导入 ch3_41.py。

```
1   # test1.py
2   import ch3_41            # 导入模块ch3_41.py
3
4   print(ch3_41.A, ch3_41.B, ch3_41.C)
```

执行结果

```
================ RESTART: D:/Python interveiw/ch3/test1.py ================
1 2 3
```

程序实例 test2.py：导入 ch3_41.py。

```
1   # test2.py
2   import ch3_41            # 导入模块ch3_41.py
3
4   print(ch3_41.A, ch3_41.B, ch3_41.C)
```

执行结果

```
================ RESTART: D:/Python interveiw/ch3/test2.py ================
1 2 3
```

程序实例 test3.py：导入 ch3_41.py。

```
1   # test3.py
2   import ch3_41              # 导入模块ch3_41.py
3
4   ch3_41.A = ch3_41.B + ch3_41.C
5
6   print(ch3_41.A, ch3_41.B, ch3_41.C)
```

执行结果

```
================ RESTART: D:/Python interveiw/ch3/test3.py ================
5 2 3
```

面试实例 ch3_42.py：请说明 __init__ 和 __new__ 的区别，用文字和实例解说。

解答：

其实很多人都以为 __init__ 是建构方法（constructor），其实 __init__ 只是初始化对象时的初始化方法。真正的建构方法是 __new__，当宣告一个类对象时，最先被调用的方法是 __new__，这个方法可以建立一个类对象，当类对象被建立后，才开始调用 __init__ 进行对象初始化。

下列是用程序实例了解 __init__ 和 __new__ 的区别。

```
1   # ch3_42.py
2   class Person(object):
3       def __new__(cls, name, age):
4           print('__new__ is called, name={}, age={}'.format(name, age))
5           instance = object.__new__(cls)
6           return instance
7
8       def __init__(self, name, age):
9           print('__init__ is called, name={}, age={}'.format(name, age))
10
11  p = Person('Peter', 59)
```

执行结果

```
================ RESTART: D:/Python interveiw/ch3/ch3_42.py ================
__new__ is called, name=Peter, age=59
__init__ is called, name=Peter, age=59
```

面试实例 ch3_43.py：请同时用文字和程序实例说明 isinstance()。

解答：

isinstance() 函数可以回传对象的类是否属于某一类，它包含 2 个参数，语法如下：

isinstance(对象, 类)   # 可回传 True 或 False

如果对象的类是属于第 2 个参数类或属于第 2 个参数的子类，则回传 True，否则回传 False。

下列是一系列 isinstance() 函数的测试。

```
1   # ch3_43.py
2   class Grandfather():
3       """ 定义祖父类 """
4       pass
5
6   class Father(Grandfather):
7       """ 定义父亲类 """
8       pass
9
10  class Ivan(Father):
11      """ 定义Ivan类 """
12      def fn(self):
13          pass
14
15  grandfa = Grandfather()
16  father = Father()
17  ivan = Ivan()
18  print("ivan属于Ivan类: ", isinstance(ivan, Ivan))
19  print("ivan属于Father类: ", isinstance(ivan, Father))
20  print("ivan属于GrandFather类: ", isinstance(ivan, Grandfather))
21  print("father属于Ivan类: ", isinstance(father, Ivan))
22  print("father属于Father类: ", isinstance(father, Father))
23  print("father属于Grandfather类: ", isinstance(father, Grandfather))
24  print("grandfa属于Ivan类: ", isinstance(grandfa, Ivan))
25  print("grandfa属于Father类: ", isinstance(grandfa, Father))
26  print("grandfa属于Grandfather类: ", isinstance(grandfa, Grandfather))
```

执行结果

```
================ RESTART: D:\Python interveiw\ch3\ch3_43.py ================
ivan属于Ivan类:  True
ivan属于Father类:  True
ivan属于GrandFather类:  True
father属于Ivan类:  False
father属于Father类:  True
father属于Grandfather类:  True
grandfa属于Ivan类:  False
grandfa属于Father类:  False
grandfa属于Grandfather类:  True
```

面试实例 ch3_44.py 和 ch3_45.py：请同时用文字和程序实例说明 __str__() 方法。

解答：

这是类的特殊方法，一般在类中打印对象时，默认是打印对象的地址，可以协助返回易读取的字符串。加上 __str__() 方法，可以打印对象的属性信息。

在没有定义 __str__() 方法的情况下，列出类的对象。

```
1   # ch3_44.py
2   class Name:
3       def __init__(self, name):
4           self.name = name
5
6   a = Name('Hung')
7   print(a)
```

执行结果

```
================ RESTART: D:/Python interveiw/ch3/ch3_44.py ================
<__main__.Name object at 0x02ED7BB0>
```

在没有定义 __str__( ) 方法时，我们获得了一个不太容易阅读的结果。

面试实例 ch3_45.py：定义 __str__( ) 方法，重新设计上一个程序。

```python
1  # ch3_45.py
2  class Name:
3      def __init__(self, name):
4          self.name = name
5      def __str__(self):
6          return '%s' % self.name
7
8  a = Name('Hung')
9  print(a)
```

执行结果

```
================ RESTART: D:/Python interveiw/ch3/ch3_45.py ================
Hung
```

上述定义了 __str__( ) 方法后，就得到一个适合阅读的结果了。对于上述程序而言，如果我们在
Python Shell 窗口输入 a，将一样获得不容易阅读的结果。

```
================ RESTART: D:/Python interveiw/ch3/ch3_45.py ================
Hung
>>> a
<__main__.Name object at 0x02C27BF0>
```

原因是，如果只在 Python Shell 窗口输入类变量 a，系统是调用 __repr__( ) 方法做响应，为了获
得容易阅读的结果，我们要定义此方法，请参考 __repr__( ) 的说明。

面试实例 ch3_46.py：请同时用文字和程序实例说明 __repr__( ) 方法。

解答：

定义 __repr__( ) 方法，此方法内容与 __str__( ) 相同，所以可以用等号取代。

```python
1   # ch3_46.py
2   class Name:
3       def __init__(self, name):
4           self.name = name
5       def __str__(self):
6           return '%s' % self.name
7       __repr__ = __str__
8
9   a = Name('Hung')
10  print(a)
```

执行结果

```
================ RESTART: D:/Python interveiw/ch3/ch3_46.py ================
Hung
>>> a
Hung
```

面试实例 ch3_47.py：斐波那契数列的起源最早可以追溯到 1150 年印度数学家 Gopala，在西方最早研究这个数列的是意大利科学家列昂纳多·斐波那契（Leonardo Fibonacci），后来人们将此数列简称为费式数列。

请设计递归函数 fib（n），产生前 10 个费式数列数字，fib（n）的 n 主要是此数列的索引，费式数列的规则如下：

$F_0 = 0$ # 索引是 0

$F_1 = 1$ # 索引是 1

…

$F_n = F_{n-1} + F_{n-2}$ (n >= 2)   # 索引是 n

最后值应该是 0，1，1，2，3，5，8，13，21，34，…

这个程序会产生小于 100 的数列值。

```python
1  # ch3_47.py
2  class Fib():
3      def __init__(self, max):
4          self.max = max
5
6      def __iter__(self):
7          self.a = 0
8          self.b = 1
9          return self
10
11     def __next__(self):
12         fib = self.a
13         if fib > self.max:
14             raise StopIteration
15         self.a, self.b = self.b, self.a + self.b
16         return fib
17 for i in Fib(100):
18     print(i)
```

执行结果

```
================ RESTART: D:/Python interveiw/ch3/ch3_47.py ================
0
1
1
2
3
5
8
13
21
34
55
89
```

面试实例 ch3_48.py：有一个列表如下：

```
data = [1,7,3,9,2]
```

不使用 sort( ) 方法，请设计一个函数可以将列表排序，下列是排序结果。

```
[1,2,3,7,9]
```

```
 1  # ch3_48.py
 2  def rtn_min(lst):
 3      min_ = min(lst)
 4      sort_lst.append(min_)
 5      lst.remove(min_)
 6      if lst:
 7          rtn_min(lst)
 8      return sort_lst
 9
10  sort_lst = []
11  data = [1, 7, 3, 9, 2]
12  print(rtn_min(data))
```

执行结果

```
================= RESTART: D:/Python interveiw/ch3/ch3_48.py =================
[1, 2, 3, 7, 9]
```

04

第 4 章

文件管理

简答 4-1：请说明文件相关模块的功能，同时列举 3 个文件管理的模块。

简答 4-2：在文件操作时请说明 with 的用法，同时说明 with 的语法。

简答 4-3：请说明 Python 的开启文件处理模式（mode）。

简答 4-4：说明如何删除目前工作夹的文件。

简答 4-5：请说明什么是文件的相对路径和绝对路径？

简答 4-6：请说明 glob 模块的哪个方法可以列出特定工作目录内容。

简答 4-7：说明 os 模块的方法可以遍历整个目录以及此目录下的子目录。

简答 4-8：在目录管理规则中，. 和 .. 各代表的意义为何？

简答 4-9：是否有模块可以在文件删除后执行复原？

简答 4-10：请说明 logging 的等级。

面试实例 ch4_1.py：删除文件 data1.txt，未来可以在回收站找到此文件。

面试实例 ch4_2.py：执行压缩或是解压缩文件或文件夹。

面试实例 ch4_3.py：将前一个实例所建的 zip 文件解压。

面试实例 ch4_4.py：解压缩先前程序实例所建的压缩文件 outin.zip。

面试实例 ch4_5.py：请说明如何遍历目录与其子目录。

面试实例 ch4_6.py：请说明 try … except 的用法。

面试实例 ch4_7.py：请说明 FileNotFoundError，请同时使用程序实例解说。

面试实例 ch4_8.py：请说明如何使用一个 except 捕捉多个异常。

面试实例 ch4_9.py：请说明处理异常时，使用 Python 内建的异常错误信息。

面试实例 ch4_10.py：请说明如何捕捉所有异常，请同时使用程序实例解说。

面试实例 ch4_11.py：请说明如何使用 raise Exception，请同时使用程序实例解说。

面试实例 ch4_12.py：保存异常的错误信息，请同时使用程序实例解说。

面试实例 ch4_13.py：请说明 assert 的功能，请同时使用程序实例解说。

简答 4-1：请说明文件相关模块的功能，同时列举 3 个文件管理的模块。

解答：

文件相关模块主要有建立文本文件（text）、二进制文件（binary file），可以进行更新（update）、复制（copy）、删除（delete）操作。

相关模块有 os、os.path、shutil.os。

简答 4-2：在文件操作时请说明 with 的用法，同时说明 with 的语法。

解答：

在 Python 可以使用 with 开启文件，同时 with 语法区块结束会立刻关闭文件，这样可以省略使用 close( )。

```
with open('filename','mode') as fn:
xxx
xxx                    # 当 with 语法区块结束，会立刻关闭文件
```

简答 4-3：请说明 Python 的开启文件处理模式（mode）。

解答：

❑ 开启文件（默认是开启文本文件）有下列 3 种模式：

r：只读模式；

w：写入模式；

rw：可擦写模式。

❑ 开启文本文件（text）模式，可以在上述字符末端加上 t，不过若是省略 t，预设也是开启文本文件模式。

rt：只读文本文件模式；

wt：写入文本文件模式；

rwt：可擦写文本文件模式。

❑ 开启二进制文件（binary file）模式，可以在字符末端加上 b。

rb：只读二进制文件模式；

wb：写入二进制文件模式；

rwb：可擦写二进制文件模式。

❑ 若是要在开启文件末端附加内容，可以使用字符 a。

at：文本文件模式；

ab：二进制文件模式。

简答 4-4：说明如何删除目前工作夹的文件。

解答：

可以使用 os.remove（文件名）或 os.unlink（文件名）。

简答 4-5：请说明什么是文件的相对路径和绝对路径？

解答：

绝对路径：路径从根目录开始。

相对路径：相对于目前工作目录的路径。

简答 4-6：请说明 glob 模块的哪个方法可以列出特定工作目录内容（不含子目录），这个方法的另一个特色是可以使用通配符 *，例如使用 *.py 可以列出所有扩展名是 py 的文件。

解答：

glob()。

简答 4-7：请说明 os 模块的哪个方法可以遍历整个目录以及此目录下的子目录。

解答：

walk()。

简答 4-8：在目录管理规则中，. 和 .. 各代表的意义为何？

解答：

.：代表目前工作目录。

..：目前工作目录的上一层目录。

简答 4-9：Python 内建的 shutil 模块在删除文件后就无法复原了，是否有模块可以在文件删除后执行复原？如果有请说明此模块与用法。

解答：

可以使用 send2trash 模块，此模块语法如下：

```
import     send2trash                    # 导入 send2trash 模块
send2trash.send2trash( 文件或文件夹 )       # 语法格式
```

简答 4-10：请说明 logging 的等级。

解答：

logging 模块共分 5 个等级，从最低到最高等级顺序如下：

DEBUG 等级：使用 logging.debug( ) 显示程序日志内容，所显示的内容是程序的小细节，即最低层级的内容，感觉程序有问题时可使用它追踪关键变量的变化过程。

INFO 等级：使用 logging.info( ) 显示程序日志内容，所显示的内容是记录程序一般发生的事件。

WARNING 等级：使用 logging.warning( ) 显示程序日志内容，所显示的内容虽然不会影响程序的执行，但是未来可能导致问题发生。

ERROR 等级：使用 logging.error( ) 显示程序日志内容，通常显示程序在某些状态将引发错误的缘由。

CRITICAL 等级：使用 logging.critical( ) 显示程序日志内容，这是最重要的等级，通常是显示让整个系统宕掉或中断的错误。

面试实例 ch4_1.py：删除文件 data1.txt，未来可以在回收站找到此文件。

```
1  # ch4_1.py
2  import send2trash
3
4  send2trash.send2trash('data1.txt')
```

执行结果

下列是从回收站找到此 data1.txt 的结果。

📄 data1   D:\Python interveiw\ch4

面试实例 ch4_2.py：请说明是否有模块可以配合 Python 使用，执行压缩或是解压缩文件或文件夹。如果有，请进一步说明压缩和解压缩的用法，同时用程序实例解说。

解答：

ZipFile 模块可以将文件执行压缩以及解压缩，但是无法对文件夹执行压缩以及解压缩。

执行文件压缩前首先要使用 ZipFile() 方法建立压缩后的文件名，在这个方法中另外要加上 w 参数，注明未来是供 write() 方法写入。

```
fileZip = zipfile.ZipFile('zipin.zip','w')
```

上述 fileZip 和 zipin.zip 皆可以自由设定名称，fileZip 是**压缩文件对象**，代表的是 **zipin.zip**，未来将被压缩的文件数据写入此**对象**，就可以执行将结果存入 zipin.zip。ZipFile() 无法执行整个目录的压缩，不过可用循环方式将目录底下的文件压缩，即可达到压缩整个目录的目的。

将目前工作目录底下的 zip 目录压缩，压缩结果存储在 zipin.zip 内，这个程序执行前的 zip 内容如下：

下列是程序内容。

```
1  # ch4_2.py
2  import zipfile
3  import glob, os
4
5  fileZip = zipfile.ZipFile('zipin.zip', 'w')
6  for name in glob.glob('zip/*'):                    # 遍历zipdir41目录
7      fileZip.write(name, os.path.basename(name), zipfile.ZIP_DEFLATED)
8
9  fileZip.close()
```

可以在相同目录得到下列压缩文件 zipin。

ZipFile 对象有 namelist( ) 方法可以回传 zip 文件内所有被压缩的文件或目录名称，同时以列表方式回传此对象。这个回传的对象可以使用 infolist( ) 方法回传各元素的属性，如文件名 filename、文件大小 file_size、压缩结果大小 compress_size。

面试实例 ch4_3.py：将前一个实例所建的 zip 文件解压，列出所有被压缩的文件，以及文件名、文件大小和压缩结果大小。

```python
1  # ch4_3.py
2  import zipfile
3
4  listZipInfo = zipfile.ZipFile('zipin.zip', 'r')
5  print(listZipInfo.namelist())          # 以列表列出所有压缩文件
6  print("\n")
7  for info in listZipInfo.infolist():
8      print(info.filename, info.file_size, info.compress_size)
```

```
================= RESTART: D:\Python interveiw\ch4\ch4_3.py =================
['antarctica2.jpg', 'forZipTest.docx', 'IMG_1658.jpg', 'IMG_8036.jpg']


antarctica2.jpg 1440258 1430105
forZipTest.docx 1266045 1252488
IMG_1658.jpg 1478242 1475740
IMG_8036.jpg 2885322 2877251
```

解压缩 zip 文件可以使用 extractall( ) 方法。

面试实例 ch4_4.py：将程序实例先前所建的 outin.zip 解压缩，同时将压缩结果存入 zipout 目录。

```python
1  # ch4_4.py
2  import zipfile
3
4  fileUnZip = zipfile.ZipFile('zipin.zip')
5  fileUnZip.extractall('zipout')
6  fileUnZip.close()
```

可以在相同目录得到下列压缩文件 zipin。

面试实例 ch4_5.py：请说明如何遍历目录与其子目录。

解答：

在 os 模块内有一个 os.walk( ) 方法可以遍历目录树，这个方法每次执行循环时将回传 3 个值：

（1）目前工作目录名称（dirName）；

（2）目前工作目录底下的子目录列表（sub_dirNames）；

（3）目前工作目录底下的文件列表（fileNames）。

下列是语法格式：

```
for dirName,sub_dirNames,fileNames in os.walk(目录路径)：
    程序区块
```

上述 dirName、sub_dirNames、fileNames 的名称可以自行命名，顺序则不可以更改，至于目录路径可以使用绝对地址或相对地址，可以使用 os.walk（'.'）代表目前工作目录。

在所附 ch4 文件夹范例 D：\Python intervieq\ch4 目录下有一个 oswalk 目录，此目录内容如下：

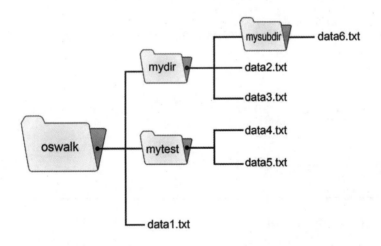

本程序将遍历此 oswalk 目录，同时列出内容。

```
1  # ch4_5.py
2  import os
3
4  for dirName, sub_dirNames, fileNames in os.walk('oswalk'):
5      print("目前工作目录名称：  ", dirName)
6      print("目前子目录名称列表：", sub_dirNames)
7      print("目前文件名列表：    ", fileNames, "\n")
```

执行结果

```
================ RESTART: D:\Python interveiw\ch4\ch4_5.py ================
目前工作目录名称:     oswalk
目前子目录名称列表:   ['mydir', 'mytest']
目前文件名列表:       ['data1.txt']

目前工作目录名称:     oswalk\mydir
目前子目录名称列表:   ['mysubdir']
目前文件名列表:       ['data2.txt', 'data3.txt']

目前工作目录名称:     oswalk\mydir\mysubdir
目前子目录名称列表:   []
目前文件名列表:       ['data6.txt']

目前工作目录名称:     oswalk\mytest
目前子目录名称列表:   []
目前文件名列表:       ['data4.txt', 'data5.txt']
```

面试实例 ch4_6.py：请说明 try … except 的用法，请设计一个除法 division( ) 函数，即使除数为 0，这个函数也不会异常终止，只是响应 None。

解答：

try … except 指令的语法格式如下：

try:

　　　指令　　　　　　　　　　# 预先设想可能引发错误异常的指令

except 异常对象：　　　　　　# 除数为 0 的异常对象就是指 ZeroDivisionError

　　　异常处理程序　　　　　　# 通常是指出异常原因，方便修正

　　上述会执行 try：下面的**指令**，如果正常则跳离 except 部分，如果**指令**有异常，则检查此异常是否是**异常对象**所指的错误，如果是代表异常被捕捉了，则执行此**异常对象**下面的异常处理程序。

　　下列是除数为 0 的异常处理，这个程序在除数为 0 时，仍可以正常执行，不过会输出除数为 0 的信息，以及输出 None。

```
 1  # ch4_6.py
 2  def division(x, y):
 3      try:                          # try - except指令
 4          return x / y
 5      except ZeroDivisionError:     # 除数为0时执行
 6          print("除数不可为0")
 7
 8  x = eval(input("请输入除数    : "))
 9  y = eval(input("请输入被除数 : "))
10  print(division(x, y))
```

执行结果

```
================ RESTART: D:\Python interveiw\ch4\ch4_6.py ================
请输入除数    : 10.0
请输入被除数 : 2.0
5.0
>>>
================ RESTART: D:\Python interveiw\ch4\ch4_6.py ================
请输入除数    : 10.0
请输入被除数 : 0
除数不可为0
None
```

面试实例 ch4_7.py：请说明 FileNotFoundError，请同时使用程序实例解说。

解答：

程序设计时另一个常常发生的异常是开启文件时找不到文件，这时会产生 FileNotFoundError 异常。

下列是开启一个不存在的文件 test.txt 产生异常的实例，这个程序会有一个异常处理程序，列出文件不存在。如果文件存在则打印文件内容。

```
1   # ch4_7.py
2
3   fn = 'test.txt'                     # 设定欲开启的文件
4   try:
5       with open(fn) as file_Obj:      # 用默认mode=r开启文件,传回文件对象file_Obj
6           data = file_Obj.read()      # 读取文件到变量data
7   except FileNotFoundError:
8       print("找不到 %s 文件" % fn)
9   else:
10      print(data)                     # 输出变量data相当于输出文件
```

执行结果

```
================ RESTART: D:\Python interveiw\ch4\ch4_7.py ================
找不到 test.txt 文件
```

面试实例 ch4_8.py：请说明如何使用一个 except 捕捉多个异常，请同时使用程序实例解说。

解答：

在 try … except 的使用中，可以设计多个 except 捕捉多种异常，此时语法如下：

```
try:
        指令                    # 预先设想可能引发错误异常的指令
except 异常对象 1:# 如果指令发生异常对象 1 执行
        异常处理程序 1
except 异常对象 2:# 如果指令发生异常对象 2 执行
        异常处理程序 2
```

当然也可以视情况设计更多异常处理程序，下列程序设计可以捕捉 2 个异常对象，可参考第 5 和 7 行。

```
1   # ch4_8.py
2   def division(x, y):
3       try:                         # try - except指令
4           return x / y
5       except ZeroDivisionError:    # 除数为0使用
6           print("除数为0发生")
7       except TypeError:            # 数据类型错误
8           print("使用字符做除法运算异常")
9
10  print(division(10, 2))           # 列出10/2
11  print(division(5, 0))            # 列出5/0
12  print(division('a', 'b'))        # 列出'a' / 'b'
13  print(division(6, 3))            # 列出6/3
```

执行结果

```
================ RESTART: D:\Python interveiw\ch4\ch4_8.py ================
5.0
除数为0发生
None
使用字符做除法运算异常
None
2.0
```

面试实例 ch4_9.py：请说明处理异常时，使用 Python 内建的异常错误信息，请同时使用程序实例解说。

　　解答：

　　在先前所有实例，当发生异常，同时被捕捉时皆是使用我们自建的异常处理程序，Python 也支持发生异常时使用系统内建的异常处理信息。此时语法格式如下：

```
try:
    指令                         # 预先设想可能引发错误异常的指令
except 异常对象 as e:           # 使用 as e
    print(e)                    # 输出 e
```

　　上述 e 是系统内建的异常处理信息，e 可以是任意字符，此处使用 e 是因为它代表 error。当然上述 except 语法也接受同时处理多个异常对象，可参考下列程序实例第 5 行。

　　下面程序也是一次可以捕捉 2 个异常的方式，但是使用 Python 内建的错误信息。

```python
1  # ch4_9.py
2  def division(x, y):
3      try:                         # try - except指令
4          return x / y
5      except (ZeroDivisionError, TypeError) as e:    # 2个异常
6          print(e)
7
8  print(division(10, 2))          # 列出10/2
9  print(division(5, 0))           # 列出5/0
10 print(division('a', 'b'))       # 列出'a' / 'b'
11 print(division(6, 3))           # 列出6/3
```

执行结果

```
================ RESTART: D:/Python interveiw/ch4/ch4_9.py ================
5.0
division by zero
None
unsupported operand type(s) for /: 'str' and 'str'
None
2.0
```

面试实例 ch4_10.py：请说明如何捕捉所有异常，请同时使用程序实例解说。

　　解答：

　　程序设计中的许多异常是我们不可预期的，很难一次设想周到，Python 提供了语法让我们可以一次捕捉所有异常，此时 try … except 语法如下：

```
try:
    指令                              # 预先设想可能引发错误异常的指令
except:                              # 捕捉所有异常
    异常处理程序                      # 通常是 print 输出异常说明
```

下列实例是一次捕捉所有异常的设计。

```
1   # ch4_10.py
2   def division(x, y):
3       try:                         # try - except指令
4           return x / y
5       except:                      # 捕捉所有异常
6           print("异常发生")
7
8   print(division(10, 2))           # 列出10/2
9   print(division(5, 0))            # 列出5/0
10  print(division('a', 'b'))        # 列出'a' / 'b'
11  print(division(6, 3))            # 列出6/3
```

执行结果

```
================ RESTART: D:\Python interveiw\ch4\ch4_10.py ================
5.0
异常发生
None
异常发生
None
2.0
```

面试实例 ch4_11.py：请说明如何使用 raise Exception，请同时使用程序实例解说。

解答：

设计程序时如果发生某些状况，可以将它定义为异常，然后后跳出异常信息，程序停止正常往下执行，同时让程序跳到自己设计的 except 去执行。它的语法如下：

```
raise Exception('msg')               # 调用 Exception,msg 是传递错误信息
...
...
try:
    指令
except Exception as err:             # err 是任意取的变量名称，内容是 msg
    print("message",+ str(err))      # 打印错误信息
```

目前有些金融机构在客户建立网络账号时，会要求密码长度必须在 5～8 个字符，接下来我们设计一个程序，这个程序内有 passWord( ) 函数，这个函数会检查密码长度，如果长度小于 5 或是大于 8 皆跨跳出异常。在第 11 行会有一系列密码供测试，然后以循环方式执行检查。

```
1   # ch4_11.py
2   def passWord(pwd):
3       """检查密码长度必须是5到8个字符"""
4       pwdlen = len(pwd)                    # 密码长度
5       if pwdlen < 5:                       # 密码长度不足
6           raise Exception('密码长度不足')
7       if pwdlen > 8:                       # 密码长度太长
8           raise Exception('密码长度太长')
9       print('密码长度正确')
10
11  for pwd in ('aaabbbccc', 'aaa', 'aaabbb'):  # 测试系列密码值
12      try:
13          passWord(pwd)
14      except Exception as err:
15          print("密码长度检查异常发生: ", str(err))
```

执行结果

```
================ RESTART: D:\Python interveiw\ch4\ch4_11.py ================
密码长度检查异常发生:　密码长度太长
密码长度检查异常发生:　密码长度不足
密码长度正确
```

上述当密码长度不足或密码长度太长，皆会跳出异常，这时 passWord( ) 函数回传的是 Exception 对象（第 6 和 8 行），这时原先 Exception( ) 内的字符串（'密码长度不足'或'密码长度太长'）会透过第 14 行传给 err 变量，然后执行第 15 行内容。

面试实例 ch4_12.py：请说明如何保存异常的错误信息，请同时使用程序实例解说。

解答：

执行 Python 程序时，若是有错误，屏幕会出现 Traceback 字符串，这个字符串中会指出程序错误的原因。使用 Python 时导入 traceback 模块，就可以使用 traceback.format_exc( ) 记录程序异常的 Traceback 字符串。

下列程序会增加记录 Traceback 字符串，它将被记录在 errtxt.txt 内。

```
1   # ch4_12.py
2   import traceback                        # 导入 taceback
3
4   def passWord(pwd):
5       """检查密码长度必须是5到8个字符"""
6       pwdlen = len(pwd)                    # 密码长度
7       if pwdlen < 5:                       # 密码长度不足
8           raise Exception('The length of Password is not enough')
9       if pwdlen > 8:                       # 密码长度太长
10          raise Exception('The length of Password is too long')
11      print('The length of Password is good')
12
13  for pwd in ('aaabbbccc', 'aaa', 'aaabbb'):  # 测试系列密码值
14      try:
15          passWord(pwd)
16      except Exception as err:
17          errlog = open('errtxt.txt', 'a')          # 开启错误文件
18          errlog.write(traceback.format_exc())      # 写入错误文件
19          errlog.close()                            # 关闭错误文件
20          print("将Traceback写入错误文件errtxt.txt完成")
21          print("密码长度检查异常发生: ", str(err))
```

执行结果

```
================= RESTART: D:\Python interveiw\ch4\ch4_12.py =================
将Traceback写入错误文件errtxt.txt完成
密码长度检查异常发生: The length of Password is too long
将Traceback写入错误文件errtxt.txt完成
密码长度检查异常发生: The length of Password is not enough
The length of Password is good
```

如果使用记事本开启 errtxt.txt，可以得到记录异常的结果。

面试实例 ch4_13.py：请说明 assert 的功能，请同时使用程序实例解说。

解答：

断言（assert）的主要功能是确保程序执行到某个阶段，必须符合一定的条件，如果不符合这个条件主动跳出异常，程序终止的同时会主动打印出异常原因，方便程序设计师侦错。它的语法格式如下：

```
assert 条件,'字符串'
```

上述是程序执行至此阶段时的测试条件，如果条件响应是 True，程序不理会逗号","右边的字符串正常往下执行；如果条件响应是 False，程序终止同时将逗号","右边的字符串输出到 Traceback 的字符串内。

下列程序会确保存款与提款金额是正值，否则输出错误，程序第 27 行测试了存款金额小于 0 的状况。

```python
1  # ch4_13.py
2  class Banks():
3      # 定义银行类别
4      title = 'Taipei Bank'                      # 定义属性
5      def __init__(self, uname, money):          # 初始化方法
6          self.name = uname                      # 设定存款者名字
7          self.balance = money                   # 设定所存的钱
8
9      def save_money(self, money):               # 设计存款方法
10         assert money > 0, '存款money必须大于0'
11         self.balance += money                  # 执行存款
12         print("存款 ", money, " 完成")          # 打印存款完成
13
14     def withdraw_money(self, money):           # 设计提款方法
15         assert money > 0, '提款money必须大于0'
16         assert money <= self.balance, '存款金额不足'
17         self.balance -= money                  # 执行提款
18         print("提款 ", money, " 完成")          # 打印提款完成
19
20     def get_balance(self):                     # 获得存款余额
21         print(self.name.title(), " 目前余额: ", self.balance)
22
23 hungbank = Banks('hung', 100)                  # 定义对象hungbank
24 hungbank.get_balance()                         # 获得存款余额
25 hungbank.save_money(300)                       # 存款300元
26 hungbank.get_balance()                         # 获得存款余额
27 hungbank.save_money(-300)                      # 存款-300元
28 hungbank.get_balance()                         # 获得存款余额
```

执行结果

```
================ RESTART: D:\Python interveiw\ch4\ch4_13.py ================
Hung  目前余额:  100
存款  300  完成
Hung  目前余额:  400
Traceback (most recent call last):
  File "D:\Python interveiw\ch4\ch4_13.py", line 27, in <module>
    hungbank.save_money(-300)              # 存款-300元
  File "D:\Python interveiw\ch4\ch4_13.py", line 10, in save_money
    assert money > 0, '存款money必须大于0'
AssertionError: 存款money必须大于0
```

05

第 5 章

正则表达式

简答 5-1：请说明正则表达式的模块。

简答 5-2：用正则表达式表达符合格式要求的电话号码。

简答 5-3：简化正则表达式。

简答 5-4：使用括号分组以及简化正则表达式。

简答 5-5：在正则表达式 \d 中，如果使用管道概念 |，应如何表达？

简答 5-6：在正则表达式中，请说明 \d、\D、\s、\S、\w、\W 字符的用法。

面试实例 ch5_1.py：使用正则表达式将电话号码从一段文字抽离出来。

面试实例 ch5_2.py：正则表达式使用 re.search( ) 时，请说明 group( ) 方法。

面试实例 ch5_3.py：在 re 模块中，请说明 groups( ) 的功能。

面试实例 ch5_4.py：请参考面试实例 ch5_3.py，将字符串内的电话号码数据取出。

面试实例 ch5_5.py：搜寻字符串中的 2 个不同的字符串。

面试实例 ch5_6.py：以正则表达式概念搜寻 Johnson、Johnnason、Johnnathan。

面试实例 ch5_7.py：以正则表达式概念搜寻 John、Johnson、Johnnason、Johnnathan。

面试实例 ch5_8.py：以正则表达式概念搜寻 Johnson、Johnnason。

面试实例 ch5_9.py：以正则表达式概念搜寻 Johnson、Johnnason、Johnnanason。

面试实例 ch5_10.py：以正则表达式概念搜寻 Johnnason、Johnnanason。

面试实例 ch5_11.py：请说明 Python 搜寻时 { } 的用法。

面试实例 ch5_12.py：请说明 Python 的 re 模块搜寻是贪婪模式还是非贪婪模式。

面试实例 ch5_13.py：Python 的 re 模块默认是贪婪模式，改为非贪婪模式。

面试实例 ch5_14.py：单字分离程序。

面试实例 ch5_15.py：正则表达式的应用，将标题项目从句子中分离。

面试实例 ch5_16.py：在正则表达式中，请说明中括号 [ ] 的用途。

面试实例 ch5_17.py：在正则表达式中，请说明在中括号 [ ] 内增加 ^ 字符的用途。

面试实例 ch5_18.py：在正则表达式中，请说明 ^ 放在字符串前面的意义。

面试实例 ch5_19.py：在正则表达式中，请说明 $ 字符的意义。

面试实例 ch5_20.py：在正则表达式中，请说明通配符 "." 的功能。

面试实例 ch5_21.py：在正则表达式中，请说明通配符 ".*" 的功能。

面试实例 ch5_22.py：在正则表达式中，请说明 sub( ) 和 subn( ) 的用法。

面试实例 ch5_23.py：字符串取代应用。

面试实例 ch5_24.py：在正则表示法中，请说明如何使用 *** 代替原本的姓名。

面试实例 ch5_25.py：请设计可以判别电子邮件地址的正则表达式。

面试实例 ch5_26.py：找出 @ 前面是 3 ～ 15 个字符，结尾是 @me.com 的电子邮件地址。

面试实例 ch5_27.py：用冒号或是空格切割字符串。

面试实例 ch5_28.py：列出指定手机号码。

面试实例 ch5_29.py：Unicode 基本汉字的应用。

面试实例 ch5_30.py：设计可以筛选匹配 <html><h1>xxxx</h1></html> 的应用。

简答 5-1：请说明正则表达式的模块。

解答：

re 模块。

简答 5-2：用正则表达式表达符合下列格式的电话号码：

xxxx-xxx-xxx

上述 x 代表一个 0 ~ 9 的阿拉伯数字。

解答：

r'\d\d\d\d-\d\d\d-\d\d\d'

简答 5-3：有一个正则表达式如下：

r'\d\d\d\d-\d\d\d-\d\d\d'

可否简化重复字符串的表达？

解答：

r'\d{4}-\d{3}-\d{3}'

简答 5-4：有一个正则表达式如下：

r'\d\d-\d\d\d\d\d\d\d\d'

如何使用括号分组以及简化？

解答：

以下是使用括号分组：

r'(\d\d)-(\d\d\d\d\d\d\d\d')

以下是简化：

r'(\d{2})-(\d{8})'

简答 5-5：在正则表达式 \d 中，如果使用管道概念 |，应如何表达？

解答：

(0|1|2|3|4|5|6|7|8|9)

简答 5-6：请说明下列字符在正则表达式中的用法：

\d、\D、\s、\S、\w、\W

解答：

字符	使用说明
\d	0 ~ 9 的整数字元
\D	除了 0 ~ 9 的整数字元以外的其他字符
\s	空白、定位、Tab 键、换行、换页字符
\S	除了空白、定位、Tab 键、换行、换页字符以外的其他字符
\w	数字、字母和下画线字符，以及 [A-Za-z0-9_]
\W	除了数字、字母和下画线字符，以及 [A-Za-z0-9_] 以外的其他字符

面试实例 ch5_1.py：使用正则表达式将电话号码从一段文字抽离出来。

```
1   # ch5_1.py
2   import re
3
4   msg1 = 'Please call my secretary using 0930-919-919 or 0952-001-001'
5   msg2 = '请明天17:30和我一起参加教师节晚餐'
6   msg3 = '请明天17:30和我一起参加教师节晚餐，可用0933-080-080联络我
7
8   def parseString(string):
9       """解析字符串是否含有电话号码"""
10      phoneRule = re.compile(r'\d\d\d-\d\d\d-\d\d\d')
11      phoneNum = phoneRule.findall(string)        # 用列表传回搜寻结果
12      print("电话号码是: %s" % phoneNum)           # 列表方式显示电话号码
13
14  parseString(msg1)
15  parseString(msg2)
16  parseString(msg3)
```

执行结果

```
================ RESTART: D:\Python interveiw\ch5\ch5_1.py ================
电话号码是: ['0930-919-919', '0952-001-001']
电话号码是: []
电话号码是: ['0933-080-080']
```

面试实例 ch5_2.py：正则表达式使用 re.search( ) 时，请说明 group( ) 方法，同时以程序实例说明。

解答：

下列是 group( ) 的相关说明：

group( )：回传第一个比对相符的文字。

group（0）：回传第一个比对相符的文字。

group（1）：回传括号第一组的文字。

group（2）：回传括号第二组的文字。

下列程序会使用小括号分组的概念，将个分组内容输出。

```
1   # ch5_2.py
2   import re
3
4   msg = 'Please call my secretary using 02-26669999'
5   pattern = r'(\d{2})-(\d{8})'
6   phoneNum = re.search(pattern, msg)              # 传回搜寻结果
7
8   print("完整号码是: %s" % phoneNum.group())       # 显示完整号码
9   print("完整号码是: %s" % phoneNum.group(0))      # 显示完整号码
10  print("区域号码是: %s" % phoneNum.group(1))      # 显示区域号码
11  print("电话号码是: %s" % phoneNum.group(2))      # 显示电话号码
```

执行结果

```
================ RESTART: D:\Python interveiw\ch5\ch5_2.py ================
完整号码是: 02-26669999
完整号码是: 02-26669999
区域号码是: 02
电话号码是: 26669999
```

面试实例 ch5_3.py：在 re 模块中，请说明 groups( ) 的功能，同时以程序实例说明。

解答：

当我们使用 re.search( ) 搜寻字符串时，可以使用 groups( ) 方法取得分组的内容，下列程序会分别列出区域号码与电话号码。

```python
1  # ch5_3.py
2  import re
3
4  msg = 'Please call my secretary using 02-26669999'
5  pattern = r'(\d{2})-(\d{8})'
6  phoneNum = re.search(pattern, msg)      # 传回搜寻结果
7  areaNum, localNum = phoneNum.groups()   # 留意是groups()
8  print("区域号码是: %s" % areaNum)         # 显示区域号码
9  print("电话号码是: %s" % localNum)        # 显示电话号码
```

执行结果

```
================= RESTART: D:\Python interveiw\ch5\ch5_3.py =================
区域号码是: 02
电话号码是: 26669999
```

延续 groups( ) 的应用，在一般电话号码中，区域号码是用小括号括起来，如下所示：

```
(02)-26669999
```

面试实例 ch5_4.py：请参考面试实例 ch5_3.py，将字符串内的电话号码数据取出。

```python
1  # ch5_4.py
2  import re
3
4  msg = 'Please call my secretary using (02)-26669999'
5  pattern = r'(\(\d{2}\))-(\d{8})'
6  phoneNum = re.search(pattern, msg)      # 传回搜寻结果
7  areaNum, localNum = phoneNum.groups()   # 留意是groups()
8  print("区域号码是: %s" % areaNum)         # 显示区域号码
9  print("电话号码是: %s" % localNum)        # 显示电话号码
```

执行结果

```
================= RESTART: D:\Python interveiw\ch5\ch5_4.py =================
区域号码是: (02)
电话号码是: 26669999
```

面试实例 ch5_5.py：搜寻字符串中的 2 个不同的字符串，例如：John 和 Tom，同时以程序实例说明。

解答：

处理这类问题时，可以使用 re 模块的管道概念搜寻多个字符串，此例是 John 和 Tom。

```python
1  # ch5_5.py
2  import re
3
4  msg = 'John and Tom will attend my party tonight. John is my best friend.'
5  pattern = 'John|Tom'                # 搜寻John和Tom
6  txt = re.findall(pattern, msg)      # 传回搜寻结果
7  print(txt)
```

执行结果

```
================= RESTART: D:/Python interveiw/ch5/ch5_5.py =================
['John', 'Tom', 'John']
```

面试实例 ch5_6.py：以正则表达式概念，应如何搜寻下列字符串？以程序实例说明。

Johnson

Johnnason

Johnnathan

解答：

可以使用下列正则表达式格式：

pattern = 'John(son|nason|nathan)'

程序会搜寻 Johnson、Johnnason 或 Johnnathan 任一字符串，然后列出结果，这个程序将列出第一个搜寻比对到的字符串。

```
1  # ch5_6.py
2  import re
3
4  msg = 'John, Johnson, Johnnason and Johnnathan will attend my party tonight.'
5  pattern = 'John(son|nason|nathan)'
6  txts = re.findall(pattern,msg)        # 传回搜寻结果
7  print(txts)
8  for txt in txts:                      # 将搜寻到内容加上John
9      print('John'+txt)
```

执行结果

```
================= RESTART: D:/Python interveiw/ch5/ch5_6.py =================
['son', 'nason', 'nathan']
Johnson
Johnnason
Johnnathan
```

面试实例 ch5_7.py：以正则表达式概念，应如何搜寻下列字符串？以程序实例说明。

John

Johnson

Johnnason

Johnnathan

解答：

可以使用下列正则表达式格式：

pattern = 'John(son|nason|nathan)？'

？符号表示可有可无。

程序会搜寻 Johnson、Johnnason 或 Johnnathan 任一字符串，然后列出结果，这个程序将列出第一个搜寻比对到的字符串。

```
1  # ch5_7.py
2  import re
3
4  msg = 'John, Johnson, Johnnason and Johnnathan will attend my party tonight.'
5  pattern = 'John(son|nason|nathan)?'
6  txts = re.findall(pattern,msg)          # 传回搜寻结果
7  print(txts)
8  for txt in txts:                         # 将搜寻到内容加上John
9      print('John'+txt)
```

执行结果

```
=============== RESTART: D:/Python interveiw/ch5/ch5_7.py ===============
['', 'son', 'nason', 'nathan']
John
Johnson
Johnnason
Johnnathan
```

面试实例 ch5_8.py：以正则表达式概念，应如何搜寻下列字符串？以程序实例说明。

Johnson

Johnnason

解答：

可以使用下列正则表达式格式：

pattern = 'John((na)？son)'

上述 na 字符串可有可无，下列程序是使用？做搜寻的应用。

```
1   # ch5_8.py
2   import re
3   # 测试1
4   msg = 'Johnson will attend my party tonight.'
5   pattern = 'John((na)?son)'
6   txt = re.search(pattern,msg)          # 传回搜寻结果
7   print(txt.group())
8   # 测试2
9   msg = 'Johnnason will attend my party tonight.'
10  pattern = 'John((na)?son)'
11  txt = re.search(pattern,msg)          # 传回搜寻结果
12  print(txt.group())
```

执行结果

```
=============== RESTART: D:/Python interveiw/ch5/ch5_8.py ===============
Johnson
Johnnason
```

面试实例 ch5_9.py：以正则表达式概念，应如何搜寻下列字符串？以程序实例说明。

Johnson

Johnnason

Johnnanason

解答：

可以使用下列正则表达式格式：

```
pattern = 'John((na)*son)'
```

上述 na 字符串可有可无，下列程序会使用 * 做搜寻的应用。

```
1   # ch5_9.py
2   import re
3   # 测试1
4   msg = 'Johnson will attend my party tonight.'
5   pattern = 'John((na)*son)'          # 字符串na可以0到多次
6   txt = re.search(pattern,msg)        # 传回搜寻结果
7   print(txt.group())
8   # 测试2
9   msg = 'Johnnason will attend my party tonight.'
10  pattern = 'John((na)*son)'          # 字符串na可以0到多次
11  txt = re.search(pattern,msg)        # 传回搜寻结果
12  print(txt.group())
13  # 测试3
14  msg = 'Johnnananason will attend my party tonight.'
15  pattern = 'John((na)*son)'          # 字符串na可以0到多次
16  txt = re.search(pattern,msg)        # 传回搜寻结果
17  print(txt.group())
```

执行结果

```
================= RESTART: D:/Python interveiw/ch5/ch5_9.py =================
Johnson
Johnnason
Johnnananason
```

面试实例 ch5_10.py：以正则表达式概念，应如何搜寻下列字符串？以程序实例说明。

Johnnason

Johnnananason

解答：

可以使用下列正则表达式格式：

```
pattern = 'John((na)+son)'
```

上述 na 字符串可一次到多次，下列程序会使用 + 做搜寻的应用。

```
1   # ch5_10.py
2   import re
3   # 测试1
4   msg = 'Johnson will attend my party tonight.'
5   pattern = 'John((na)+son)'          # 字符串na可以1到多次
6   txt = re.search(pattern,msg)        # 传回搜寻结果
7   print(txt)                          # 请注意是直接打印对象
8   # 测试2
9   msg = 'Johnnason will attend my party tonight.'
10  pattern = 'John((na)+son)'          # 字符串na可以1到多次
11  txt = re.search(pattern,msg)        # 传回搜寻结果
12  print(txt.group())
13  # 测试3
14  msg = 'Johnnananason will attend my party tonight.'
15  pattern = 'John((na)+son)'          # 字符串na可以1到多次
16  txt = re.search(pattern,msg)        # 传回搜寻结果
17  print(txt.group())
```

执行结果

```
================ RESTART: D:/Python interveiw/ch5/ch5_10.py ================
None
Johnnason
Johnnananason
```

面试实例 ch5_11.py：请说明 Python 搜寻时 { } 的用法，同时以程序实例说明。

解答：

大括号除了可以设定重复次数，也可以设定指定范围，例如：（son）{3，5} 代表所搜寻的字符串可以是 'sonsonson'、'sonsonsonson' 或 'sonsonsonsonson'。（son）{3，5} 正则表达式相当于下列表达式：

((son)(son)(son))|((son)(son)(son)(son))|((son)(son)(son)(son)(son))

下列程序会设定搜寻 son 字符串，重复 3 ～ 5 次皆算搜寻成功。

```python
1   # ch5_11.py
2   import re
3
4   def searchStr(pattern, msg):
5       txt = re.search(pattern, msg)
6       if txt == None:              # 搜寻失败
7           print("搜寻失败 ",txt)
8       else:                        # 搜寻成功
9           print("搜寻成功 ",txt.group())
10
11  msg1 = 'son'
12  msg2 = 'sonson'
13  msg3 = 'sonsonson'
14  msg4 = 'sonsonsonson'
15  msg5 = 'sonsonsonsonson'
16  pattern = '(son){3,5}'
17  searchStr(pattern,msg1)
18  searchStr(pattern,msg2)
19  searchStr(pattern,msg3)
20  searchStr(pattern,msg4)
21  searchStr(pattern,msg5)
```

执行结果

```
================ RESTART: D:\Python interveiw\ch5\ch5_11.py ================
搜寻失败  None
搜寻失败  None
搜寻成功  sonsonson
搜寻成功  sonsonsonson
搜寻成功  sonsonsonsonson
```

面试实例 ch5_12.py：请说明 Python 的 re 模块搜寻是贪婪模式还是非贪婪模式？同时以程序实例说明。

解答：

贪婪模式。

下列程序使用搜寻模式 '（son）{3，5}' 搜寻字符串 'sonsonsonsonson'。

```
1  # ch5_12.py
2  import re
3
4  def searchStr(pattern, msg):
5      txt = re.search(pattern, msg)
6      if txt == None:          # 搜寻失败
7          print("搜寻失败 ",txt)
8      else:                    # 搜寻成功
9          print("搜寻成功 ",txt.group())
10
11 msg = 'sonsonsonsonson'
12 pattern = '(son){3,5}'
13 searchStr(pattern,msg)
```

执行结果

```
================= RESTART: D:\Python interveiw\ch5\ch5_12.py =================
搜寻成功　sonsonsonsonson
```

　　其实由上述程序所设定的搜寻模式可知，3、4 或 5 个 son 重复就算找到了，可是 Python 执行结果是列出重复最多的字符串，即 5 次重复，这是 Python 的默认模式，这种模式又称贪婪（greedy）模式。

面试实例 ch5_13.py：Python 的 re 模块默认搜寻模式是贪婪模式，请说明如何改为非贪婪模式，同时以程序实例说明。

　　解答：

　　在正则表达式的搜寻模式最右边加上? 符号。

　　下列程序会以非贪婪模式设计字符串 'sonsonsonsonson' 的搜寻。

```
1  # ch5_13.py
2  import re
3
4  def searchStr(pattern, msg):
5      txt = re.search(pattern, msg)
6      if txt == None:          # 搜寻失败
7          print("搜寻失败 ",txt)
8      else:                    # 搜寻成功
9          print("搜寻成功 ",txt.group())
10
11 msg = 'sonsonsonsonson'
12 pattern = '(son){3,5}?'       # 非贪婪模式
13 searchStr(pattern,msg)
```

执行结果

```
================= RESTART: D:\Python interveiw\ch5\ch5_13.py =================
搜寻成功　sonsonson
```

面试实例 ch5_14.py：单词分离程序，有一段句子如下：

```
John,Johnson,Johnason and Johnnathan will attend my party tonight.
```

将一段英文句子的单词分离，同时将英文单词前 4 个字母是 John 的单词分离。笔者设定如下：

```
     pattern = '\w+'            # 意义是不限长度的数字、字母和下画线字符当作符合搜寻
     pattern = 'John\w*'        # John 开头后面接 0 或多个数字、字母和下画线字符
1    # ch5_14.py
2    import re
3    # 测试1将字符串从句子分离
4    msg = 'John, Johnson, Johnnason and Johnnathan will attend my party tonight.'
5    pattern = '\w+'                      # 不限长度的单词
6    txt = re.findall(pattern,msg)        # 传回搜寻结果
7    print(txt)
8    # 测试2将John开始的字符串分离
9    msg = 'John, Johnson, Johnnason and Johnnathan will attend my party tonight.'
10   pattern = 'John\w*'                  # John开头的单词
11   txt = re.findall(pattern,msg)        # 传回搜寻结果
12   print(txt)
```

执行结果

```
================ RESTART: D:/Python interveiw/ch5/ch5_14.py ================
['John', 'Johnson', 'Johnnason', 'and', 'Johnnathan', 'will', 'attend', 'my', 'p
arty', 'tonight']
['John', 'Johnson', 'Johnnason', 'Johnnathan']
```

面试实例 ch5_15.py：正则表达式的应用，将下列标题项目从句子中分离。

'1 cat,2 dogs,3 pigs,4 swans'

下列程序重点是第 5 行。

\d+：表示不限长度的数字。

\s：表示空格。

\w+：表示不限长度的数字、字母和下画线连续字符。

```
1    # ch5_15.py
2    import re
3
4    msg = '1 cat, 2 dogs, 3 pigs, 4 swans'
5    pattern = '\d+\s\w+'
6    txt = re.findall(pattern,msg)        # 传回搜寻结果
7    print(txt)
```

执行结果

```
================ RESTART: D:/Python interveiw/ch5/ch5_15.py ================
['1 cat', '2 dogs', '3 pigs', '4 swans']
```

面试实例 ch5_16.py：在正则表达式中，请说明中括号 [ ] 的用途。

解答：

Python 可以使用中括号来设定字符，可参考下列范例。

[a-z]：代表 a ～ z 的小写字符。

[A-Z]：代表 A ～ Z 的大写字符。

[aeiouAEIOU]：代表英文发音的元音字符。

[2-5]：代表 2 ～ 5 的数字。

在字符分类中，中括号内可以不用放上正则表示法的反斜杠 \ 执行，"、、？ 、*、（、）等字符的转义。例如：[2-5.] 会搜寻 2 ～ 5 的数字和句点，这个语法不用写成 [2-5\.]。

搜寻字符的应用，这个程序首先将搜寻 [aeiouAEIOU]，然后将搜寻 [2-5.]。

```
1  # ch5_16.py
2  import re
3  # 测试1搜寻[aeiouAEIOU]字符
4  msg = 'John, Johnson, Johnnason and Johnnathan will attend my party tonight.'
5  pattern = '[aeiouAEIOU]'
6  txt = re.findall(pattern,msg)        # 传回搜寻结果
7  print(txt)
8  # 测试2搜寻[2-5.]字符
9  msg = '1. cat, 2. dogs, 3. pigs, 4. swans'
10 pattern = '[2-5.]'
11 txt = re.findall(pattern,msg)        # 传回搜寻结果
12 print(txt)
```

执行结果

```
================= RESTART: D:/Python interveiw/ch5/ch5_16.py =================
['o', 'o', 'o', 'o', 'a', 'o', 'a', 'o', 'a', 'a', 'i', 'a', 'e', 'a', 'o', 'i']
['.', '2', '.', '3', '.', '4', '.']
```

面试实例 ch5_17.py：在正则表达式中，若是在中括号 [ ] 内增加 ^ 字符，请说明此用途，同时以程序实例说明。

解答：

在中括号内的左方加上 ^ 字符，意义是搜寻不在这些字符内的所有字符。

```
1  # ch5_17.py
2  import re
3  # 测试1搜寻不在[aeiouAEIOU]的字符
4  msg = 'John, Johnson, Johnnason and Johnnathan will attend my party tonight.'
5  pattern = '[^aeiouAEIOU]'
6  txt = re.findall(pattern,msg)        # 传回搜寻结果
7  print(txt)
8  # 测试2搜寻不在[2-5.]的字符
9  msg = '1. cat, 2. dogs, 3. pigs, 4. swans'
10 pattern = '[^2-5.]'
11 txt = re.findall(pattern,msg)        # 传回搜寻结果
12 print(txt)
```

执行结果

```
================= RESTART: D:/Python interveiw/ch5/ch5_17.py =================
['J', 'h', 'n', ',', ' ', 'J', 'h', 'n', 's', 'n', ',', ' ', 'J', 'h', 'n', 'n',
's', 'n', ' ', 'n', 'd', ' ', 'J', 'h', 'n', 'n', 't', 'h', 'n', ' ', 'w', 'l',
'l', ' ', 't', 't', 'n', 'd', ' ', 'm', 'y', ' ', 'p', 'r', 't', 'y', ' ', 't',
'n', 'g', 'h', 't', '.']
['1', ' ', 'c', 'a', 't', ',', ' ', 'd', 'o', 'g', 's', ',', ' ', 'p',
'i', 'g', 's', ',', ' ', 's', 'w', 'a', 'n', 's']
```

面试实例 ch5_18.py：在正则表达式中，请说明 ^ 放在字符串前面的意义，同时用程序实例解说。

解答：

在正则表示法中起始位置加上 ^ 字符，表示是正则表示法的字符串必须出现在被搜寻字符串的起始位置，如果搜寻成功才算成功。

下列程序是正则表示法 ^ 字符的应用，测试 1 字符串 John 是在最前面，所以可以得到搜寻结果；测试 2 字符串 John 不是在最前面，所以搜寻结果失败回传空字符串。

```
1   # ch5_18.py
2   import re
3   # 测试1搜寻John字符串在最前面
4   msg = 'John will attend my party tonight.'
5   pattern = '^John'
6   txt = re.findall(pattern,msg)        # 传回搜寻结果
7   print(txt)
8   # 测试2搜寻John字符串不是在最前面
9   msg = 'My best friend is John'
10  pattern = '^John'
11  txt = re.findall(pattern,msg)        # 传回搜寻结果
12  print(txt)
```

执行结果

```
================ RESTART: D:/Python interveiw/ch5/ch5_18.py ================
['John']
[]
```

面试实例 ch5_19.py：在正则表达式中，请说明 $ 字符的意义，同时用程序实例解说。

解答：

正则表示法的末端放置 $ 字符时，表示正则表示法的字符串必须出现在被搜寻字符串的最后位置，如果搜寻成功才算成功。

下列是正则表示法 $ 字符的应用，测试 1 是搜寻字符串结尾是非英文字符、数字和下画线字符，由于结尾字符是"."，所以回传所搜寻到的字符。测试 2 是搜寻字符串结尾是非英文字符、数字和下画线字符，由于结尾字符是"8"，所以回传搜寻结果是空字符串。测试 3 是搜寻字符串结尾是数字字符，由于结尾字符是"8"，所以回传搜寻结果是"8"。测试 4 是搜寻字符串结尾是数字字符，由于结尾字符是"."，所以回传搜寻结果是空字符串。

```
1   # ch5_19.py
2   import re
3   # 测试1搜寻最后字符是非英文字母数字和底线字符
4   msg = 'John will attend my party 28 tonight.'
5   pattern = '\W$'
6   txt = re.findall(pattern,msg)        # 传回搜寻结果
7   print(txt)
8   # 测试2搜寻最后字符是非英文字母数字和下画线字符
9   msg = 'I am 28'
10  pattern = '\W$'
11  txt = re.findall(pattern,msg)        # 传回搜寻结果
12  print(txt)
13  # 测试3搜寻最后字符是数字
14  msg = 'I am 28'
15  pattern = '\d$'
16  txt = re.findall(pattern,msg)        # 传回搜寻结果
17  print(txt)
18  # 测试4搜寻最后字符是数字
19  msg = 'I am 28 year old.'
20  pattern = '\d$'
21  txt = re.findall(pattern,msg)        # 传回搜寻结果
22  print(txt)
```

执行结果

```
================ RESTART: D:/Python interveiw/ch5/ch5_19.py ================
['.']
[]
['8']
[]
```

面试实例 ch5_20.py：在正则表达式中，请说明通配符 "." 的功能，同时用程序实例解说。

解答：

通配符（wildcard）"." 表示可以搜寻除了换行字符以外的所有字符，但是只限定一个字符。

下列程序是通配符的应用，搜寻一个通配符加上 at，下列输出中的第 4 个数据由于 at 符合，故 Python 自动加上空格符。第 6 个数据是因为只能加上一个字符，所以搜寻结果是 lat。

```
1  # ch5_20.py
2  import re
3  msg = 'cat hat sat at matter flat'
4  pattern = '.at'
5  txt = re.findall(pattern,msg)        # 传回搜寻结果
6  print(txt)
```

执行结果

```
================ RESTART: D:/Python interveiw/ch5/ch5_20.py ================
['cat', 'hat', 'sat', ' at', 'mat', 'lat']
```

面试实例 ch5_21.py：在正则表达式中，请说明通配符 ".*" 的功能，同时用程序实例解说。

解答：

将 "." 字符与 "*" 组合，可以搜寻所有字符，意义是搜寻 0 到多个通配符（换行字符除外）。下列程序是搜寻所有字符 ".*" 的组合应用。

```
1  # ch5_21.py
2  import re
3
4  msg = 'Name: Jiin-Kwei Hung Address: 8F, Nan-Jing E. Rd, Taipei'
5  pattern = 'Name: (.*) Address: (.*)'
6  txt = re.search(pattern,msg)        # 传回搜寻结果
7  Name, Address = txt.groups()
8  print("Name:    ", Name)
9  print("Address: ", Address)
```

执行结果

```
================ RESTART: D:/Python interveiw/ch5/ch5_21.py ================
Name:     Jiin-Kwei Hung
Address:  8F, Nan-Jing E. Rd, Taipei
```

面试实例 ch5_22.py：在正则表达式中，请说明 sub( ) 和 subn( ) 的用法，同时用程序实例解说。

解答：

Python re 模块内的 sub( ) 方法可以用新的字符串取代原本字符串的内容，此方法的基本使用语法如下：

```
result = re.sub(pattern,newstr,msg)    # msg 是整个欲处理的字符串或句子
```

pattern 是欲搜寻的字符串，如果搜寻成功则用 newstr 取代，同时成功取代的结果回传给 result 变量。如果搜寻到多笔相同字符串，这些字符串将全部被取代，须留意原先 msg 内容将不会改变。如果搜寻失败则将 msg 内容回传给 result 变量，当然 msg 内容也不会改变。

下列程序是字符串取代的应用，测试 1 是发现 2 个字符串被成功取代（Eli Nan 被 Kevin Thomson 取代），同时列出取代结果。测试 2 是取代失败，所以 txt 与原 msg 内容相同。

```python
1   # ch5_22.py
2   import re
3   #测试1取代使用re.sub()结果成功
4   msg = 'Eli Nan will attend my party tonight. My best friend is Eli Nan'
5   pattern = 'Eli Nan'                    # 欲搜寻字符串
6   newstr = 'Kevin Thomson'               # 新字符串
7   txt = re.sub(pattern,newstr,msg)       # 如果找到则取代
8   if txt != msg:                         # 如果txt与msg内容不同表示取代成功
9       print("取代成功: ", txt)            # 列出成功取代结果
10  else:
11      print("取代失败: ", txt)            # 列出失败取代结果
12  #测试2取代使用re.sub()结果失败
13  pattern = 'Eli Thomson'                # 欲搜寻字符串
14  txt = re.sub(pattern,newstr,msg)       # 如果找到则取代
15  if txt != msg:                         # 如果txt与msg内容不同表示取代成功
16      print("取代成功: ", txt)            # 列出成功取代结果
17  else:
18      print("取代失败: ", txt)            # 列出失败取代结果
```

执行结果

```
================= RESTART: D:\Python interveiw\ch5\ch5_22.py =================
取代成功:  Kevin Thomson will attend my party tonight. My best friend is Kevin T
homson
取代失败:  Eli Nan will attend my party tonight. My best friend is Eli Nan
```

subn( ) 的用法和 sub( ) 用法相同，不过回传值是元组，此元组内容如下：

```
result = re.subn(pattern,newstr,msg)
```

上述 result 的内容是（newstr, number_of_subs_made），如果取代成功第 1 个参数是新字符串，第 2 个参数是取代次数。如果取代失败第 1 个参数是原字符串，第 2 个参数是 0。

面试实例 ch5_23.py：这是字符串取代的应用，测试 1 是发现 2 个字符串被成功取代（Eli Nan 被 Kevin Thomson 取代），同时列出取代结果和取代次数。测试 2 是取代失败，所以 txt 与原 msg 内容相同。

```
1   # ch5_23.py
2   import re
3   #测试1取代使用re.sub()结果成功
4   msg = 'Eli Nan will attend my party tonight. My best friend is Eli Nan'
5   pattern = 'Eli Nan'                    # 欲搜寻字符串
6   newstr = 'Kevin Thomson'               # 新字符串
7   txt = re.subn(pattern,newstr,msg)      # 如果找到则取代
8   if txt != msg:                         # 如果txt与msg内容不同表示取代成功
9       print("取代次数: ", txt[1])        # 列出成功取代次数
10      print("取代成功: ", txt[0])        # 列出成功取代结果
11  else:
12      print("取代次数: ", txt[1])        # 列出成功取代次数
13      print("取代失败: ", txt[0])        # 列出失败取代结果
14  #测试2取代使用re.sub()结果失败
15  pattern = 'Eli Thomson'                # 欲搜寻字符串
16  txt = re.subn(pattern,newstr,msg)      # 如果找到则取代
17  if txt != msg:                         # 如果txt与msg内容不同表示取代成功
18      print("取代次数: ", txt[1])        # 列出成功取代次数
19      print("取代成功: ", txt[0])        # 列出成功取代结果
20  else:
21      print("取代次数: ", txt[1])        # 列出成功取代次数
22      print("取代失败: ", txt[0])        # 列出失败取代结果
```

执行结果

```
================== RESTART: D:\Python interveiw\ch5\ch5_23.py ==================
取代次数:  2
取代成功:  Kevin Thomson will attend my party tonight. My best friend is Kevin T
homson
取代次数:  0
取代成功:  Eli Nan will attend my party tonight. My best friend is Eli Nan
```

面试实例 ch5_24.py：在正则表示法中，请说明如何使用 ∗∗∗ 代替原本的姓名。

解答：

可以使用 re.sub( ) 方法，现在先用程序说明，然后再解析此程序。

下列程序将 CIA 情报员名字用名字首字母和 ∗∗∗ 取代，同时用程序实例解说。

```
1   # ch5_24.py
2   import re
3   # 使用隐藏文字执行取代
4   msg = 'CIA Mark told CIA Linda that secret USB had given to CIA Peter.'
5   pattern = r'CIA (\w)\w*'               # 欲搜寻CIA + 空一格后的名字
6   newstr = r'\1***'                      # 新字符串使用隐藏文字
7   txt = re.sub(pattern,newstr,msg)       # 执行取代
8   print("取代成功: ", txt)                # 列出取代结果
```

执行结果

```
================== RESTART: D:/Python interveiw/ch5/ch5_24.py ==================
取代成功:  M*** told L*** that secret USB had given to P***.
```

上述程序的关键是第 5 行，这一行将搜寻 CIA 字符串外加空一格后出现不限长度的字符串（可以是英文大小写或数字或下画线所组成）。概念是括号内的（\w）代表必须只有一个字符，同时小括号代表这是一个分组（group），由于整行只有一个括号所以知道这是第一分组，同时只有一个分

组，括号外的 \w* 表示可以有 0 到多个字符。所以（\w）\w* 相当于是一到多个字符组成的单词，同时存在分组 1。

上述程序第 6 行的 \1 代表用分组 1 找到的第 1 个字母当作字符串开头，后面 *** 则是接在第 1 个字母后的字符。对 CIA Mark 而言所找到的第一个字母是 M，所以取代的结果是 **M***。对 CIA Linda 而言所找到的第一个字母是 L，所以取代的结果是 **L***。对 CIA Peter 而言所找到的第一个字母是 P，所以取代的结果是 **P***。

面试实例 ch5_25.py：请设计可以判别电子邮件地址的正则表达式，同时使用实例说明。

解答：

```
pattern = r'''(
1    [a-zA-Z0-9_.]+              # 使用者账号
2    @                          # @符号
3    [a-zA-Z0-9-.]+             # 主机域名domain
4    [\.]                       # .符号
5    [a-zA-Z]{2,4}              # 可能是com或edu或其他
6    ([\.])?                    # .符号，也可能无
7    ([a-zA-Z]{2,4})?           # 地区
8    )'''
```

第 1 行使用者账号常用的有字符 a ～ z、字符 A ～ Z、数字 0 ～ 9、下画线 _、点 .。第 2 行是 @ 符号。第 3 行是主机域名，常用的有字符 a ～ z、字符 A ～ Z、数字 0 ～ 9、分隔符 -、点 .。第 4 行是点 . 符号。第 5 行最常见的是 com 或 edu，也可能是 cc 或其他，这通常由 2 ～ 4 个字符组成，常用的有字符 a ～ z、字符 A ～ Z。第 6 行是点 . 符号，在美国通常只要有前 5 行就够了，但是在其他国家则常常需要此字段，所以此字段后面是？字符。第 7 行通常是地区，例如：中国是 cn、日本是 ja，常用的有字符 a ～ z、字符 A ～ Z。

下列是电子邮件地址的搜寻。

```
1   # ch5_25.py
2   import re
3
4   msg = '''txt@deepstone.com.tw kkk@gmail.com yyyttt'''
5   pattern = r'''(
6       [a-zA-Z0-9_.]+              # 使用者账号
7       @                          # @符号
8       [a-zA-Z0-9-.]+             # 主机域名domain
9       [\.]                       # .符号
10      [a-zA-Z]{2,4}              # 可能是com或edu或其他
11      ([\.])?                    # .符号，也可能无
12      ([a-zA-Z]{2,4})?           # 地区
13      )'''
14  eMail = re.findall(pattern, msg, re.VERBOSE)      # 传回搜寻结果
15  for e in eMail:
16      print(e[0])
```

执行结果

```
================== RESTART: D:/Python interveiw/ch5/ch5_25.py ==================
txt@deepstone.com.tw
kkk@gmail.com
```

面试实例 ch5_26.py：有一列表内有一系列电子邮件地址，如下所示：

```
emails = ['abcd@me.com',
          'ab@me.com',
          'abc@me.com',
          'defg@me.com.tw',
          'kkkk@kk.edu'
          ]
```

这个程序会找出 @ 前面是 3～15 个字符，然后结尾是 @me.com 的电子邮件地址。

```
1   # ch5_26.py
2   import re
3   emails = ['abcd@me.com',
4             'ab@me.com',
5             'abc@me.com',
6             'defg@me.com.tw',
7             'kkkk@kk.edu'
8             ]
9
10  for email in emails:
11      result = re.match('[\w]{3,15}@me.com$', email)
12      if result:
13          print('找到了 {}'.format(email))
14      else:
15          print('不相符 {}'.format(email))
```

执行结果

```
================ RESTART: D:/Python interveiw/ch5/ch5_26.py ================
找到了 abcd@me.com
不相符 ab@me.com
找到了 abc@me.com
不相符 defg@me.com.tw
不相符 kkkk@kk.edu
```

上述程序第 11 行的 $ 字符，表示正则表达式必须出现在被搜寻字符串的最后位置。

面试实例 ch5_27.py：用冒号或是空格切割字符串，例如：有一个字符串如下所示。

```
'city:Taipei Taiwan 300'
```

请将上述字符串转成下列列表。

```
['city','Taipei','Taiwan','300']
```

```
1   # ch5_27.py
2   import re
3   string = 'city:Taipei Taiwan 300'
4   result = re.split(r':| ', string)
5   print(result)
```

执行结果

```
================ RESTART: D:/Python interveiw/ch5/ch5_27.py ================
['city', 'Taipei', 'Taiwan', '300']
```

面试实例 ch5_28.py：有一系列电话号码如下：

```
tels = ['0952333344',
        '1111122222',
        '0998833999',
        '12345',
        '0940000111',
        '0912222333',
        '02-29212918'
        ]
```

列出不是 1 与 4 结尾的台湾手机号码，非 10 个数字的号码以及第 1 个数字不是 0 的号码也不是台湾手机号码。

```
1   # ch5_28.py
2   import re
3   tels = ['0952333344',
4           '1111122222',
5           '0998833999',
6           '12345',
7           '0940000111',
8           '0912222333',
9           '02-29212918'
10          ]
11
12  for t in tels:
13      #result = re.match('0\d{9}[0,2-3,5-9]', t)
14      result = re.match('0\d{8}[0,2-3,5-9]', t)
15      if result:
16          print('是符合的台湾手机号码    : {}'.format(t))
17      else:
18          print('不是符合的台湾手机号码 : {}'.format(t))
```

执行结果

```
================ RESTART: D:\Python interveiw\ch5\ch5_28.py ================
不是符合的台湾手机号码 : 0952333344
不是符合的台湾手机号码 : 1111122222
是符合的台湾手机号码    : 0998833999
不是符合的台湾手机号码 : 12345
不是符合的台湾手机号码 : 0940000111
是符合的台湾手机号码    : 0912222333
不是符合的台湾手机号码 : 02-29212918
```

面试实例 ch5_29.py：Unicode 基本汉字的编码范围如下：

4E00 - 9FA5

有一个字符串如下：

string = ' 中文 ,abc,真好 '

请筛选中文字，可以获得下列结果。

[' 中文 ',' 真好 ']

```
1   # ch5_29.py
2   import re
3
4   string = '中文, abc, 真好'
5   pattern = re.compile(r'[\u4E00-\u9FA5]+')
6   result = pattern.findall(string)
7   print(result)
```

执行结果

```
================ RESTART: D:/Python interveiw/ch5/ch5_29.py ================
['中文', '真好']
```

面试实例 ch5_30.py：有一个列表内容如下：

```
webpage = ['<html><h1>www.abc.com</h1></html>',
           '<html><h2>www.espn.com</h2></html>',
           '<html><h1>www.nbc.com</h2></html>',
           '<html><h2>www.cnn.com</h3></html>'
          ]
```

设计可以筛选下列匹配：

<html><h1>xxxx</h1></html>

相当于前面的 <> 和后面的 <> 是对应的。

```
1   # ch5_30.py
2   import re
3
4   webpage = ['<html><h1>www.abc.com</h1></html>',
5              '<html><h2>www.espn.com</h2></html>',
6              '<html><h1>www.nbc.com</h2></html>',
7              '<html><h2>www.cnn.com</h3></html>'
8             ]
9
10  for page in webpage:
11      result = re.match(r'<(\w*)><(\w*)>.*?</\2></\1>', page)
12      if result:
13          print('{} 符合匹配 '.format(page))
14      else:
15          print('{} 不符合匹配 '.format(page))
```

执行结果

```
================ RESTART: D:/Python interveiw/ch5/ch5_30.py ================
<html><h1>www.abc.com</h1></html> 符合匹配
<html><h2>www.espn.com</h2></html> 符合匹配
<html><h1>www.nbc.com</h2></html> 不符合匹配
<html><h2>www.cnn.com</h3></html> 不符合匹配
```

06

第 6 章

Python 语言综合应用

面试实例 ch6_1.py：用一行程序代码计算 1 ～ 100 的和。

面试实例 ch6_2.py：用户输入 3 位数数字，最后将个位数字改为 0 输出。

面试实例 ch6_3.py：高斯数学之等差数列运算。

面试实例 ch6_4.py：请删除重复部分且重新排列大小。

面试实例 ch6_5.py：使用一个循环产生星形图案，星形高度由屏幕输入。

面试实例 ch6_6.py：输入直角三角形高度，使用单层循环绘制直角三角形。

面试实例 ch6_7.py：使用单层循环绘制倒直角三角形。

面试实例 ch6_8.py：输入大于或等于 100，则输出 100，否则输出所输入的数值。

面试实例 ch6_9.py：请使用莱布尼兹公式计算圆周率。

面试实例 ch6_10.py：使用蒙特卡罗模拟计算圆周率。

面试实例 ch6_11.py：使用尼拉卡莎级数计算圆周率。

面试实例 ch6_12.py：请输入任意 3 个点的坐标，计算此坐标三角形的面积。

面试实例 ch6_13.py：猜测一个人的生日。

面试实例 ch6_14.py：请输入公元年（1900—2000），然后输出相对应的生肖。

面试实例 ch6_15.py：请列出 FBI 出现的次数，并将 FBI 字符串用 XX 取代。

面试实例 ch6_16.py：输入一个字符串，程序可以判断这是否是网址字符串。

面试实例 ch6_17.py：屏幕输入字符串，程序可以列出这个字符串在儿歌中的出现次数。

面试实例 ch6_18.py：将列表内的图片文件分类。

面试实例 ch6_19.py：列出特定身高的球员数据。

面试实例 ch6_20.py：列出数字 1 ～ 5 中任意两个数字的所有组合。

面试实例 ch6_21.py：计算数学常数 e 值。

面试实例 ch6_22.py：用列表生成式产生列表 [0，1，2，3，4，5]。

面试实例 ch6_23.py：建立一个整数平方的列表。

面试实例 ch6_24.py：使用摄氏温度列表 celsius 生成华氏温度列表 fahrenheit。

面试实例 ch6_25.py：生成 0 ～ 19 符合勾股定理定义的 a、b、c 列表值。

面试实例 ch6_26.py：列表的应用。

面试实例 ch6_27.py：用有条件式的列表生成程序，产生 1 ～ 20 的偶数列表。

面试实例 ch6_28.py：map( ) 的应用。

面试实例 ch6_29.py：请将 [1，8，22，33] 和 [3，3，9，15] 合并，再排序输出。

面试实例 ch6_30.py：列表展开。

面试实例 ch6_31.py：列出 x.join（y）和 x.join[z] 的结果。

面试实例 ch6_32.py：在成绩单填入总分、平均分和名次，最后列出完整成绩单。

面试实例 ch6_33.py：请输入一个数字 n，本程序可以计算前 n 个质数。

面试实例 ch6_34.py：请使用 zip( ) 将 2 个元组打包，然后转成列表打印出来。

面试实例 ch6_35.py：请列出过去一周的最高温、最低温和平均温度。

面试实例 ch6_36.py：使用列表生成式产生单词次数字典。

面试实例 ch6_37.py：使用字典生成式记录任意单词中每个字母出现的次数。

面试实例 ch6_38.py：使用 collections 的 Counter 记录字母出现的次数。

面试实例 ch6_39.py：字典依据键（key）排序。

面试实例 ch6_40.py：字典依据值（value）排序。

面试实例 ch6_41.py：请将文章处理成没有标点符号和没有重复字符串的字符串列表。

面试实例 ch6_42.py：求 2 个列表的并集、交集、差集与对称差集。

面试实例 ch6_43.py：鸡尾酒程序。

面试实例 ch6_44 .py：欧几里得算法。

面试实例 ch6_45 .py：使用递归式函数与辗转相除法概念，求最大公约数。

面试实例 ch6_46 .py：设计最小公倍数函数。

面试实例 ch6_47.py：Fibonacci 数列。

面试实例 ch6_48.py：请计算子女单眼皮概率和双眼皮概率。

面试实例 ch6_49.py：赌场游戏骗局。

面试实例 ch6_50.py：设计增加除错的检查功能的装饰器。

面试实例 ch6_51.py：设计可以列出特定目录内的文件信息。

面试实例 ch6_52.py：国王的麦粒。

面试实例 ch6_53.py：请用正则表达式筛选文字。

面试实例 ch6_54.py：在发生 DEBUG、INFO、WARNING 信息时，增加时间戳信息。

面试实例 ch6_55.py：请说明 .* 和 .*? 的区别。

面试实例 ch6_56.py：使用一行正则表达式 re.sub( ) 将 96 和 98 改为 100。

面试实例 ch6_1.py：用一行程序代码计算 1～100 的和。

```
1  # ch6_1.py
2  print(sum(range(1, 101)))
```

执行结果

```
================= RESTART: D:/Python interveiw/ch6/ch6_1.py =================
5050
```

面试实例 ch6_2.py：写一个程序，要求用户输入 3 位数数字，最后将个位数字改为 0 输出，例如输入是 777 输出是 770，输入是 879 输出是 870。

```
1  # ch6_2.py
2  num = input("请输入3位数数字：")
3  num = int(int(num) / 10)
4  numstr = str(num) + '0'
5  print("执行结果: %s" % numstr)
```

执行结果

```
================= RESTART: D:\Python interveiw\ch6\ch6_2.py =================
请输入3位数数字：777
执行结果: 770
>>>
================= RESTART: D:\Python interveiw\ch6\ch6_2.py =================
请输入3位数数字：879
执行结果: 870
```

面试实例 ch6_3.py：高斯数学之等差数列运算，不使用循环，请输入等差数列起始值、终点值与差值，这个程序可以计算数列总和。

```
1  # ch6_3.py
2  s = eval(input('请输入起点 : '))
3  e = eval(input('请输入终点 : '))
4  d = eval(input('请输入间距 : '))
5  dist = int((e - s) / d) + 1
6  sum = int((s + e) * dist / 2)
7  print('{} 到 {} 差值是 {} 的数列总和是 {}'.format(s, e, d, sum))
```

执行结果

```
================= RESTART: D:\Python interveiw\ch6\ch6_3.py =================
请输入起点 : 1
请输入终点 : 10
请输入间距 : 3
1 到 10 差值是 3 的数列总和是 22
>>>
================= RESTART: D:\Python interveiw\ch6\ch6_3.py =================
请输入起点 : 1
请输入终点 : 9
请输入间距 : 4
1 到 9 差值是 4 的数列总和是 15
```

面试实例 ch6_4.py：有一个列表如下：

```
strings = 'ajkadcbkkkzzzxiuuuii'
```

请删除重复部分且重新排列大小，输出下列结果。

```
strings = abcdijkuxz
```

提示：这个程序主要是将字符串转成集合，去除重复的部分。接着将集合转成列表，最后使用 join( ) 方法将列表串连成字符串。

```
1  # ch6_4.py
2  strings = 'ajkadcbkkkzzzxiuuuii'
3  strings = set(strings)
4  strings = list(strings)
5  strings.sort()
6  s = ''.join(strings)
7  print('strings = {}'.format(s))
```

执行结果

```
================= RESTART: D:/Python interveiw/ch6/ch6_4.py =================
strings = abcdijkuxz
```

面试实例 ch6_5.py：使用一个循环产生下列星形图案，星形高度由屏幕输入。

```
        ＊
       ＊＊＊
      ＊＊＊＊＊
     ＊＊＊＊＊＊＊
    ＊＊＊＊＊＊＊＊＊
   ＊＊＊＊＊＊＊＊＊＊＊
  ＊＊＊＊＊＊＊＊＊＊＊＊＊
 ＊＊＊＊＊＊＊＊＊＊＊＊＊＊＊
＊＊＊＊＊＊＊＊＊＊＊＊＊＊＊＊＊
＊＊＊＊＊＊＊＊＊＊＊＊＊＊＊＊＊＊＊
```

```
1  # ch6_5.py
2  def fig(h):
3      ''' 绘制星形 '''
4      for i in range(h):
5          print(' '*(h-i-1)+'*'*(2*i+1))
6
7  height = eval(input('请输入星形高度：'))
8  fig(height)
```

执行结果

```
================ RESTART: D:\Python interveiw\ch6\ch6_5.py ================
请输入星形高度 : 5
    *
   ***
  *****
 *******
*********
>>>
================ RESTART: D:\Python interveiw\ch6\ch6_5.py ================
请输入星形高度 : 10
         *
       ***
      *****
     *******
    *********
   ***********
  *************
 ***************
*****************
*******************
```

面试实例 ch6_6.py：输入直角三角形高度，使用单层循环绘制直角三角形。

```
1  # ch6_6.py
2  h = eval(input('请输入垂直三角形高度 : '))
3  for i in range(1, h+1):
4      print("a"*i)
```

执行结果

```
================ RESTART: D:\Python interveiw\ch6\ch6_6.py ================
请输入垂直三角形高度 : 9
a
aa
aaa
aaaa
aaaaa
aaaaaa
aaaaaaa
aaaaaaaa
aaaaaaaaa
>>>
================ RESTART: D:\Python interveiw\ch6\ch6_6.py ================
请输入垂直三角形高度 : 5
a
aa
aaa
aaaa
aaaaa
```

面试实例 ch6_7.py：使用单层循环绘制倒直角三角形。

```
1  # ch6_7.py
2  h = eval(input('请输入倒直角三角形高度 : '))
3  for i in range(h, 0, -1):
4      print("a"*i)
```

执行结果

```
================= RESTART: D:\Python interveiw\ch6\ch6_7.py =================
请输入倒垂直三角形高度：9
aaaaaaaaa
aaaaaaaa
aaaaaaa
aaaaaa
aaaaa
aaaa
aaa
aa
a
>>>
================= RESTART: D:\Python interveiw\ch6\ch6_7.py =================
请输入倒垂直三角形高度：5
aaaaa
aaaa
aaa
aa
a
```

面试实例 ch6_8.py：请输入 x 值，如果输入大于或等于 100，则输出 100，否则输出所输入的数值。这个程序设计时，除了批注与输入，只能用 1 行完成。

```
1  # ch6_8.py
2  items = eval(input("请输入1个数字："))
3  print(100 if items >= 100 else items)
```

执行结果

```
================= RESTART: D:\Python interveiw\ch6\ch6_8.py =================
请输入1个数字：88
88
>>>
================= RESTART: D:\Python interveiw\ch6\ch6_8.py =================
请输入1个数字：105
100
```

面试实例 ch6_9.py：圆周率是一个数学常数，常常使用希腊字母表示，在计算机科学领域则使用 PI 代表。它的物理意义是圆的周长和直径的比率。历史上第一个无穷级数公式称莱布尼兹公式，它的计算公式如下：

$$PI = 4 \times \left(1 - \frac{1}{3} + \frac{1}{5} - \frac{1}{7} + \frac{1}{9} - \frac{1}{11} + \cdots \right)$$

莱布尼兹（Leibniz，1646—1716）是德国人，在世界数学舞台占有一定分量，他本人另一个重要职业是律师，许多数学公式皆是在各大城市通勤期间完成。

我们可以用下列公式说明莱布尼兹公式：

$$pi = 4 \left(1 - \frac{1}{3} + \frac{1}{5} - \frac{1}{7} + \cdots + \frac{(-1)^{i+1}}{2i-1} \right)$$

请使用莱布尼兹公式计算圆周率，这个程序会计算到 100 万次，同时每 10 万次列出一次圆周率的计算结果。

```
1  # ch6_9.py
2  x = 1000000
3  pi = 0
4  for i in range(1,x+1):
5      pi += 4*((-1)**(i+1) / (2*i-1))
6      if i != 1 and i % 100000 == 0:        # 隔100000执行一次
7          print("当 i = %7d 时 PI = %20.19f" % (i, pi))
```

执行结果

```
================== RESTART: D:\Python interveiw\ch6\ch6_9.py ==================
当 i =  100000 时 PI = 3.1415826535897197758
当 i =  200000 时 PI = 3.1415876535897617750
当 i =  300000 时 PI = 3.1415893202564642017
当 i =  400000 时 PI = 3.1415901535897439167
当 i =  500000 时 PI = 3.1415906535896920282
当 i =  600000 时 PI = 3.1415909869230147500
当 i =  700000 时 PI = 3.1415912250182609355
当 i =  800000 时 PI = 3.1415914035897172241
当 i =  900000 时 PI = 3.1415915424786509114
当 i = 1000000 时 PI = 3.1415916535897743245
```

由上述可以得到，当循环到 40 万次后，此圆周率才进入我们熟知的 3.14159…。

面试实例 ch6_10.py：蒙特卡罗模拟问题，我们可以使用蒙特卡罗模拟计算 PI 值，首先绘制一个外接正方形的圆，圆的半径是 1。

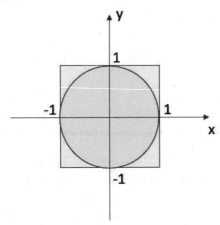

由上图可以知道矩形面积是 4，圆面积是 PI。

如果我们现在要产生 1000000 个落在方形内的点，可以由下列公式计算点落在圆内的概率：

圆面积 / 矩形面积 = PI / 4

落在圆内的点个数（Hits）= 1000000 × PI / 4

如果落在圆内的点个数用 Hits 代替，则可以使用下列方式计算 PI。

PI = 4 × Hits / 1000000

请设计程序会产生 100 万个随机点，执行蒙特卡罗模拟随机数计算 PI 值。

```
1   # ch6_10.py
2   import random
3
4   trials = 1000000
5   Hits = 0
6   for i in range(trials):
7       x = random.random() * 2 - 1      # x轴坐标
8       y = random.random() * 2 - 1      # y轴坐标
9       if x * x + y * y <= 1:           # 判断是否在圆内
10          Hits += 1
11  PI = 4 * Hits / trials
12
13  print("PI = ", PI)
```

执行结果

```
================= RESTART: D:/Python interveiw/ch6/ch6_10.py =================
PI =  3.141468
```

面试实例 ch6_11.py：尼拉卡莎级数也是应用于计算圆周率 PI 的级数，此级数收敛的速度比莱布尼兹级数更好，更适合用来计算 PI，它的计算公式如下：

$$PI = 3 + \frac{4}{2\times 3\times 4} - \frac{4}{4\times 5\times 6} + \frac{4}{6\times 7\times 8} - \cdots$$

请计算前 9 项的 PI 值。

```
1   # ch6_11.py
2   n = 9
3   for i in range(1, n+1):
4       if i == 1:
5           PI = 3.0
6           print('n = {},  PI = {}'.format(i, PI))
7           continue
8       if i % 2 == 0:
9           PI += 4 / ((i*2-2)*(i*2-1)*(i*2))
10      else:
11          PI -= 4 / ((i*2-2)*(i*2-1)*(i*2))
12      print('n = {},  PI = {}'.format(i, PI))
```

执行结果

```
================= RESTART: D:/Python interveiw/ch6/ch6_11.py =================
n = 1,  PI = 3.0
n = 2,  PI = 3.1666666666666665
n = 3,  PI = 3.1333333333333333
n = 4,  PI = 3.145238095238095
n = 5,  PI = 3.13968253968253 96
n = 6,  PI = 3.1427128427128426
n = 7,  PI = 3.1408813408813407
n = 8,  PI = 3.142071817071817
n = 9,  PI = 3.1412548236077646
```

面试实例 ch6_12.py：平面任意 3 个点可以产生三角形，请输入任意 3 个点的坐标，可以使用下列公式计算此三角形的面积。假设三角形各边长是 dist1、dist2、dist3：

$$p = (dist1 + dist2 + dist3) / 2$$

$$area = \sqrt{p(p - dist1)(p - dist2)(p - dist3)}$$

```
1   # ch6_12.py
2   x1, y1 = eval(input("请输入第1个点的 x,y 坐标 : "))
3   x2, y2 = eval(input("请输入第2个点的 x,y 坐标 : "))
4   x3, y3 = eval(input("请输入第3个点的 x,y 坐标 : "))
5
6   dist1 = ((x1 - x2) ** 2 + ((y1 - y2) ** 2)) ** 0.5
7   dist2 = ((x1 - x3) ** 2 + ((y1 - y3) ** 2)) ** 0.5
8   dist3 = ((x3 - x2) ** 2 + ((y3 - y2) ** 2)) ** 0.5
9   p = (dist1 + dist2 + dist3) / 2
10
11  area = (p * (p - dist1) * (p - dist2) * (p - dist3)) ** 0.5
12  print("三角形面积是 : %-10.2f" % area)
```

执行结果

```
================= RESTART: D:\Python interveiw\ch6\ch6_12.py =================
请输入第1个点的 x,y 坐标 : 6.0, 6.0
请输入第2个点的 x,y 坐标 : 0.0, 0.0
请输入第3个点的 x,y 坐标 : 6.0, 0.0
三角形面积是 : 18.00
```

面试实例 ch6_13.py：猜测一个人的生日，对于数字 1～31 可以用 5 组二进制的数表示，所以我们可以询问 5 个问题，每个问题获得一个位是否为 1，经过 5 个问题即可获得一个人的生日日期，下列是 5 组数据信息。

第5组数据 这是十进制		第4组数据 这是十进制		第3组数据 这是十进制		第2组数据 这是十进制		第1组数据 这是十进制	
10000	16	01000	8	00100	4	00010	2	00001	1
10001	17	01001	9	00101	5	00011	3	00011	3
10010	18	01010	10	00110	6	00110	6	00101	5
10011	19	01011	11	00111	7	00111	7	00111	7
10100	20	01100	12	01100	12	01010	10	01001	9
10101	21	01101	13	01101	13	01011	11	01011	11
10110	22	01110	14	01110	14	01110	14	01101	13
10111	23	01111	15	01111	15	01111	15	01111	15
11000	24	11000	24	10100	20	10010	18	10001	17
11001	25	11001	25	10101	21	10011	19	10011	19
11010	26	11010	26	10110	22	10110	22	10101	21
11011	27	11011	27	10111	23	10111	23	10111	23
11100	28	11100	28	11100	28	11010	26	11001	25
11101	29	11101	29	11101	29	11011	27	11011	27
11110	30	11110	30	11110	30	11110	30	11101	29
11111	31	11111	31	11111	31	11111	31	11111	31

```
1   # ch6_13.py
2   ans = 0                                    # 读者心中的数字
3   print("猜生日日期游戏,请回答下列5个问题,这个程序即可列出你的生日")
4
5   truefalse = "输入y或Y代表有, 其他代表无 : "
6   # 检测2进制的第1位是否含1
7   q1 = "有没有看到自己的生日日期 : \n" + \
8        "1, 3, 5, 7, 9, 11, 13, 15, 17, 19, 21, 23, 25, 27, 29, 31 \n"
9   num = input(q1 + truefalse)
10  print(num)
11  if num == "y" or num == "Y":
12      ans += 1
13  # 检测2进制的第2位是否含1
14  truefalse = "输入y或Y代表有, 其他代表无 : "
15  q2 = "有没有看到自己的生日日期 : \n" + \
16       "2, 3, 6, 7, 10, 11, 14, 15, 18, 19, 22, 23, 26, 27, 30, 31 \n"
17  num = input(q2 + truefalse)
18  if num == "y" or num == "Y":
19      ans += 2
20  # 检测2进制的第3位是否含1
21  truefalse = "输入y或Y代表有, 其他代表无 : "
22  q3 = "有没有看到自己的生日日期 : \n" + \
23       "4, 5, 6, 7, 12, 13, 14, 15, 20, 21, 22, 23, 28, 29, 30, 31 \n"
24  num = input(q3 + truefalse)
25  if num == "y" or num == "Y":
26      ans += 4
27  # 检测2进制的第4位是否含1
28  truefalse = "输入y或Y代表有, 其他代表无 : "
29  q4 = "有没有看到自己的生日日期 : \n" + \
30       "8, 9, 10, 11, 12, 13, 14, 15, 24, 25, 26, 27, 28, 29, 30, 31 \n"
31  num = input(q4 + truefalse)
32  if num == "y" or num == "Y":
33      ans += 8
34  # 检测2进制的第5位是否含1
35  truefalse = "输入y或Y代表有, 其他代表无 : "
36  q5 = "有没有看到自己的生日日期 : \n" + \
37       "16, 17, 18, 19, 20, 21, 22, 23, 24, 25, 26, 27, 28, 29, 30, 31 \n"
38  num = input(q5 + truefalse)
39  if num == "y" or num == "Y":
40      ans += 16
41
42  print("读者的生日日期是 : ", ans)
```

执行结果

```
================ RESTART: D:\Python interveiw\ch6\ch6_13.py ================
猜生日日期游戏,请回答下列5个问题,这个程序即可列出你的生日
有没有看到自己的生日日期 :
1, 3, 5, 7, 9, 11, 13, 15, 17, 19, 21, 23, 25, 27, 29, 31
输入y或Y代表有, 其他代表无 : y
y
有没有看到自己的生日日期 :
2, 3, 6, 7, 10, 11, 14, 15, 18, 19, 22, 23, 26, 27, 30, 31
输入y或Y代表有, 其他代表无 : n
有没有看到自己的生日日期 :
4, 5, 6, 7, 12, 13, 14, 15, 20, 21, 22, 23, 28, 29, 30, 31
输入y或Y代表有, 其他代表无 : n
有没有看到自己的生日日期 :
8, 9, 10, 11, 12, 13, 14, 15, 24, 25, 26, 27, 28, 29, 30, 31
输入y或Y代表有, 其他代表无 : n
有没有看到自己的生日日期 :
16, 17, 18, 19, 20, 21, 22, 23, 24, 25, 26, 27, 28, 29, 30, 31
输入y或Y代表有, 其他代表无 : n
读者的生日日期是 : 1
```

面试实例 ch6_14.py：在中国除了使用公元纪年，也使用鼠、牛、虎、兔、龙、蛇、马、羊、猴、鸡、狗、猪这十二生肖标记每年，例如 1900 年是鼠年。输入你出生的公元年（1900—2000），本程序会输出相对应的生肖。

```
1   # ch6_14.py
2   year = eval(input("请输入出生公元年 ： "))
3   year -= 1900
4   zodiac = year % 12
5   if zodiac == 0:
6       print("你是生肖是 ： 鼠")
7   elif zodiac == 1:
8       print("你是生肖是 ： 牛")
9   elif zodiac == 2:
10      print("你是生肖是 ： 虎")
11  elif zodiac == 3:
12      print("你是生肖是 ： 兔")
13  elif zodiac == 4:
14      print("你是生肖是 ： 龙")
15  elif zodiac == 5:
16      print("你是生肖是 ： 蛇")
17  elif zodiac == 6:
18      print("你是生肖是 ： 马")
19  elif zodiac == 7:
20      print("你是生肖是 ： 羊")
21  elif zodiac == 8:
22      print("你是生肖是 ： 猴")
23  elif zodiac == 9:
24      print("你是生肖是 ： 鸡")
25  elif zodiac == 10:
26      print("你是生肖是 ： 狗")
27  else:
28      print("你是生肖是 ： 猪")
```

执行结果

```
=============== RESTART: D:\Python interveiw\ch6\ch6_14.py ===============
请输入公元出生年 ： 2009
你是生肖是 ： 牛
>>>
=============== RESTART: D:\Python interveiw\ch6\ch6_14.py ===============
请输入公元出生年 ： 1975
你是生肖是 ： 兔
```

面试实例 ch6_15.py：有一个字符串如下：

FBI Mark told CIA Linda that the secret USB had given to FBI Peter

请列出 FBI 出现的次数，将 FBI 字符串用 XX 取代。

```
1   # ch6_15.py
2   msg = '''FBI Mark told CIA Linda that the secret USB had given to FBI Peter'''
3   print("FBI出现的次数: ",msg.count("FBI"))
4   msg = msg.replace('FBI','XX')
5   print("新的msg内容 ： ", msg)
```

执行结果

```
================ RESTART: D:\Python interveiw\ch6\ch6_15.py ================
FBI出现的次数:  2
新的msg内容 :  XX Mark told CIA Linda that the secret USB had given to XX Peter
```

面试实例 ch6_16.py：输入一个字符串，程序可以判断这是否是网址字符串。

　　提示：网址字符串是以 http：// 或 https：// 开头。

```
1  # ch6_16.py
2  site = input("请输入网址 : ")
3  if site.startswith("http://") or site.startswith("https://"):
4      print("网址格式正确")
5  else:
6      print("网址格式错误")
```

执行结果

```
================ RESTART: D:\Python interveiw\ch6\ch6_16.py ================
请输入网址 : https://www.deepmind.com.tw
网址格式正确
>>>
================ RESTART: D:\Python interveiw\ch6\ch6_16.py ================
请输入网址 : I love Python
网址格式错误
```

面试实例 ch6_17.py：有一首法国儿歌（也是我们小时候唱的《两只老虎》），歌曲内容如下：

Are you sleeping, are you sleeping, Brother John, Brother John?
Morning bells are ringing, morning bells are ringing.
Ding ding dong, Ding ding dong.

　　请省略标点符号列出此字符串，然后将字符串转为列表列出，并列出歌曲的字数。然后请在屏幕输入字符串，程序可以列出这个字符串的出现次数。

```
1  # ch6_17.py
2  song = '''Are you sleeping are you sleeping Brother John Brother John
3  Morning bells are ringing morning bells are ringing
4  Ding ding dong Ding ding dong'''
5  print("歌曲字符串内容")
6  print(song)
7
8  newsong = song.lower()                          # 将所有字符串转成小写
9  songlist = newsong.split()
10 print("歌曲列表内容")
11 print(songlist)
12 print("歌曲的字数 : %d" % len(songlist))
13
14 msg = input("请输入字符串 : ")
15 num = songlist.count(msg)
16 print("%s 出现的 %d 次 " % (msg, num))
```

执行结果

```
================ RESTART: D:\Python interveiw\ch6\ch6_17.py ================
歌曲字符串内容
Are you sleeping are you sleeping Brother John Brother John
Morning bells are ringing morning bells are ringing
Ding ding dong Ding ding dong
歌曲列表内容
['are', 'you', 'sleeping', 'are', 'you', 'sleeping', 'brother', 'john', 'brother
', 'john', 'morning', 'bells', 'are', 'ringing', 'morning', 'bells', 'are', 'rin
ging', 'ding', 'ding', 'dong', 'ding', 'ding', 'dong']
歌曲的字数 : 24
请输入字符串 : ding
ding 出现的 4 次
```

面试实例 ch6_18.py：有一列表内部的元素是一系列图片文件，如下所示：

da1.jpg、da2.png、da3.gif、da4.gif、da5.jpg、da6.jpg、da7.gif

请按格式将元素分别放置在 jpg、png、gif 列表，然后打印这些列表。

```python
1  # ch6_18.py
2  files = ['da1.jpg','da2.png','da3.gif','da4.gif',
3           'da5.jpg','da6.jpg','da7.gif']
4  jpg = []
5  png = []
6  gif = []
7  for file in files:
8      if file.endswith('.jpg'):      # 以.jpg为扩展名
9          jpg.append(file)           # 加入jpg列表
10     if file.endswith('.png'):      # 以.png为扩展名
11         png.append(file)           # 加入png列表
12     if file.endswith('.gif'):      # 以.gif为扩展名
13         gif.append(file)           # 加入gif列表
14 print("jpg文件列表", jpg)
15 print("png文件列表", png)
16 print("gif文件列表", gif)
```

执行结果

```
================ RESTART: D:\Python interveiw\ch6\ch6_18.py ================
jpg文件列表 ['da1.jpg', 'da5.jpg', 'da6.jpg']
png文件列表 ['da2.png']
gif文件列表 ['da3.gif', 'da4.gif', 'da7.gif']
```

面试实例 ch6_19.py：有一个列表 players，这个列表的元素也是列表，包含球员名字和身高数值：

['James'，202]、['Curry'，193]、['Durant'，205]、['Joradn'，199]、['Howard'，215]、

['David'，211]，列出所有身高是 200（含）以上的球员数据。

```python
1  # ch6_19.py
2  players = [['James', 202],
3             ['Curry', 193],
4             ['Durant', 205],
5             ['Jordan', 199],
6             ['Howard', 215],
7             ['David', 211]]
8  for player in players:
9      if player[1] < 200:
10         continue
11     print(player)
```

执行结果

```
==================== RESTART: D:/Python interveiw/ch6/ch6_19.py ====================
['James', 202]
['Durant', 205]
['Howard', 215]
['David', 211]
```

面试实例 ch6_20.py：列出数字 1 ～ 5 中任意两个数字的所有组合。

```
1  # ch6_20.py
2  n1 = [1,2,3,4,5]
3  n2 = [1,2,3,4,5]
4  result = [[x, y] for x in n1 for y in n2]
5  print(result)
```

执行结果

```
==================== RESTART: D:/Python interveiw/ch6/ch6_20.py ====================
[[1, 1], [1, 2], [1, 3], [1, 4], [1, 5], [2, 1], [2, 2], [2, 3], [2, 4], [2, 5],
[3, 1], [3, 2], [3, 3], [3, 4], [3, 5], [4, 1], [4, 2], [4, 3], [4, 4], [4, 5],
[5, 1], [5, 2], [5, 3], [5, 4], [5, 5]]
```

面试实例 ch6_21.py：计算数学常数 e 值，它的全名是 Euler's number，又称欧拉数，主要是纪念瑞士数学家欧拉，这是一个无限不循环小数，我们可以使用下列级数计算 e 值。

这个程序会计算到 i=10，列出每个 i 的计算结果。

```
1  # ch6_21.py
2  e = 1
3  val = 1
4  for i in range(1,11):
5      val = val / i
6      e += val
7      print("当i是 %3d 时 e = %40.39f" % (i, e))
```

执行结果

```
==================== RESTART: D:\Python interveiw\ch6\ch6_21.py ====================
当i是    1 时 e = 2.000000000000000000000000000000000000000
当i是    2 时 e = 2.500000000000000000000000000000000000000
当i是    3 时 e = 2.666666666666666651863693004979127943516
当i是    4 时 e = 2.708333333333333037273860099958255887032
当i是    5 时 e = 2.716666666666666341001246109954081475735
当i是    6 时 e = 2.718055555555555447000415369984693825245
当i是    7 时 e = 2.718253968253968366675281520001590259226
当i是    8 时 e = 2.718278769841270037233016410027630627155
当i是    9 时 e = 2.718281525573192247691167722223326563835
当i是   10 时 e = 2.718281801146384513145903838449157774448
```

面试实例 ch6_22.py：用列表生成式产生列表 [0，1，2，3，4，5]。

```
1  # ch6_22.py
2  xlst = [ n for n in range(6)]
3  print(xlst)
```

执行结果

```
================ RESTART: D:/Python interveiw/ch6/ch6_22.py ================
[0, 1, 2, 3, 4, 5]
```

面试实例 ch6_23.py：建立一个整数平方的列表，为了避免数值太大，若是输入大于 10，此大于 10 的数值将被设为 10，请使用列表生成式。

```
1  # ch6_23.py
2  n = int(input("请输入整数 ： "))
3  if n > 10 : n = 10              # 最大值是10
4  squares = [num ** 2 for num in range(1, n+1)]
5  print(squares)
```

执行结果

```
================ RESTART: D:\Python interveiw\ch6\ch6_23.py ================
请输入整数 ： 23
[1, 4, 9, 16, 25, 36, 49, 64, 81, 100]
>>>
================ RESTART: D:\Python interveiw\ch6\ch6_23.py ================
请输入整数 ： 10
[1, 4, 9, 16, 25, 36, 49, 64, 81, 100]
>>>
================ RESTART: D:\Python interveiw\ch6\ch6_23.py ================
请输入整数 ： 8
[1, 4, 9, 16, 25, 36, 49, 64]
```

面试实例 ch6_24.py：有一个摄氏温度列表 celsius，这个程序会利用此列表生成华氏温度列表 fahrenheit。

```
1  # ch6_24.py
2  celsius = [21, 25, 29, 33, 35, 10]
3  fahrenheit = [(x * 9 / 5 + 32) for x in celsius]
4  print(fahrenheit)
```

执行结果

```
================ RESTART: D:/Python interveiw/ch6/ch6_24.py ================
[69.8, 77.0, 84.2, 91.4, 95.0, 50.0]
```

面试实例 ch6_25.py：勾股定理的基本概念是直角三角形中直角边长的平方和等于斜边的平方，如下：

$$a^2 + b^2 = c^2 \quad \# \ c 是斜边长$$

可以用（a，b，c）方式表达这个定理，最著名的实例是（3，4，5），小括号是元组的表达方式，我们尚未介绍，所以本节使用 [a，b，c] 列表表示。这个程序会生成 0 ～ 19 符合定义的 a、b、c 列表值。

```
1  # ch6_25.py
2  x = [[a, b, c] for a in range(1,20) for b in range(a,20) for c in range(b,20)
3        if a ** 2 + b ** 2 == c **2]
4  print(x)
```

执行结果

```
================ RESTART: D:/Python interveiw/ch6/ch6_25.py ================
[[3, 4, 5], [5, 12, 13], [6, 8, 10], [8, 15, 17], [9, 12, 15]]
```

面试实例 ch6_26.py：有下列数学定义：

A * B = {（a，b）}：a 属于 A 元素，b 属于 B 元素

我们可以用下列程序生成这类列表。

```
1   # ch6_26.py
2   colors = ["Red", "Green", "Blue"]
3   shapes = ["Circle", "Square"]
4   result = [[color, shape] for color in colors for shape in shapes]
5   for color, shape in result:
6       print(color, shape)
```

执行结果

```
================ RESTART: D:/Python interveiw/ch6/ch6_26.py ================
Red Circle
Red Square
Green Circle
Green Square
Blue Circle
Blue Square
```

面试实例 ch6_27.py：请使用含有条件式的列表生成程序，产生 1 ～ 20 的偶数列表。

```
1   # ch6_27.py
2   num = 20
3   evenlist = [n for n in range(1, num+1) if n % 2 == 0]
4   print(evenlist)
```

执行结果

```
================ RESTART: D:/Python interveiw/ch6/ch6_27.py ================
[2, 4, 6, 8, 10, 12, 14, 16, 18, 20]
```

面试实例 ch6_28.py：有一个列表数据如下：

x = ['abc','def']

请设计两行程序（不含批注但是含 print），可以得到下列打印结果：

[['a','b','c'],['d','e','f']]

提示：这一题主要是考查读者对于 map( ) 的理解程度。

```
1   # ch6_28.py
2   x = ['abc', 'def']
3   print(list(map(list,x)))
```

执行结果

```
================= RESTART: D:/Python interveiw/ch6/ch6_28.py =================
[['a', 'b', 'c'], ['d', 'e', 'f']]
```

面试实例 ch6_29.py：请将 [1，8，22，33] 和 [3，3，9，15] 合并、排序，最后得到下列列表：

[1,3,3,8,9,15,22,33]

```
1  # ch6_29.py
2  lst1 = [1, 8, 22, 33]
3  lst2 = [3, 3, 9, 15]
4  lst1.extend(lst2)
5  lst1.sort()
6  print(lst1)
```

执行结果

```
================= RESTART: D:/Python interveiw/ch6/ch6_29.py =================
[1, 3, 3, 8, 9, 15, 22, 33]
```

面试实例 ch6_30.py：有一个列表如下：

[[1,2,3],[4,5,6],[7,8,9]]

用一行程序代码将上述展开为：

[1,2,3,4,5,6,7,8,9]

```
1  # ch6_30.py
2
3  x = [[1, 2, 3], [4, 5, 6], [7, 8, 9]]
4  y = [i for j in x for i in j]
5  print(y)
```

执行结果

```
================= RESTART: D:/Python interveiw/ch6/ch6_30.py =================
[1, 2, 3, 4, 5, 6, 7, 8, 9]
```

面试实例 ch6_31.py：有 3 个列表内容如下：

x = ['abc']

y = ['xyz']

z = ['x', 'y', 'z']

请列出 x.join（y）和 x.join[z] 的结果。

```
1  # ch6_31.py
2  x = 'abc'
3  y = 'xyz'
4  z = ['x', 'y', 'z']
5
6  print(x.join(y))
7  print(x.join(z))
```

执行结果

```
================ RESTART: D:/Python interveiw/ch6/ch6_31.py ================
xabcyabcz
xabcyabcz
```

面试实例 ch6_32.py：有一个成绩系统如下：

座号	姓名	语文	英文	数学	总分	平均分	名次
1	John	80	95	88	0	0	0
2	Mike	98	97	96	0	0	0
3	Mary	91	93	95	0	0	0
4	Ivan	92	94	90	0	0	0
5	Alan	92	97	90	0	0	0

当总分相同时，名次应该相同。这个题目需列出原始成绩单，然后在成绩单内填入总分、平均分和名次，最后列出完整的成绩单。

```python
1  # ch6_32.py
2  sc = [[1, 'John', 80, 95, 88, 0, 0, 0],
3        [2, 'Mike', 98, 97, 96, 0, 0, 0],
4        [3, 'Mary', 91, 93, 95, 0, 0, 0],
5        [4, 'Ivan', 92, 94, 90, 0, 0, 0],
6        [5, 'Alan', 92, 97, 90, 0, 0, 0],
7        ]
8  # 计算总分与平均
9  print("原始成绩单")
10 for i in range(len(sc)):
11     print(sc[i])
12     sc[i][5] = sum(sc[i][2:5])              # 填入总分
13     sc[i][6] = round((sc[i][5] / 3), 1)     # 填入平均分
14 sc.sort(key=lambda x:x[5],reverse=True)     # 依据总分高往低排序
15 # 以下填入名次
16 for i in range(len(sc)):                    # 填入名次
17     sc[i][7] = i + 1
18 # 以下修正相同成绩应该有相同名次
19 for i in range((len(sc)-1)):
20     if sc[i][5] == sc[i+1][5]:              # 如果成绩相同
21         sc[i+1][7] = sc[i][7]               # 名次应该相同
22 # 以下依座号排序
23 sc.sort(key=lambda x:x[0])                  # 依据座号排序
24 print("最后成绩单")
25 for i in range(len(sc)):
26     print(sc[i])
```

执行结果

```
================ RESTART: D:\Python interveiw\ch6\ch6_32.py ================
原始成绩单
[1, 'John', 80, 95, 88, 0, 0, 0]
[2, 'Mike', 98, 97, 96, 0, 0, 0]
[3, 'Mary', 91, 93, 95, 0, 0, 0]
[4, 'Ivan', 92, 94, 90, 0, 0, 0]
[5, 'Alan', 92, 97, 90, 0, 0, 0]
最后成绩单
[1, 'John', 80, 95, 88, 263, 87.7, 5]
[2, 'Mike', 98, 97, 96, 291, 97.0, 1]
[3, 'Mary', 91, 93, 95, 279, 93.0, 2]
[4, 'Ivan', 92, 94, 90, 276, 92.0, 4]
[5, 'Alan', 92, 97, 90, 279, 93.0, 2]
```

面试实例 ch6_33.py：请输入一个数字 n，本程序可以计算前 n 个质数，将其放在列表并打印此列表。

```
1  # ch6_33.py
2  N = eval(input('请输入所需质数数量 : '))
3  num = 2
4  prime = []
5  primeNum = 0
6  while primeNum < N:
7      if num == 2:                          # 2是质数所以直接输出
8          prime.append(num)
9          primeNum += 1
10     else:
11         for n in range(2, num):           # 用2 .. num-1当除数测试
12             if num % n == 0:              # 如果整除则不是质数
13                 break                     # 离开循环
14         else:                             # 否则是质数
15             primeNum += 1
16             prime.append(num)
17     num += 1
18
19 print(prime)
```

执行结果

```
================ RESTART: D:\Python interveiw\ch6\ch6_33.py ================
请输入所需质数数量 : 10
[2, 3, 5, 7, 11, 13, 17, 19, 23, 29]
>>>
================ RESTART: D:\Python interveiw\ch6\ch6_33.py ================
请输入所需质数数量 : 20
[2, 3, 5, 7, 11, 13, 17, 19, 23, 29, 31, 37, 41, 43, 47, 53, 59, 61, 67, 71]
```

面试实例 ch6_34.py：season 元组内容是（'Spring'，'Summer'，'Fall'，'Winter'），chinese 元组内容是（'春季'，'夏季'，'秋季'，'冬季'），请使用 zip( ) 将这 2 个元组打包，然后转成列表打印出来。

```
1  # ch6_34.py
2  season = ['Spring', 'Summer', 'Fall', 'Winter']
3  chinese = ['春季', '夏季', '秋季', '冬季']
4  x = zip(season, chinese)
5  print(list(x))
```

执行结果

```
================ RESTART: D:/Python interveiw/ch6/ch6_34.py ================
[('Spring', '春季'), ('Summer', '夏季'), ('Fall', '秋季'), ('Winter', '冬季')]
```

面试实例 ch6_35.py：气象局使用元组（tuple）记录了台北过去一周的最高温度和最低温度的数值：

最高温度数值：30，28，29，31，33，35，32。

最低温度数值：20，21，19，22，23，24，20。

请列出过去一周的最高温度、最低温和平均温度的数值。

```
1   # ch6_35.py
2   weatherH = (30, 28, 29, 31, 33, 35, 32)
3   weatherL = (20, 21, 19, 22, 23, 24, 20)
4   print("过去一周的最高温度 %d " % max(weatherH))
5   print("过去一周的最低温度 %d " % min(weatherH))
6
7   print("过去一周的平均温度")
8   for i in range(len(weatherH)):
9       print("%3.1f   " % ((weatherH[i]+weatherL[i])/2), end="")
```

执行结果

```
================= RESTART: D:\Python interveiw\ch6\ch6_35.py =================
过去一周的最高温度 35
过去一周的最低温度 28
过去一周的平均温度
25.0  24.5  24.0  26.5  28.0  29.5  26.0
```

面试实例 ch6_36.py：设计一个程序，可以记录一段英文中的所有单词以及每个单词的出现次数。示例英文内容如下：

Are you sleeping，are you sleeping，Brother John，Brother John？

Morning bells are ringing，morning bells are ringing.

Ding ding dong，Ding ding dong.

这个程序会用单词当作字典的键（key），用该单词出现的次数当作值（value），这个程序必须使用列表生成式产生单词次数字典。

```
1   # ch6_36.py
2   song = """Are you sleeping, are you sleeping, Brother John, Brother John?
3   Morning bells are ringing, morning bells are ringing.
4   Ding ding dong, Ding ding dong."""
5   #mydict = {}                          # 省略,空字典未来储存单词计数结果
6   print("原始歌曲")
7   print(song)
8
9   # 以下是将歌曲大写字母全部改成小写
10  songLower = song.lower()             # 歌曲改为小写
11  print("小写歌曲")
12  print(songLower)
13
14  # 将歌曲的标点符号用空字符取代
15  for ch in songLower:
16      if ch in ".,?":
17          songLower = songLower.replace(ch,'')
18  print("不再有标点符号的歌曲")
19  print(songLower)
20
21  # 将歌曲字符串转成列表
22  songList = songLower.split()
23  print("以下是歌曲列表")
24  print(songList)                      # 打印歌曲列表
25
26  # 将歌曲列表处理成字典
27  mydict = {wd:songList.count(wd) for wd in songList}
28  print("以下是最后执行结果")
29  print(mydict)                        # 打印字典
```

执行结果

```
================= RESTART: D:\Python interveiw\ch6\ch6_36.py =================
原始歌曲
Are you sleeping, are you sleeping, Brother John, Brother John?
Morning bells are ringing, morning bells are ringing.
Ding ding dong, Ding ding dong.
小写歌曲
are you sleeping, are you sleeping, brother john, brother john?
morning bells are ringing, morning bells are ringing.
ding ding dong, ding ding dong.
不再有标点符号的歌曲
are you sleeping are you sleeping brother john brother john
morning bells are ringing morning bells are ringing
ding ding dong ding ding dong
以下是歌曲列表
['are', 'you', 'sleeping', 'are', 'you', 'sleeping', 'brother', 'john', 'brother
', 'john', 'morning', 'bells', 'are', 'ringing', 'morning', 'bells', 'are', 'rin
ging', 'ding', 'ding', 'dong', 'ding', 'ding', 'dong']
以下是最后执行结果
{'are': 4, 'you': 2, 'sleeping': 2, 'brother': 2, 'john': 2, 'morning': 2, 'bell
s': 2, 'ringing': 2, 'ding': 4, 'dong': 2}
```

面试实例 ch6_37.py：使用字典生成式记录任意单词中每个字母出现的次数，单词请从屏幕输入。

```
1   # ch6_37.py
2   word = input('请输入英文单词：')
3   alphabetCount = {alphabet:word.count(alphabet) for alphabet in word}
4   print(alphabetCount)
```

执行结果

```
================= RESTART: D:\Python interveiw\ch6\ch6_37.py =================
请输入英文单词：deepmind
{'d': 2, 'e': 2, 'p': 1, 'm': 1, 'i': 1, 'n': 1}
>>>
================= RESTART: D:\Python interveiw\ch6\ch6_37.py =================
请输入英文单词：ringing
{'r': 1, 'i': 2, 'n': 2, 'g': 2}
```

面试实例 ch6_38.py：使用 collections 的 Counter 记录任意单词中每个字母出现的次数，单词请从屏幕输入。

```
1   # ch6_38.py
2   from collections import Counter
3   word = input('请输入英文单词：')
4   mydict = Counter(word)
5   print(mydict)
```

执行结果

```
================= RESTART: D:\Python interveiw\ch6\ch6_38.py =================
请输入英文单词：deepmind
Counter({'d': 2, 'e': 2, 'p': 1, 'm': 1, 'i': 1, 'n': 1})
>>>
================= RESTART: D:\Python interveiw\ch6\ch6_38.py =================
请输入英文单词：ringing
Counter({'i': 2, 'n': 2, 'g': 2, 'r': 1})
```

面试实例 ch6_39.py：字典依据键（key）排序。

```
1   # ch6_39.py
2   sales = {'Taipei':90,
3            'Hisnchu':80,
4            'Hongkong':85,
5            }
6   for d in sorted(sales.keys()):
7       print(d)
```

执行结果

```
================ RESTART: D:/Python interveiw/ch6/ch6_39.py ================
Hisnchu
Hongkong
Taipei
```

面试实例 ch6_40.py：字典依据值（value）排序。

```
1   # ch6_40.py
2   sales = {'Taipei':90,
3            'Hisnchu':80,
4            'Hongkong':85,
5            }
6   for d in sorted(sales.items(), key=lambda item:item[1]):
7       print(d[1])
```

执行结果

```
================ RESTART: D:/Python interveiw/ch6/ch6_40.py ================
80
85
90
```

面试实例 ch6_41.py：有一段英文如下：

Silicon Stone Education is an unbiased organization，concentrated on bridging the gap between academic and the working world in order to benefit society as a whole. We have carefully crafted our online certification system and test content databases. The content for each topic is created by experts and is all carefully designed with a comprehensive knowledge to greatly benefit all candidates who participate.

请将上述英文处理成没有标点符号和没有重复字符串的字符串列表。

```
1   # ch6_41.py
2   txt = '''Silicon Stone Education is an unbiased organization,
3   concentrated on bridging the gap between academic and the
4   working world in order to benefit society as a whole.
5   We have carefully crafted our online certification system
6   and test content databases. The content for each topic is
7   created by experts and is all carefully designed with a
8   comprehensive knowledge to greatly benefit all candidates
9   who participate.
10  '''
11  txtLower = txt.lower()              # 改为小写
12  for ch in txtLower:
13      if ch in ".,?":
14          txtLower = txtLower.replace(ch,'')
15
16  txtLst = txtLower.split()           # 将文件转成列表
17  setX = set(txtLst)                  # 将列表转成集合
18  lst = list(setX)                    # 将集合转成列表
19  print("最后列表 = ", sorted(lst))
```

执行结果

```
================= RESTART: D:\Python interveiw\ch6\ch6_41.py =================
最后列表 = ['a', 'academic', 'all', 'an', 'and', 'as', 'benefit', 'between', 'b
ridging', 'by', 'candidates', 'carefully', 'certification', 'comprehensive', 'co
ncentrated', 'content', 'crafted', 'created', 'databases', 'designed', 'each',
'education', 'experts', 'for', 'gap', 'greatly', 'have', 'in', 'is', 'knowledge',
'on', 'online', 'order', 'organization', 'our', 'participate', 'silicon', 'soci
ety', 'stone', 'system', 'test', 'the', 'to', 'topic', 'unbiased', 'we', 'who',
'whole', 'with', 'working', 'world']
```

面试实例 ch6_42.py：请建立 2 个列表：

A：1，3，5，…，99；

B：1 ～ 100 的质数。

然后求上述的并集、交集、A－B 差集、B－A 差集、AB 对称差集。

```python
1  # ch6_42.py
2  A = [n for n in range(1, 100) if n % 2 == 1]
3  num = 2
4  B = []
5  primeNum = 0
6  while num < 100:
7      if num == 2:                        # 2是质数所以直接输出
8          B.append(num)
9          primeNum += 1
10     else:
11         for n in range(2, num):          # 用2 .. num-1当除数测试
12             if num % n == 0:             # 如果整除则不是质数
13                 break                    # 离开循环
14         else:                            # 否则是质数
15             primeNum += 1
16             B.append(num)
17     num += 1
18
19 aSet = set(A)                            # 将列表A转成集合aSet
20 bSet = set(B)                            # 将列表B转成集合bSet
21
22 unionAB = aSet | bSet
23 print("并集 : ", unionAB)
24 interAB = aSet & bSet
25 print("交集 : ", interAB)
26 A_B = aSet - bSet
27 print("A-B差集 : ", A_B)
28 B_A = bSet - aSet
29 print("B-A差集 : ", B_A)
30 AsdB = aSet ^ bSet
31 print("AB对称差集 : ", AsdB)
```

执行结果

```
================= RESTART: D:\Python interveiw\ch6\ch6_42.py =================
并集 : {1, 2, 3, 5, 7, 9, 11, 13, 15, 17, 19, 21, 23, 25, 27, 29, 31, 33, 35, 3
7, 39, 41, 43, 45, 47, 49, 51, 53, 55, 57, 59, 61, 63, 65, 67, 69, 71, 73, 75, 7
7, 79, 81, 83, 85, 87, 89, 91, 93, 95, 97, 99}
交集 : {3, 5, 7, 11, 13, 17, 19, 23, 29, 31, 37, 41, 43, 47, 53, 59, 61, 67, 71
, 73, 79, 83, 89, 97}
A-B差集 : {1, 9, 15, 21, 25, 27, 33, 35, 39, 45, 49, 51, 55, 57, 63, 65, 69, 75
, 77, 81, 85, 87, 91, 93, 95, 99}
B-A差集 : {2}
AB对称差集 : {1, 2, 9, 15, 21, 25, 27, 33, 35, 39, 45, 49, 51, 55, 57, 63, 65,
69, 75, 77, 81, 85, 87, 91, 93, 95, 99}
```

面试实例 ch6_43.py：鸡尾酒是酒精饮料，由基酒和一些饮料调制而成，下列是一些常见的鸡尾酒饮料以及它的配方。

❏ **蓝色夏威夷佬**（Blue Hawaiian）：兰姆酒（Rum）、甜酒（Sweet Wine）、椰奶（Coconut Cream）、菠萝汁（Pineapple Juice）、柠檬汁（Lemon Juice）。

❏ **姜味莫西多**（Ginger Mojito）：兰姆酒（Rum）、姜（Ginger）、薄荷叶（Mint Leaves）、莱姆汁（Lime Juice）、姜汁汽水（Ginger Soda）。

❏ **纽约客**（New Yorker）：威士忌（Whiskey）、红酒（Red Wine）、柠檬汁（Lemon Juice）、糖水（Sugar Syrup）。

❏ **血腥玛莉**（Bloody Mary）：伏特加（Vodka）、柠檬汁（Lemon Juice）、西红柿汁（Tomato Juice）、酸辣酱（Tabasco）、少量盐（Little Salt）。

❏ **马颈**（Horse's Neck）：白兰地（Brandy）、姜汁汽水（Ginger Soda）。

❏ **四海一家**（Cosmopolitan）：伏特加（Vodka）、甜酒（Sweet Wine）、莱姆汁（Lime Juice）、蔓越梅汁（Cranberry Juice）。

❏ **性感沙滩**（Sex on the Beach）：伏特加（Vodka）、水蜜桃香甜酒（Peach Liqueur）、柳橙汁（Orange Juice）、蔓越梅汁（Cranberry Juice）。

请执行下列输出：

（1）列出含有 Vodka 的酒。

（2）列出含有 Sweet Wine 的酒。

（3）列出含有 Vodka 和 Cranberry Juice 的酒。

（4）列出含有 Vodka 但是没有 Cranberry Juice 的酒。

```python
# ch6_43.py
cocktail = {
    'Blue Hawaiian':{'Rum','Sweet Wine','Cream','Pineapple Juice','Lemon Juice'},
    'Ginger Mojito':{'Rum','Ginger','Mint Leaves','Lime Juice','Ginger Soda'},
    'New Yorker':{'Whiskey','Red Wine','Lemon Juice','Sugar Syrup'},
    'Bloody Mary':{'Vodka','Lemon Juice','Tomato Juice','Tabasco','Little Salt'},
    "Horse's Neck":{'Brandy','Ginger Soda'},
    'Cosmopolitan':{'Vodka','Sweet Wine','Lime Juice','Cranberry Juice'},
    'Sex on the Beach':{'Vodka','Peach Liqueur','Orange Juice','Cranberry Juice'}
    }
# 列出含有Vodka的酒
print("含有Vodka的酒 : ")
for name, formulas in cocktail.items():
    if 'Vodka' in formulas:
        print(name)
# 列出含有Sweet Wine的酒
print("含有Sweet Wine的酒 : ")
for name, formulas in cocktail.items():
    if 'Sweet Wine' in formulas:
        print(name)
# 列出含有Vodka和Cranberry Juice的酒
print("含有Vodka和Cranberry Juice的酒 : ")
for name, formulas in cocktail.items():
    if 'Vodka' and 'Cranberry Juice' in formulas:
        print(name)
# 列出含有Vodka但是没有Cranberry Juice的酒
print("含有Vodka但是没有Cranberry Juice的酒 : ")
for name, formulas in cocktail.items():
    if 'Vodka' in formulas and not ('Cranberry Juice' in formulas):
        print(name)
```

执行结果

```
================ RESTART: D:/Python interveiw/ch6/ch6_43.py ================
含有Vodka的酒 :
Bloody Mary
Cosmopolitan
Sex on the Beach
含有Sweet Wine的酒 :
Blue Hawaiian
Cosmopolitan
含有Vodka和Cranberry Juice的酒 :
Cosmopolitan
Sex on the Beach
含有Vodka但是沒有Cranberry Juice的酒 :
Bloody Mary
```

面试实例 ch6_44 .py：欧几里得是古希腊的数学家，在数学中欧几里得算法主要是求最大公约数的方法（辗转相除法），这个算法最早出现在欧几里得所著的《几何原本》。

假设有一块土地长是 40 米，宽是 16 米，如果想要将此土地划分成许多正方形，同时不要浪费土地，则最大的正方形土地边长是多少？

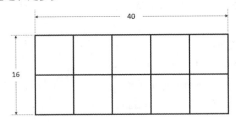

其实这类问题在数学中就是求最大公约数的问题，土地的边长就是任意 2 个要计算最大公约数的数值，最大边长正方形的边长 8 就是 16 和 40 的最大公约数。

使用辗转相除法求 2 个数的最大公约数，步骤如下：

（1）计算较大的数。

（2）让较大的数当作被除数，较小的数当作除数。

（3）两数相除。

（4）两数相除的余数当作下一次的除数，原除数变被除数，如此循环直到余数为 0，当余数为 0 时，这时的除数就是最大公约数。

提示：面试考题不会告诉你辗转相除法的步骤。

请设计辗转相除法求最大公约数函数，并输入 3 组数据（每组 2 个数字）做测试。

```python
1  # ch6_44.py
2  def gcd(a, b):
3      if a < b:
4          a, b = b, a
5      while b != 0:
6          tmp = a % b
7          a = b
8          b = tmp
9      return a
10
11 a, b = eval(input("请输入2个整数值 : "))
12 print("最大公约数是 : ", gcd(a, b))
```

执行结果

```
================ RESTART: D:\Python interveiw\ch6\ch6_44.py ================
请输入2个整数值 ：16, 40
最大公约数是 ： 8
>>>
================ RESTART: D:\Python interveiw\ch6\ch6_44.py ================
请输入2个整数值 ：99, 66
最大公约数是 ： 33
>>>
================ RESTART: D:\Python interveiw\ch6\ch6_44.py ================
请输入2个整数值 ：180, 120
最大公约数是 ： 60
```

面试实例 ch6_45 .py：使用递归式函数与辗转相除法概念，设计欧几里得算法求最大公约数函数，请输入 3 组数据（每组 2 个数字）做测试。

```
1  # ch6_45.py
2  def gcd(a, b):
3      return a if b == 0 else gcd(b, a % b)
4
5  a, b = eval(input("请输入2个整数值 ："))
6  print("最大公约数是 ：", gcd(a, b))
```

执行结果

```
================ RESTART: D:\Python interveiw\ch6\ch6_45.py ================
请输入2个整数值 ：16, 40
最大公约数是 ： 8
>>>
================ RESTART: D:\Python interveiw\ch6\ch6_45.py ================
请输入2个整数值 ：99, 66
最大公约数是 ： 33
>>>
================ RESTART: D:\Python interveiw\ch6\ch6_45.py ================
请输入2个整数值 ：180, 120
最大公约数是 ： 60
```

面试实例 ch6_46 .py：使用递归式函数与辗转相除法概念，设计欧几里得算法求最大公约数函数，请输入 3 组数据（每组 2 个数字）做测试。另外，增加设计最小公倍数函数。

其实最小公倍数（英文简称 lcm）就是两数相乘除以 gcd，公式如下：

```
a * b / gcd
```

提示：考题不会告诉你最小公倍数的计算方式。

```
1  # ch6_46.py
2
3  def gcd(a, b):
4      return a if b == 0 else gcd(b, a % b)
5
6  def lcm(a, b):
7      return a * b // gcd(a, b)
8
9  a, b = eval(input("请输入2个整数值 ："))
10 print("最大公约数是 ：", gcd(a, b))
11 print("最小公倍数是 ：", lcm(a, b))
```

执行结果

```
================= RESTART: D:\Python interveiw\ch6\ch6_46.py =================
请输入2个整数值 : 180, 240
最大公约数是 :   60
最小公倍数是 :   720
```

面试实例 ch6_47.py：Fibonacci 数列的起源最早可以追溯到 1150 年印度数学家 Gopala，在西方最早研究这个数列的是意大利科学家斐波那契，后来人们将此数列简称为费式数列。

请设计递归函数 fib（n），产生前 10 个费式数列的数字，fib（n）的 n 主要是此数列的索引，费式数列数字的规则如下：

$F_0 = 0$ # 索引是 0

$F_1 = 1$ # 索引是 1

…

$F_n = F_{n-1} + F_{n-2}$ （ n >= 2)   # 索引是 n

最后值应该是 0，1，1，2，3，5，8，13，21，34，…

```
1   # ch6_47.py
2   def fib(n):
3       if n == 0:
4           return 0
5       elif n == 1:
6           return 1
7       else:
8           return fib(n-1) + fib(n-2)
9
10  N = eval(input('请输入 N，本程序会列出前 N 个Fibonacci数列 : '))
11  print("下列是前 {} 个Fibonacci数列".format(N))
12  for index in range(N):
13      print("%4d" % fib(index), end='')
```

执行结果

```
================= RESTART: D:\Python interveiw\ch6\ch6_47.py =================
请输入 N，本程序会列出前 N 个Fibonacci数列 : 5
下列是前 5 个Fibonacci数列
   0   1   1   2   3
>>>
================= RESTART: D:\Python interveiw\ch6\ch6_47.py =================
请输入 N，本程序会列出前 N 个Fibonacci数列 : 10
下列是前 10 个Fibonacci数列
   0   1   1   2   3   5   8  13  21  34
```

面试实例 ch6_48.py：人类控制双眼皮的基因是 F（显性），控制单眼皮的基因是 f（隐性），一对的基因组合有 FF、Ff、ff。在基因组合中，FF、Ff 皆是双眼皮，ff 则是单眼皮。

假设父母基因皆是 Ff，父母单一基因遗传给子女概率相等，子女的基因可以全部遗传自父亲或母亲，请计算子女单眼皮概率和双眼皮概率。

```
1  # ch6_48.py
2  import itertools
3
4  single = 0                         # 单眼皮
5  double = 0                         # 双眼皮
6  counter = 0                        # 组合计数
7  x = ['F', 'f', 'F', 'f']           # 基因组合
8  r = 2                              # 一对
9
10 for gene in itertools.combinations(x, r):
11     if 'F' in gene:
12         double += 1
13     else:
14         single += 1
15     counter += 1
16
17 print("单眼皮概率 : %5.3f" % (single / counter))
18 print("双眼皮概率 : %5.3f" % (double / counter))
```

执行结果

```
================= RESTART: D:\Python interveiw\ch6\ch6_48.py =================
单眼皮概率 : 0.167
双眼皮概率 : 0.833
```

面试实例 ch6_49.py：请设计赌大小的游戏，程序开始即可设定庄家的输赢比例，

假设刚开始玩家有 300 美元赌本，每次赌注是 100 美元。如果猜对，赌金增加 100 美元；如果猜错，赌金减少 100 美元。赌金没了或是按 Q 或 q 则程序结束。

```
1  # ch6_49.py
2  import random                      # 导入模块random
3  money = 300                        # 赌金总额
4  bet = 100                          # 赌注
5  min, max = 1, 100                  # 随机数最小与最大值设定
6  winPercent = int(input("请输入庄家赢的概率(0~100): "))
7
8  while True:
9      print("欢迎光临 : 目前筹码金额 %d 美元 " % money)
10     print("每次赌注 %d 美元 " % bet)
11     print("猜大小游戏: L或l表示大， S或s表示小，Q或q则程序结束")
12     customerNum = input("= ")      # 读取玩家输入
13     if customerNum == 'Q' or customerNum == 'q':   # 若输入Q或q
14         break                      # 程序结束
15     num = random.randint(min, max) # 产生是否让玩家答对的随机数
16     if num > winPercent:           # 随机数在此区间回应玩家猜对
17         print("恭喜!答对了\n")
18         money += bet               # 赌金总额增加
19     else:                          # 随机数在此区间回应玩家猜错
20         print("答错了!请再试一次\n")
21         money -= bet               # 赌金总额减少
22     if money <= 0:
23         break
24
25 print("欢迎下次再来")
```

执行结果

```
================= RESTART: D:\Python interveiw\ch6\ch6_49.py =================
请输入庄家赢的概率(0~100): 90
欢迎光临 : 目前筹码金额 300 美元
每次赌注 100 美元
猜大小游戏: L或l表示大，S或s表示小，Q或q则程序结束
= s
答错了!请再试一次

欢迎光临 : 目前筹码金额 200 美元
每次赌注 100 美元
猜大小游戏: L或l表示大，S或s表示小，Q或q则程序结束
= l
答错了!请再试一次

欢迎光临 : 目前筹码金额 100 美元
每次赌注 100 美元
猜大小游戏: L或l表示大，S或s表示小，Q或q则程序结束
= s
答错了!请再试一次

欢迎下次再来
```

面试实例 ch6_50.py：装饰器的另一个常用概念是为一个函数增加除错的检查功能，例如有一个除法函数如下：

```
>>> def mydiv(x,y):
        return x/y

>>> mydiv(6,2)
3.0
>>> mydiv(6,0)
Traceback (most recent call last):
  File "<pyshell#22>", line 1, in <module>
    mydiv(6,0)
  File "<pyshell#20>", line 2, in mydiv
    return x/y
ZeroDivisionError: division by zero
```

很明显，若是 div( ) 的第 2 个参数是 0 时，将造成除法错误，我们可以使用装饰器完善此除法功能。请设计一个装饰器 @errcheck，为程序增加除数为 0 的检查功能。

```
1   # ch6_50.py
2   def errcheck(func):              # 装饰器
3       def newFunc(*args):
4           if args[1] != 0:
5               result = func(*args)
6           else:
7               result = "除数不可为0"
8           print('函数名称 : ', func.__name__)
9           print('函数参数 : ', args)
10          print('执行结果 : ', result)
11          return result
12      return newFunc
13  @errcheck                        # 设定装饰器
14  def mydiv(x, y):                 # 函数
15      return x/y
16
17  print(mydiv(6,2))
18  print(mydiv(6,0))
```

执行结果

```
================ RESTART: D:\Python interveiw\ch6\ch6_50.py ================
函数名称 ：  mydiv
函数参数 ：  (6, 2)
执行结果 ：  3.0
3.0
函数名称 ：  mydiv
函数参数 ：  (6, 0)
执行结果 ：  除数不可为0
除数不可为0
```

面试实例 ch6_51.py ：设计可以列出特定目录内的文件信息。

```
1  # ch6_51.py
2  import glob
3
4  path = input('请输入目录与特定文件信息 : ')
5  print("方法1:列出 {} 工作目录的所有文件".format(path))
6  for file in glob.glob(path):
7      print(file)
```

执行结果

```
================ RESTART: D:\Python interveiw\ch6\ch6_51.py ================
请输入目录与特定文件信息 : ch6_1*.py
方法1:列出 ch6_1*.py 工作目录的所有文件
ch6_1.py
ch6_10.py
ch6_11.py
ch6_12.py
ch6_13.py
ch6_14.py
ch6_15.py
ch6_16.py
ch6_17.py
ch6_18.py
ch6_19.py
```

面试实例 ch6_52.py ：古印度有一个国王很爱下棋，昭告天下只要有人能赢他，即可以协助此人完成一个愿望。有一位大臣提出挑战，结果国王真的输了，国王也愿意信守承诺，满足此位大臣的愿望。结果此位大臣提出想要麦粒 ：

第 1 个棋盘格子要 1 粒 ；

第 2 个棋盘格子要 2 粒 ；

第 3 个棋盘格子要 4 粒 ；

第 4 个棋盘格子要 8 粒 ；

第 5 个棋盘格子要 16 粒 ；

……

第 64 个棋盘格子要 2^{63} 粒。

国王听完同意了，管粮的大臣一听大惊失色，不过也想出一个办法，要赢棋的大臣自行到粮仓**计算麦粒和运送**。结果国王没有失信天下，因为赢棋的大臣无法取走天文数字的麦粒。设计程序计算到底这位大臣要取走多少麦粒。

```
1  # ch6_52.py
2  sum = 0
3  for i in range(64):
4      if i == 0:
5          wheat = 1
6      else:
7          wheat = 2 ** i
8      sum += wheat
9  print('麦粒总计 = {}'.format(sum))
```

执行结果

```
================ RESTART: D:\Python interveiw\ch6\ch6_52.py ================
麦粒总计 = 18446744073709551615
```

面试实例 ch6_53.py：有一个字符串如下：

string = 'Python is not found 999 深智 台北市 on'

请用正则表达式筛选出下列文字：

深智 台北市

```
1  # ch6_53.py
2  import re
3
4  string = 'Python is not found 999 深智 台北市 on'
5  mylist = string.split(' ')              # 将字符串换乘列表
6  pattern = r'\d+|[a-zA-z]+'              # 匹配 数字和英文字符串
7  search = re.findall(pattern, string)    # 搜寻数字和英文字符串
8  for i in search:                        # 迭代数字和英文字符串
9      if i in mylist:                     # 如果在列表内
10         mylist.remove(i)                # 删除元素
11
12 new_string = ' '.join(mylist)
13 print(new_string)
```

执行结果

```
================ RESTART: D:/Python interveiw/ch6/ch6_53.py ================
深智 台北市
```

面试实例 ch6_54.py：在 loggging 模块中，发生 DEBUG、INFO、WARNING 等级信息时，增加时间戳信息。

```
1  # ch6_54.py
2  import logging
3
4  logging.basicConfig(level=logging.DEBUG, format='%(asctime)s : %(message)s')
5  logging.debug('logging message, DEBUG')
6  logging.info('logging message, INFO')
7  logging.warning('logging message, WARNING')
```

执行结果

```
================ RESTART: D:/Python interveiw/ch6/ch6_54.py ================
2020-05-20 16:01:52,382 : logging message, DEBUG
2020-05-20 16:01:52,409 : logging message, INFO
2020-05-20 16:01:52,419 : logging message, WARNING
```

面试实例 ch6_55.py：请说明 .* 和 .*？的区别。

　　.*：贪婪搜寻模式。

　　.*？：非贪婪搜寻模式。

```
1   # ch6_55.py
2   import re
3
4   string = '<h1>深智</h1><h1>数码</h1>'
5   pattern = r'<h1>(.*)</h1>'              # 匹配字符串
6   search1 = re.findall(pattern, string)  # 贪婪搜寻
7   print('贪婪搜寻 : ', search1)
8
9   pattern = r'<h1>(.*?)</h1>'             # 匹配字符串
10  search1 = re.findall(pattern, string)  # 非贪婪搜寻
11  print('非贪婪搜寻 : ', search1)
```

执行结果

```
================ RESTART: D:\Python interveiw\ch6\ch6_55.py ================
贪婪搜寻 :   ['深智</h1><h1>数码 ]
非贪婪搜寻 :  ['深智', '数码']
```

面试实例 ch6_56.py：有一个字符串如下：

　　string = ' 语文 96 分，英文 98 分，数学 90 分 '

　　请使用一行正则表达式 re.sub( ) 将 96 和 98 通通改为 100。

```
1   # ch6_56.py
2   import re
3   x = '语文 96分，英文 98分，数学 90分'
4   y = re.sub(r'\d+', '100', x)
5   print(y)
```

执行结果

```
================ RESTART: D:\Python interveiw\ch6\ch6_56.py ================
语文 100分，英文 100分，数学 100分
```

第 2 篇
算法面试题

在本篇中，除了说明经典算法考题，也会说明 LeetCode 网站的考题。本篇包含以下各章：

第 7 章：排序与搜寻；

第 8 章：字符串；

第 9 章：数组；

第 10 章：链表；

第 11 章：二叉树；

第 12 章：堆栈；

第 13 章：数学问题；

第 14 章：贪婪算法；

第 15 章：动态规划算法；

第 16 章：综合应用。

本篇内容是假设读者已有一定的算法知识，如果读者仍不太熟悉，建议可以参考笔者所著的算法书籍《算法零基础一本通（Python 版）》。

07

第 7 章

排序与搜寻

面试实例 ch7_1.py：泡沫排序（bubble sort）。

在排序中最著名也是最简单的算法是**泡沫排序**（bubble sort），这个方法的基本工作原理是将相邻的数字做比较，如果前一个数字大于后一个数字，将彼此交换，这样经过一个循环后最大的数字会经由交换出现在最右边，数字移动过程很像泡泡的移动，所以称**泡沫排序法**，也称**气泡排序法**。假设有一个列表，内含 5 个数字如下：

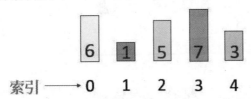

如果有 n 个数字，**泡沫排序法**需比较 n-1 次，是从索引 0 开始比较。**第 1 次循环**的处理方式如下：

❑ **第 1 次循环比较 1**

比较时从索引 0 和索引 1 开始，因为 6 大于 1，所以**数据对调**，可以得到下列结果。

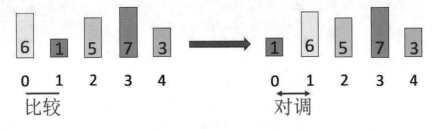

❑ **第 1 次循环比较 2**

比较索引 1 和索引 2，因为 6 大于 5，所以**数据对调**，可以得到下列结果。

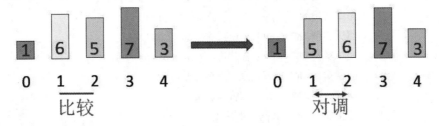

❑ **第 1 次循环比较 3**

比较索引 2 和索引 3，因为 6 小于 7，所以**数据不动**，可以得到下列结果。

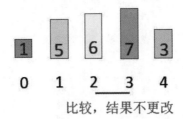

❏ **第 1 次循环比较 4**

比较索引 3 和索引 4，因为 7 大于 3，所以**数据对调**，可以得到下列结果。

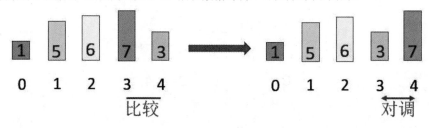

第 1 次循环比较结束，可以在最大索引位置获得最大值。接下来进行**第 2 次循环**的比较。由于第 1 次循环最大索引（n-1）位置已经是最大值，所以现在比较次数可以比第 1 次循环少 1 次。

❏ **第 2 次循环比较 1**

比较时从索引 0 和索引 1 开始，因为 1 小于 5，所以**数据不动**，可以得到下列结果。

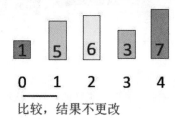

比较，结果不更改

❏ **第 2 次循环比较 2**

比较时从索引 1 和索引 2 开始，因为 5 小于 6，所以**数据不动**，可以得到下列结果。

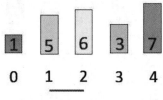

比较，结果不更改

❏ **第 2 次循环比较 3**

比较时从索引 2 和索引 3 开始，因为 6 大于 3，所以**数据对调**，可以得到下列结果。

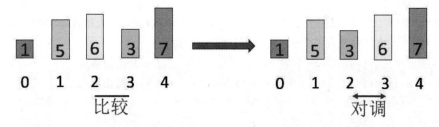

现在我们得到了第 2 大值，接着执行**第 3 次循环**的比较，这次比较次数又可以比前一个循环少 1 次。

❑ **第 3 次循环比较 1**

比较时从索引 0 和索引 1 开始，因为 1 小于 5，所以**数据不动**，可以得到下列结果。

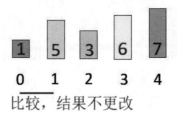

比较，结果不更改

❑ **第 3 次循环比较 2**

比较时从索引 1 和索引 2 开始，因为 5 大于 3，所以**数据对调**，可以得到下列结果。

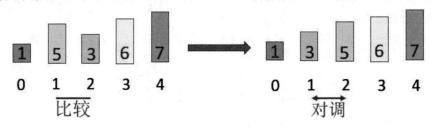

现在我们得到了第 3 大值，接着执行**第 4 次循环**的比较，这次比较次数又可以比前一个循环少 1 次。

❑ **第 4 次循环比较 1**

比较时从索引 0 和索引 1 开始，因为 1 小于 3，所以**数据不动**，可以得到下列结果。

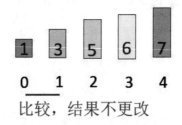

比较，结果不更改

泡沫排序第 1 次循环的比较次数是 n-1 次，第 2 次循环的比较次数是 n-2 次，到第 n-1 循环的时候是 1 次，所以比较总次数计算方式如下：

$(n-1)+(n-2)+\cdots+1$

整体所需时间或称时间复杂度是 O（n²）。在程序设计时，又可以将上述的循环称外层循环，然后将原先每个循环的比较称内层循环，整个设计逻辑概念如下：

```
for i in range(0,len(列表))              # 外层循环
for j in range(0,(len(列表) - 1 - i))    # 内层循环
if 列表[j] > 列表[j+1]
交换列表[j]和列表[j+1]内容
```

在这个程序笔者将列出每次的排序过程。

```
1   # ch7_1.py
2   def bubble_sort(nLst):
3       length = len(nLst)
4       for i in range(length-1):
5           print("第 %d 次外层排序" % (i+1))
6           for j in range(length-1-i):
7               if nLst[j] > nLst[j+1]:
8                   nLst[j],nLst[j+1] = nLst[j+1],nLst[j]
9               print("第 %d 次内层排序 : " % (j+1), nLst)
10      return nLst
11
12  data = [6, 1, 5, 7, 3]
13  print("原始列表 : ", data)
14  print("排序结果 : ", bubble_sort(data))
```

执行结果

```
================ RESTART: D:\Python interveiw\ch7\ch7_1.py ================
原始列表 :  [6, 1, 5, 7, 3]
第 1 次外层排序
第 1 次内层排序 :   [1, 6, 5, 7, 3]
第 2 次内层排序 :   [1, 5, 6, 7, 3]
第 3 次内层排序 :   [1, 5, 6, 7, 3]
第 4 次内层排序 :   [1, 5, 6, 3, 7]
第 2 次外层排序
第 1 次内层排序 :   [1, 5, 6, 3, 7]
第 2 次内层排序 :   [1, 5, 6, 3, 7]
第 3 次内层排序 :   [1, 5, 3, 6, 7]
第 3 次外层排序
第 1 次内层排序 :   [1, 5, 3, 6, 7]
第 2 次内层排序 :   [1, 3, 5, 6, 7]
第 4 次外层排序
第 1 次内层排序 :   [1, 3, 5, 6, 7]
排序结果 :  [1, 3, 5, 6, 7]
```

此外，Python 针对列表也提供 sort( ) 方法，可以获得排序结果。

面试实例 ch7_2.py：鸡尾酒排序（cocktail sort）。

泡沫排序算法的概念是每次皆从左到右比较，每个循环比较 n − 1 次，须执行 n − 1 个循环。**鸡尾酒排序法**是泡沫排序法的改良，会先从左到右比较，经过一个循环最右边可以得到最大值，同时此值将在最右边的索引位置，然后从次右边的索引从右到左比较，经过一个循环可以得到尚未排序的最小值，此值将在最左索引。接着再从下一个尚未排序的索引值往右比较，如此循环，当有一个循环没有更改任何值的位置时，就代表排序完成。假设有一个列表，内含 5 个数字如下：

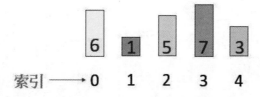

第 1 次向右循环的第 1 次比较，可以得到下列结果：

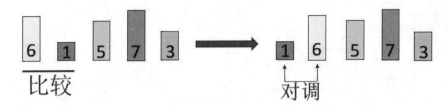

第1次向右循环的第2次比较，可以得到下列结果：

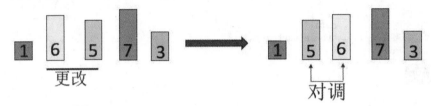

第1次向右循环的第3次比较，可以得到下列结果：

第1次向右循环的第4次比较，可以得到下列结果：

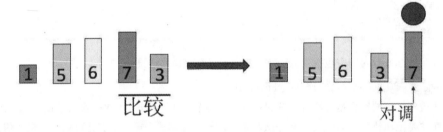

现在最大值在最右索引位置，接下来执行**第1次向左循环的第1次比较**，可以得到下列结果：

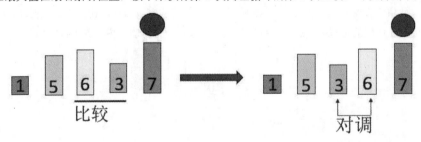

第 1 次向左循环的第 2 次比较，可以得到下列结果：

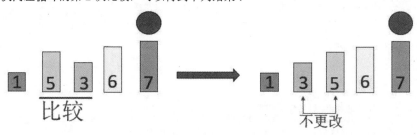

第 1 次向左循环的第 3 次比较，可以得到下列结果：

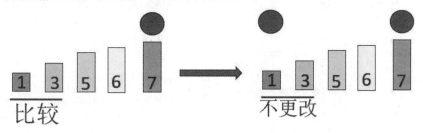

现在最小值在最左索引位置，接下来执行**第 2 次向右循环**的第 1 次比较，可以得到下列结果：

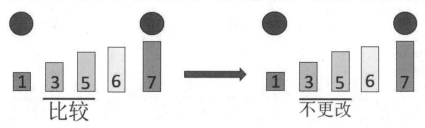

执行**第 2 次向右循环**的第 2 次比较，可以得到下列结果：

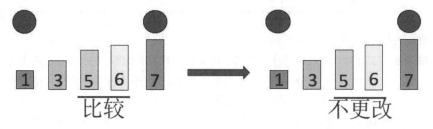

　　由于上述循环没有数据需要更改，代表排序完成，相较于泡沫排序如果循环没有更改任何值，可以省略循环。如果序列数据大都排好，**时间复杂度**可以是 O（n），不过平均是 O（n²）。

　　在这个程序笔者将列出每次的排序过程。

```
1    # ch7_2.py
2    def cocktail_sort(nLst):
3        ''' 鸡尾酒排序 '''
4        n = len(nLst)
5        is_sorted = True
6        start = 0                                         # 前端索引
7        end = n-1                                         # 末端索引
8        while is_sorted:
9            is_sorted = False                             # 重置是否排序完成
10           for i in range (start, end):                  # 往右比较
11               if (nLst[i] > nLst[i + 1]) :
12                   nLst[i], nLst[i + 1]= nLst[i + 1], nLst[i]
13                   is_sorted = True
14           print("往右排序过程 : ", nLst)
15           if not is_sorted:                             # 如果没有交换就结束
16               break
17
18           end = end-1                                    # 末端索引左移一个索引
19           for i in range(end-1, start-1, -1):           # 往左比较
20               if (nLst[i] > nLst[i + 1]):
21                   nLst[i], nLst[i + 1] = nLst[i + 1], nLst[i]
22                   is_sorted = True
23           start = start + 1                             # 前端索引右移一个索引
24           print("往左排序过程 : ", nLst)
25       return nLst
26
27   data = [6, 1, 5, 7, 3]
28   print("原始列表 : ", data)
29   print("排序结果 : ", cocktail_sort(data))
```

执行结果

```
================ RESTART: D:\Python interveiw\ch7\ch7_2.py ================
原始列表 :  [6, 1, 5, 7, 3]
往右排序过程 :  [1, 5, 6, 3, 7]
往左排序过程 :  [1, 3, 5, 6, 7]
往右排序过程 :  [1, 3, 5, 6, 7]
排序结果 :  [1, 3, 5, 6, 7]
```

面试实例 ch7_3.py：选择排序（selection sort）。

所谓**选择排序**工作原理是从未排序的序列中找最小数字，然后将此最小数字与最小索引位置的数字对调。然后从剩余的未排序数字中继续找寻最小数字，再将此最小数字与未排序的最小索引位置的数字对调。依此类推，直到所有数字完成从小到大排列。

这个排序法在找寻最小数字时，是使用线性搜寻。由于是线性搜寻，第 1 次循环执行时需要比较 n-1 次，第 2 次循环是比较 n-2 次，其他依此类推，整个完成需要执行 n-1 次循环。假设有一个列表，内含 5 个数字如下：

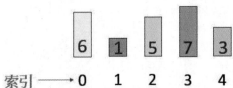

第 1 次循环可以找到最小值是 1，然后将 1 与索引 0 的 6 对调，如下所示：

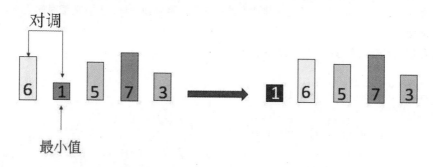

第 2 次循环可以找到最小值是 3，然后将 3 与索引 1 的 6 对调，如下所示：

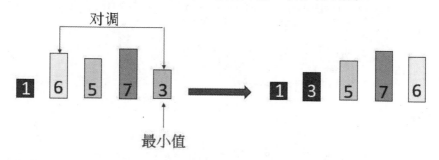

第 3 次循环可以找到最小值是 5，由于 5 已经是未排序的最小值，所以索引 2 不必更改，如下所示：

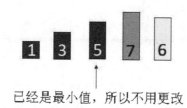

第 4 次循环可以找到最小值是 6，然后将 6 与索引 3 的 7 对调，如下所示：

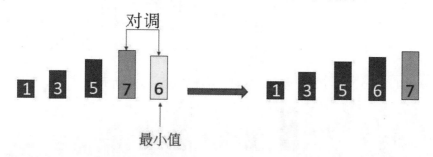

上述右边我们已经得到排序的结果了。

选择排序第 1 次循环的线性搜寻最小值是比较 n-1 次，第 2 次循环是 n-2 次，到第 n-1 次循环的时候是 1 次，所以比较总次数与泡沫排序法相同，计算方式如下：

$$(n-1) + (n-2) + \cdots + 1$$

上述执行时每个循环将最小值与未排序的最小索引最多对调一次，整体所需时间或称时间复杂度是 O（n²）。

这个程序同时会记录每个循环的排序结果。

```python
1  # ch7_3.py
2  def selection_sort(nLst):
3      for i in range(len(nLst)-1):
4          index = i                        # 最小值的索引
5          for j in range(i+1, len(nLst)):  # 找最小值的索引
6              if nLst[index] > nLst[j]:
7                  index = j
8          if i == index:                   # 如果目前索引是最小值索引
9              pass                         # 不更改
10         else:
11             nLst[i],nLst[index] = nLst[index],nLst[i]  # 数字对调
12         print("第 %d 次循环排序" % (i+1), nLst)
13     return nLst
14
15 data = [6, 1, 5, 7, 3]
16 print("原始列表 : ", data)
17 print("排序结果 : ", selection_sort(data))
```

执行结果

```
================ RESTART: D:\Python interveiw\ch7\ch7_3.py ================
原始列表 :  [6, 1, 5, 7, 3]
第 1 次循环排序 [1, 6, 5, 7, 3]
第 2 次循环排序 [1, 3, 5, 7, 6]
第 3 次循环排序 [1, 3, 5, 7, 6]
第 4 次循环排序 [1, 3, 5, 6, 7]
排序结果 :  [1, 3, 5, 6, 7]
```

面试实例 ch7_4.py：插入排序（insertion sort）。

这是一个直观的算法，由序列左边往右排序，先将左边的数字排序完成，再取右边未排序的数字，在已排序的序列中由右向左找对应的位置插入。假设有一个列表，内含 5 个数字如下：

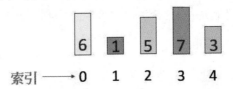

第 1 次循环索引 0 的 6 当作最小值，此时只有 6 排序完成，如下所示：

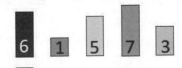

第 2 次循环取出尚未排序的最小索引 1 位置的 1 与已排序索引比较，由于 1 小于 6，所以第 2

次排序结果如下：

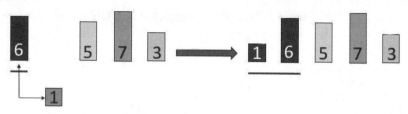

第 3 次循环 取出尚未排序的最小索引 2 位置的 5 与已排序索引比较，由于 5 小于 6，所以彼此对调：

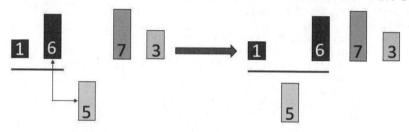

下一步是将 5 与已排序更左的索引值比较，由于 5 大于 1，所以可以不用更改，经过 3 个循环的排序结果如下：

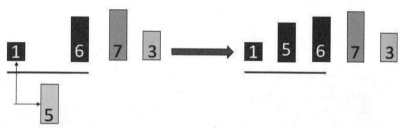

第 4 次循环 取出尚未排序的最小索引 3 位置的 7 与已排序索引比较，由于 7 大于 6，所以位置不动：

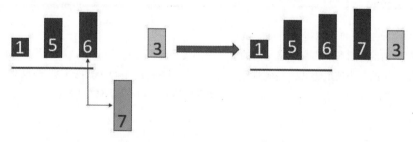

第 5 次循环 取出尚未排序的最小索引 4 位置的 3 与已排序索引比较，可以参考第 3 次循环，从 7、6、5、1 往前比较逐步对调位置，由于 3 大于 1，所以最后得到 3 在 1 和 5 之间。

插入排序的原则是将取出的值与索引左边的值做比较，如果左边的值比较小就不必对调，此循

环就算结束。这种排序最不好的情况是第 2 次循环比较 1 次、第 3 次循环比较 2 次、……、第 n 次循环比较 n－1 次，所需的运行时间或称**时间复杂度**与**泡沫排序**及**选择排序**相同，是 O（n²）。

这个程序同时会记录每个循环的排序结果。

```python
1  # ch7_4.py
2  def insertion_sort(nLst):
3      ''' 插入排序 '''
4      n = len(nLst)
5      if n == 1:                          # 只有1笔数据
6          print("第 %d 次循环排序" % n, nLst)
7          return nLst
8      print("第 1 次循环排序", nLst)
9      for i in range(1,n):                # 循环
10         for j in range(i, 0, -1):
11             if nLst[j] < nLst[j-1]:
12                 nLst[j], nLst[j-1] = nLst[j-1], nLst[j]
13             else:
14                 break
15         print("第 %d 次循环排序" % (i+1), nLst)
16     return nLst
17
18 data = [6, 1, 5, 7, 3]
19 print("原始列表 : ", data)
20 print("排序结果 : ", insertion_sort(data))
```

执行结果

```
================= RESTART: D:\Python interveiw\ch7\ch7_4.py =================
原始列表 :  [6, 1, 5, 7, 3]
第 1 次循环排序 [6, 1, 5, 7, 3]
第 2 次循环排序 [1, 6, 5, 7, 3]
第 3 次循环排序 [1, 5, 6, 7, 3]
第 4 次循环排序 [1, 5, 6, 7, 3]
第 5 次循环排序 [1, 3, 5, 6, 7]
排序结果 :  [1, 3, 5, 6, 7]
```

面试实例 ch7_5.py：堆积树排序（heap sort）。

插入数据到堆积树和取出最小堆积树的值，时间复杂度都是 O（log n）。其实我们可以使用不断取出最小堆积树的最小值的方式，达到排序的目的，时间复杂度是 O（n log n）。假设有一个序列数字分别是 10、21、5、9、13、28、3，此序列数字可以建立为最小堆积树如下：

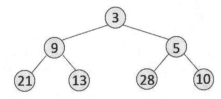

第 1 次可以取出 3，然后最小堆积树内部调整如下：

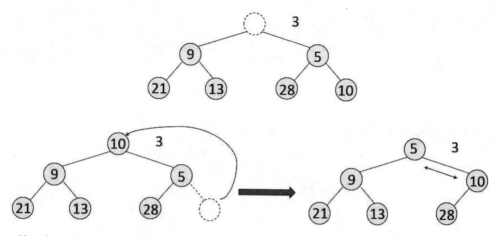

第 2 次可以取出 5，然后最小堆积树内部调整如下：

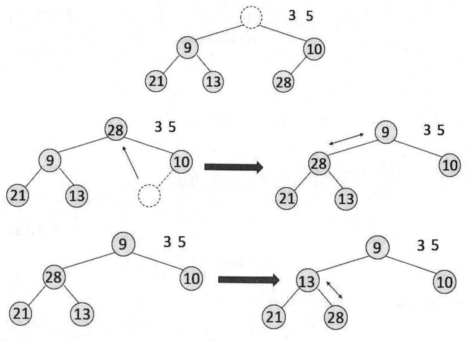

第 3 次可以取出 9，然后最小堆积树内部调整如下：

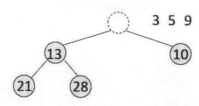

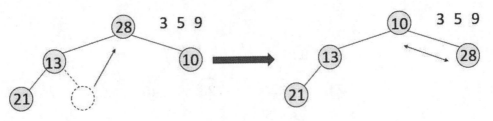

第 4 次可以取出 10，然后最小堆积树内部调整如下：

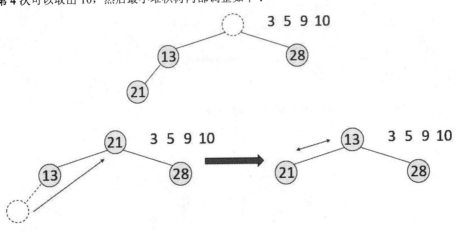

第 5 次可以取出 13，然后最小堆积树内部调整如下：

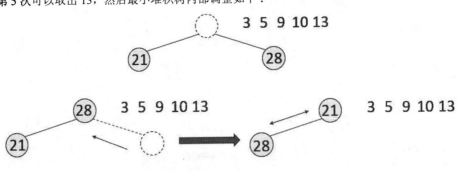

第 6 次可以取出 21，然后最小堆积树内部调整如下：

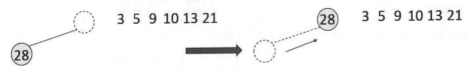

第 7 次可以取出 28。

     3   5   9   10   13   21   28

设计程序建立最小堆积树，同时执行排序。

```
1   # ch7_5.py
2   class Heaptree():
3       def __init__(self):
4           self.heap = []                              # 堆积树列表
5           self.size = 0                               # 堆积树列表元素个数
6
7       def data_down(self,i):
8           ''' 如果节点值大于子节点值则数据与较小的子节点值对调 '''
9           while (i * 2 + 2) <= self.size:             # 如果有子节点则继续
10              mi = self.get_min_index(i)              # 取得较小值得子节点
11              if self.heap[i] > self.heap[mi]:        # 如果目前节点大于子节点
12                  self.heap[i], self.heap[mi] = self.heap[mi], self.heap[i]
13              i = mi
14
15      def get_min_index(self,i):
16          ''' 传回较小值的子节点索引 '''
17          if i * 2 + 2 >= self.size:                  # 只有一个左子节点
18              return i * 2 + 1                        # 传回左子节点索引
19          else:
20              if self.heap[i*2+1] < self.heap[i*2+2]: # 如果左子节点小于右子节点
21                  return i * 2 + 1                    # True传回左子节点索引
22              else:
23                  return i * 2 + 2                    # False传回右子节点索引
24
25      def build_heap(self, mylist):
26          ''' 建立堆积树 '''
27          i = (len(mylist) // 2) - 1                  # 从有子节点的节点开始处理
28          self.size = len(mylist)                     # 得到列表元素个数
29          self.heap = mylist                          # 初步建立堆积树列表
30          while (i >= 0):                             # 从下层往上处理
31              self.data_down(i)
32              i = i - 1
33
34      def get_min(self):
35          min_ret = self.heap[0]
36          self.size -= 1
37          self.heap[0] = self.heap[self.size]
38          self.heap.pop()
39          self.data_down(0)
40          return min_ret
41
42  data = [10, 21, 5, 9, 13, 28, 3]
43  print("原始列表 : ", data)
44  obj = Heaptree()
45  obj.build_heap(data)                                # 建立堆积树列表
46  print("执行后堆积树列表 = ", obj.heap)
47  sort_h = []
48  for i in range(len(data)):
49      sort_h.append(obj.get_min())
50  print("排序结果 : ", sort_h)
```

执行结果

```
=============== RESTART: D:\Python interveiw\ch7\ch7_5.py ===============
原始列表 :  [10, 21, 5, 9, 13, 28, 3]
执行后堆积树列表 =  [3, 9, 5, 21, 13, 28, 10]
排序结果 :  [3, 5, 9, 10, 13, 21, 28]
```

面试实例 ch7_6.py：快速排序（quick sort）。

这是由英国科学家安东尼·理查德·霍尔（Antony Richard Hoare）开发的算法，安东尼·理查德·霍尔是美国图灵奖（Turing Award）得主，目前是英国牛津大学的荣誉教授。快速排序法的步骤如下：

（1）从数列中挑选基准值（pivot）。

（2）重新排列数据，将所有比基准值小的排在基准值左边，所有比基准值大的排在基准值右边，如果与基准值相同可以排到任何一边。

（3）递归式针对两边子序列做相同排序。

上述步骤 2 当一边的序列数量是 0 或 1，则表示该边的序列已经完成排序。假设有一个列表，内含 9 个数字如下：

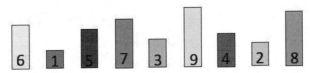

下一步是选一个数字做基准值（pivot），实例是使用随机（random）抽取方式。假设基准值是 4，如下所示：

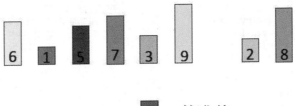

将所有比 4 小的值放在基准值左边，所有比 4 大的值放在基准值右边，移动时必须遵守原先索引次序，如下所示：

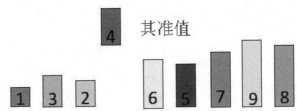

接下来使用相同的方法处理左半部分序列和右半部分序列，如此递归进行。现在处理左半部分序列，假设现在的基准值是 2，参照上述概念，可以得到下列结果。

　　上述由于基准值 2 左边与右边的数列数量是 1，表示此部分已经排序完成，往上扩充表示原先基准值 4 的左边子序列已经得到排序结果了。

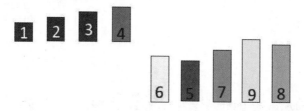

　　现在处理基准值 4 的右半部分，假设**基准值是 8**，则将小于 8 的值依序放入 8 的左边，大于 8 的值放在 8 的右边，可以得到下列结果。

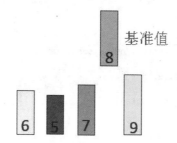

　　从上述可知 8 的右边序列只有一个数字，所以右边已经排序完成。假设左边的基准值是 6，可以进一步得到下列结果。

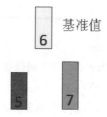

　　现在基准值 8 的左边和右边序列也已经排序完成，如下所示：

　　将上述序列接回基准值 4 的右边可以得到下列结果。

```
1  # ch7_6.py
2  import random
3
4  def quick_sort(nLst):
5      ''' 快速排序法 '''
6      if len(nLst) <= 1:
7          return nLst
8
9      left = []                                # 左边列表
10     right= []                                # 右边列表
11     piv = []                                 # 基准列表
12     pivot = random.choice(nLst)              # 随机设定基准
13     for val in nLst:                         # 分类
14         if val == pivot:
15             piv.append(val)                  # 加入基准列表
16         elif val < pivot:                    # 如果小于基准
17             left.append(val)                 # 加入左边列表
18         else:
19             right.append(val)                # 加入右边列表
20     return quick_sort(left) + piv + quick_sort(right)
21
22 data = [6, 1, 5, 7, 3, 9, 4, 2, 8]
23 print("原始列表 : ", data)
24 print("排序结果 : ", quick_sort(data))
```

执行结果

```
================ RESTART: D:\Python interveiw\ch7\ch7_6.py ================
原始列表 :  [6, 1, 5, 7, 3, 9, 4, 2, 8]
排序结果 :  [1, 2, 3, 4, 5, 6, 7, 8, 9]
```

面试实例 ch7_7.py：合并排序（merge sort）。

合并排序是美国籍犹太裔著名数学家**约翰·冯·诺依曼**（John von Neumann）在 1945 年提出，算法的精神是**分治法**（divide and conquer），主要是先将欲排序的序列**分割**（divide）成几乎等长的两个序列，这个动作重复处理直到序列只剩下一个数字无法再分割。接着合并（conquer）被分割的数列，主要是将已排序最小单位的数列开始合并，重复处理，直到合并为与原数列相同大小的一个数列。

假设有一个列表，内含 7 个数字如下：

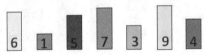

第 1 个步骤是将序列平均分割（divide）如下：

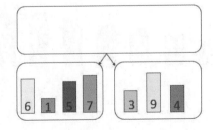

第 2 个步骤是将序列进一步平均**分割**（divide）如下：

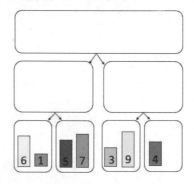

第 3 个步骤是将序列进一步平均**分割**（divide）如下：

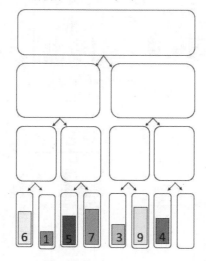

当每个序列只剩 1 个或 0 个元素时，就算分割完成。接着是**合并**（conquer），合并时必须从小到大排列，所以 6、1 必须合并为 [1，6]，5、7 必须合并为 [5，7]。

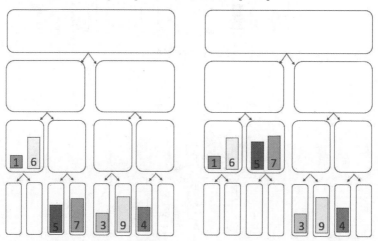

下一步是合并数列 [1，6] 和 [5，7]，合并时较小的数据先移动。下方左图是移动 [1，6] 和 [5，7] 中最小的 1，右图是移动 [6] 和 [5，7] 中最小的 5。

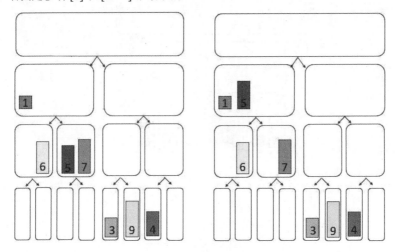

合并也是重复处理，数列 [3]、[9]、[4] 可以处理成下列方式：

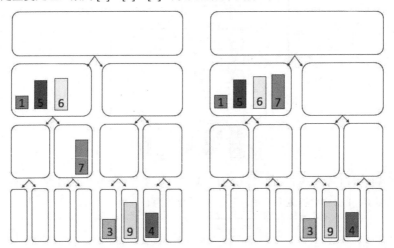

下方左图是移动 [6] 和 [7] 中最小的 6，右图是移动剩下的 7。

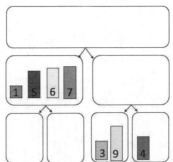

数列 [3，9] 和 [4]，可以处理成下列方式：

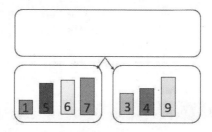

接着将数列 [1，5，6，7] 和 [3，4，9] 合并，依据小的先移动，可以得到下图左边的结果。右边是依据小的数值先移动的最后执行结果。

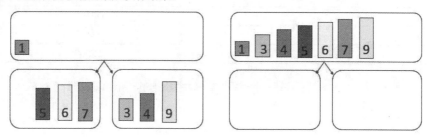

由于数据有 n 个，所以排序运行时间复杂度是 O（n log n）。

```python
1   # ch7_7.py
2   def merge(left, right):
3       ''' 两数列合并 '''
4       output = []
5       while left and right:
6           if left[0] <= right[0]:
7               output.append(left.pop(0))
8           else:
9               output.append(right.pop(0))
10      if left:
11          output += left
12      if right:
13          output += right
14      return output
15
16  def merge_sort(nLst):
17      ''' 合并排序 '''
18      if len(nLst) <= 1:              # 剩下一个或0个元素直接返回
19          return nLst
20      mid = len(nLst) // 2           # 取中间索引
21      # 切割(divide)数列
22      left = nLst[:mid]              # 取左半段
23      right = nLst[mid:]             # 取右半段
24      # 处理左序列和右边序列
25      left = merge_sort(left)        # 左边排序
26      right = merge_sort(right)      # 右边排序
27      # 递归执行合并
28      return merge(left, right)      # 传回合并
29
30  data = [6, 1, 5, 7, 3, 9, 4]
31  print("原始列表 : ", data)
32  print("排序结果 : ", merge_sort(data))
```

执行结果

```
================ RESTART: D:\Python interveiw\ch7\ch7_7.py ================
原始列表 : [6, 1, 5, 7, 3, 9, 4]
排序结果 : [1, 3, 4, 5, 6, 7, 9]
```

面试实例 ch7_8.py：有一个数据如下：

程序语言	使用次数
Python	98789
C	56532
C#	88721
Java	90397
C++	63122
PHP	58000

使用任一种排序方法，将上述程序语言的使用次数由大往小排序，请注意数据必须对齐。

```python
1   # ch7_8.py
2   def selection_sort(nLst):
3       ''' 选择排序 '''
4       for i in range(len(nLst)-1):
5           index = i                               # 最小值的索引
6           for j in range(i+1, len(nLst)):         # 找最小值的索引
7               if nLst[index][1] < nLst[j][1]:
8                   index = j
9           if i == index:                          # 如果目前索引是最小值索引
10              pass                                # 不更改
11          else:
12              nLst[i],nLst[index] = nLst[index],nLst[i]    # 数据对调
13      return nLst
14
15  program = [('Python', 98789),
16             ('C', 56532),
17             ('C#', 88721),
18             ('Java', 90397),
19             ('C++', 63122),
20             ('PHP', 58000)
21             ]
22
23  print("程序语言使用次数排行")
24  selection_sort(program)
25  for i in range(len(program)):
26      print("{0}:{1:7s} -- 使用次数 {2}".format(i+1, program[i][0], program[i][1]))
```

执行结果

```
================ RESTART: D:\Python interveiw\ch7\ch7_8.py ================
程序语言使用次数排行
1:Python  -- 使用次数 98789
2:Java    -- 使用次数 90397
3:C#      -- 使用次数 88721
4:C++     -- 使用次数 63122
5:PHP     -- 使用次数 58000
6:C       -- 使用次数 56532
```

面试实例 ch7_9.py：以下是北京几家酒店的房价表。

酒店名称	住宿定价 / 元
君悦酒店	5560
东方酒店	3540
北京大饭店	4200
喜来登酒店	5000
文华酒店	5200

使用任一种排序方法，将上述酒店的住宿定价由大往小排序，请注意数据必须对齐。

```python
1   # ch7_9.py
2   def selection_sort(nLst):
3       ''' 选择排序 '''
4       for i in range(len(nLst)-1):
5           index = i                           # 最大值的索引
6           for j in range(i+1, len(nLst)):     # 找最大值的索引
7               if nLst[index][1] < nLst[j][1]:
8                   index = j
9           if i == index:                      # 如果目前索引是最大值索引
10              pass                            # 不更改
11          else:
12              nLst[i],nLst[index] = nLst[index],nLst[i]    # 数据对调
13      return nLst
14
15  hotel = [('君悦酒店  ', 5560),
16          ('东方酒店  ', 3450),
17          ('北京大饭店', 4200),
18          ('喜来登酒店', 5000),
19          ('文华酒店  ', 5200),
20          ]
21
22  print("北京酒店定价排行")
23  selection_sort(hotel)
24  for i in range(len(hotel)):
25      print("{} -- {}".format(hotel[i][0], hotel[i][1]))
```

执行结果

```
================ RESTART: D:\Python interveiw\ch7\ch7_9.py ================
北京酒店定价排行
君悦酒店   -- 5560
文华酒店   -- 5200
喜来登酒店 -- 5000
北京大饭店 -- 4200
东方酒店   -- 3450
```

面试实例 ch7_10.py：顺序搜寻，有一系列数字如下：

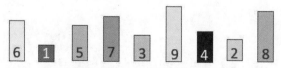

假设现在要搜寻 3，首先将 3 和序列索引 0 的第 1 个数字 6 做比较：

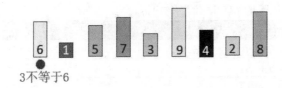

3不等于6

当**不等于**发生时，可以继续往右边比较，在继续比较过程中会找到 3，如下所示：

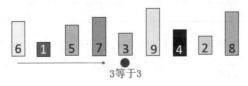

3等于3

现在 3 找到了，程序可以执行结束。如果最后还没找到，就表示此数列没有 3。找寻过程中很可能会需要找寻 n 次，平均是找寻 n / 2 次，时间复杂度是 O（n）。

```python
1   # ch7_10.py
2   def sequential_search(nLst):
3       for i in range(len(nLst)):
4           if nLst[i] == key:          # 找到了
5               return i                # 传回索引值
6       return -1                       # 找不到传回-1
7
8   data = [6, 1, 5, 7, 3, 9, 4, 2, 8]
9   key = eval(input("请输入搜寻值 : "))
10  index = sequential_search(data)
11  if index != -1:
12      print("在 %d 索引位置找到了共找了 %d 次" % (index, (index + 1)))
13  else:
14      print("查无此搜寻号码")
```

执行结果

```
================== RESTART: D:\Python interveiw\ch7\ch7_10.py ==================
请输入搜寻值 : 4
在 6 索引位置找到了共找了 7 次
>>>
================== RESTART: D:\Python interveiw\ch7\ch7_10.py ==================
请输入搜寻值 : 11
查无此搜寻号码
```

面试实例 ch7_11.py：图解二分搜寻法。

要执行二分搜寻法（binary search），首先要将数据排序（sort），然后将**搜寻值**（key）与中间值比较，如果搜寻值大于中间值，则下一次往右边（**较大值边**）搜寻，否则往左边（**较小值边**）搜寻。上述动作持续进行，直到找到搜寻值或是所有数据搜寻结束才停止。有一系列数字如下，假设搜寻数字是 3：

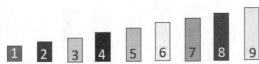

第 1 步是将数列分成一半，中间值是 5，由于 3 小于 5，所以往左边搜寻。

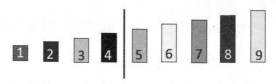

第 2 步，目前数值 1 是索引 0，数值 4 是索引 3，（0 + 3）// 2，计算出中间值是索引 1 的数值 2，由于 3 大于 2，所以往右边搜寻。

第 3 步，目前数值 3 是索引 2，数值 4 是索引 3，（2 + 3）// 2，计算出中间值是索引 2 的数值 3，由于 3 等于 3，所以找到了。

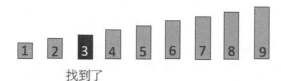

找到了

上述每次搜寻可以让搜寻范围减半，当搜寻 log n 次时，搜寻范围就剩下一个数据，此时可以判断所搜寻的数据是否存在，所以搜寻的时间复杂度是 O（log n）。

```python
 1  # ch7_11.py
 2  def binary_search(nLst):
 3      print("打印搜寻列表 : ",nLst)
 4      low = 0                     # 列表的最小索引
 5      high = len(nLst) - 1        # 列表的最大索引
 6      middle = int((high + low) / 2)  # 中间索引
 7      times = 0                   # 搜寻次数
 8      while True:
 9          times += 1
10          if key == nLst[middle]: # 表示找到了
11              rtn = middle
12              break
13          elif key > nLst[middle]:
14              low = middle + 1    # 下一次往右边搜寻
15          else:
16              high = middle - 1   # 下依次往左边搜寻
17          middle = int((high + low) / 2)  # 更新中间索引
18          if low > high:          # 所有元素比较结束
19              rtn = -1
20              break
21      return rtn, times
22
23  data = [19, 32, 28, 99, 10, 88, 62, 8, 6, 3]
24  sorted_data = sorted(data)      # 排序列表
25  key = int(input("请输入搜寻值 : "))
26  index, times = binary_search(sorted_data)
27  if index != -1:
28      print("在索引 %d 位置找到了,共找了 %d 次" % (index, times))
29  else:
30      print("查无此搜寻号码")
```

执行结果

```
================ RESTART: D:\Python interveiw\ch7\ch7_11.py ================
请输入搜寻值 : 62
打印搜寻列表 : [3, 6, 8, 10, 19, 28, 32, 62, 88, 99]
在索引 7 位置找到了,共找了 2 次
>>>
================ RESTART: D:\Python interveiw\ch7\ch7_11.py ================
请输入搜寻值 : 2
打印搜寻列表 : [3, 6, 8, 10, 19, 28, 32, 62, 88, 99]
查无此搜寻号码
```

08

第 8 章

字符串

面试实例 ch8_1.py：在字符串中找出第一个不重复的字符，同时输出此字符的索引，请设计 firstUniqChar（s）函数完成此工作，参数 s 是一个字符串。假设有一个字符串如下：

    s = 'aacabc'

找出第一个不重复的字符，可以使用循环，以及下列指令测试是否字符没有重复。

    s[i] not in s[:i] and s[i] not in s[i+1:]

如果不存在此字符，则回传 -1。

```
1   # ch8_1.py
2   def firstUniqChar(s):
3       if len(s) == 1:              # 假设字符串长度是 1
4           return 0
5       for i in range(len(s)):
6           if s[i] not in s[:i] and s[i] not in s[i+1:]:
7               return i
8       return -1
9
10  string = input('请输入字符串 : ')
11  print(firstUniqChar(string))
```

执行结果

```
================ RESTART: D:\Python interveiw\ch8\ch8_1.py ================
请输入字符串 : aacabc
4
>>>
================ RESTART: D:\Python interveiw\ch8\ch8_1.py ================
请输入字符串 : leetcode
0
>>>
================ RESTART: D:\Python interveiw\ch8\ch8_1.py ================
请输入字符串 : aabbcc
-1
```

上述关键是第 6 行，s[: i] 是列表前 i，s[i+1 :] 是列表 i+1 到最后，如果 s[i] 没有同时在前 i 和 i+1 到最后，这就是不重复字符，所以可以直接回传 i。

面试实例 ch8_2.py：将字符串转成整数，请设计 myAtoi（s）函数完成此工作，参数 s 是一个字符串，规则如下：

（1）如果输入空字符串，则输出是 0。

（2）起始字符是 +、−、空格和数字以外的字符，输出是 0。

（3）有多个加、减符号的字符串，输出是 0。

（4）字符串内没有数字，输出是 0。

（5）正、负号后面没有紧跟着数字。

（6）数字如果大于 32 位的有号整数 $2^{31}-1$，则数字是此最大值，可以用变量 INT_MAX 表示。

（7）数字如果小于 32 位的有号整数 -2^{31}，则数字是此最小值，可以用变量 INT_MIN 表示。

```python
1   # ch8_2.py
2   def myAtoi(s):
3       s = s.lstrip()                # 删除字符串左边空白
4       if len(s) < 1:
5           return 0
6       flag = True
7       if s[0] in ['+', '-']:
8           if s[0] == '-':
9               flag = False          # 负号
10          s = s[1:]                 # 去除正负号
11      if len(s) < 1:                # 长度为0所以传回0
12          return 0
13      if not s[0].isdigit():        # 非数字字符所以传回0
14          return 0
15
16      number = []                   # 数字串行
17      for i in range(len(s)):
18          if s[i].isdigit():
19              number.append(s[i])
20          else:
21              break
22
23      n = int(''.join(number))      # 实际数值
24      if not flag:                  # 如果有负号
25          n = n * (-1)
26
27      INT_MAX = pow(2, 31) - 1       # 32位有号整数最大值
28      INT_MIN = pow(2, 31) * (-1)    # 32位有号整数最小值
29      if flag:
30          n = min(n, INT_MAX)        # 取较小值
31      else:
32          n = max(n, INT_MIN)        # 取较大值
33      return n
34
35  string = input('请输入字符串 : ')
36  print(myAtoi(string))
```

执行结果

```
================ RESTART: D:\Python interveiw\ch8\ch8_2.py ================
请输入字符串 : 59
59
>>>
================ RESTART: D:\Python interveiw\ch8\ch8_2.py ================
请输入字符串 : -59
-59
>>>
================ RESTART: D:\Python interveiw\ch8\ch8_2.py ================
请输入字符串 : 100wordw Python
100
>>>
================ RESTART: D:\Python interveiw\ch8\ch8_2.py ================
请输入字符串 : words python100
0
>>>
================ RESTART: D:\Python interveiw\ch8\ch8_2.py ================
请输入字符串 : 9999999999999999999999999999
2147483647
>>>
================ RESTART: D:\Python interveiw\ch8\ch8_2.py ================
请输入字符串 : -9999999999999999999999999999
-2147483648
>>>
================ RESTART: D:\Python interveiw\ch8\ch8_2.py ================
请输入字符串 : + 90
0
```

面试实例 ch8_3.py：请设计 isMatch（s，p）函数完成正则表达式的匹配工作，其中参数 s 是字符串 ,p 是正则表达式，这个程序可以完成下列功能：

’.’ 可以匹配任何单一字符。

’*’ 可以匹配零个或多个任何字符。

s 和 p 可以是下列字符：

’s’ 可以是空字符或 a ～ z 的字符。

’p’ 可以是空字符或 a ～ z 的字符，或是 ’.’ 和 ’*’。

```python
1   # ch8_3.py
2   def isMatch(s, p):
3       string = s
4       pattern = p
5       if not pattern:
6           return not string
7
8       first_char = bool(string) and pattern[0] in [string[0], '.']
9
10      if len(pattern) >= 2 and pattern[1] == '*':
11          return (isMatch(s, pattern[2:])
12                  or (first_char and isMatch(string[1:], pattern)))
13      else:
14          return first_char and isMatch(string[1:], pattern[1:])
15
16  string1 = input('请输入字符串      : ')
17  string2 = input('请输入正则表达式 : ')
18  print(isMatch(string1, string2))
```

执行结果

```
================ RESTART: D:\Python interveiw\ch8\ch8_3.py ================
请输入字符串      : aaaaa
请输入正则表达式 : a*
True
>>>
================ RESTART: D:\Python interveiw\ch8\ch8_3.py ================
请输入字符串      : aa
请输入正则表达式 : a
False
>>>
================ RESTART: D:\Python interveiw\ch8\ch8_3.py ================
请输入字符串      : abc
请输入正则表达式 : a
False
```

面试实例 ch8_4.py：给出 2 个字符串，设计函数 isAnagram（s，t）可以判断它们是不是有效字母的异位词，其中参数 s 和 t 是 2 个测试字符串。有效字母的异位词是指两个单词所拥有的字母与字母出现的次数相同，只是字母出现的位置不同。例如：下列 2 个字符串是异位词：

s = 'abcnagram'   t = 'nabgaracm'

s = 'abcabdkkk'   t = 'kkkabdbca'

下列 2 个字符串不是异位词：

s = 'car'   t = 'cat'

s = 'books'   t = 'bkkks'

可以将字符串转成字典，然后比较 2 个字典判断是不是异位词，也可以将字符串排序再做比较。

```
1  # ch8_4.py
2  def isAnagram(s, t):
3      dict1 = {alphabet:s.count(alphabet) for alphabet in s}
4      dict2 = {alphabet:s.count(alphabet) for alphabet in t}
5      return dict1 == dict2
6
7  s = input('请输入字符串 1 : ')
8  t = input('请输入字符串 2 : ')
9  print(isAnagram(s, t))
```

执行结果

```
================ RESTART: D:\Python interveiw\ch8\ch8_4.py ================
请输入字符串 1 : abcnagram
请输入字符串 2 : nabgaracm
True
>>>
================ RESTART: D:\Python interveiw\ch8\ch8_4.py ================
请输入字符串 1 : abcabdkkk
请输入字符串 2 : kkkabdbca
True
>>>
================ RESTART: D:\Python interveiw\ch8\ch8_4.py ================
请输入字符串 1 : car
请输入字符串 2 : cat
False
>>>
================ RESTART: D:\Python interveiw\ch8\ch8_4.py ================
请输入字符串 1 : books
请输入字符串 2 : bkkks
False
```

面试实例 ch8_5.py：设计 strStr（word，substr），输入一个字符串 word 和一个字符串 substr，然后在 word 字符串中找出 substr 字符串第一次出现时首字母位置的索引。

实例 1：

　　输入：word = 'hello! Taipei'

　　输出：substr = 'll'

　　输出：2

实例 2：

　　输入：word = 'hello! Taipei'

　　输入：substr = 'Tai'

　　输出：7

实例 3：

　　输入：word = 'hello! Taipei'

　　输入：substr = 'aa'

　　输出：-1

```
1   # ch8_5.py
2   def strStr(word, substr):
3       length = len(substr)
4       for i in range(len(word)-1):
5           if word[i:i+length] == substr:
6               return i
7       return -1
8
9   word = input('请输入字符串 1 : ')
10  substr = input('请输入字符串 2 : ')
11  print(strStr(word, substr))
```

执行结果

```
================ RESTART: D:\Python interveiw\ch8\ch8_5.py ================
请输入字符串 1 : hello! Taipei
请输入字符串 2 : ll
2
>>>
================ RESTART: D:\Python interveiw\ch8\ch8_5.py ================
请输入字符串 1 : hello! Taipei
请输入字符串 2 : Tai
7
>>>
================ RESTART: D:\Python interveiw\ch8\ch8_5.py ================
请输入字符串 1 : hello! Taipei
请输入字符串 2 : aa
-1
```

上述关键是第 4 ～ 6 行的 for 循环，word[i : i+length] 相当于与 substr 相同长度的字符串比对是否相同，如果相同则回传索引 i。

如果 i+length 超出 word 字符串长度，word 只取到最后的字符串，可参考下列实例：

```
>>> word = 'aaabbbc'
>>> print(word[3:10])
bbbc
```

面试实例 ch8_6.py：设计 lengthOfLongestSubstring（s），参数 s 是字符串，这个函数可以回传无重复字符的最长子字符串的长度。

实例 1：

输入：s = 'abcabcdefkkk'

输出：7

实例 2：

输入：s = 'prrkor'

输出：3

实例 3：

输入：s = 'abcdak'

输出：5

```
1   # ch8_6.py
2   def lengthOfLongestSubstring(s):
3       lst = []                              # 记录子字符串
4       max_ = 0                              # 最大值
5       for c in s:
6           if c not in lst:                  # 如果是新的字符
7               lst.append(c)
8           else:
9               i = lst.index(c)              # 旧字符的索引
10              lst = lst[i+1:]               # 新子字符串
11              lst.append(c)                 # 将字符加入新子字符串
12          max_ = max(len(lst), max_)        # 记录较大子字符串长度
13      return max_
14
15  word = input('请输入字符串 : ')
16  print(lengthOfLongestSubstring(word))
```

执行结果

```
================ RESTART: D:\Python interveiw\ch8\ch8_6.py ================
请输入字符串 : prrkor
3
>>>
================ RESTART: D:\Python interveiw\ch8\ch8_6.py ================
请输入字符串 : abcdak
5
>>>
================ RESTART: D:\Python interveiw\ch8\ch8_6.py ================
请输入字符串 : abcabcdefkkk
7
```

面试实例 ch8_7.py：设计 isPalindrome（s）函数，参数 s 是一个字符串，这个函数可以判断一个字符串是不是回文，程序忽略大小写。字符串中可能包含空格、逗号、句号，执行判断时必须将空格、逗号、句号删除。

实例 1：

　　输入：A man，a plan，nalp a nama.

　　输出：True

实例 2：

　　输入：racing a car

　　输出：False

```
1   # ch8_7.py
2   def isPalindrome(s):
3       s = ''.join(c for c in s.lower() if c.isalnum())
4       return s == s[::-1]
5
6   word = input('请输入字符串 : ')
7   print(isPalindrome(word))
```

```
================ RESTART: D:\Python interveiw\ch8\ch8_7.py ================
请输入字符串 : A man, a plan, nalp a nama
True
>>>
================ RESTART: D:\Python interveiw\ch8\ch8_7.py ================
请输入字符串 : racing a car
False
```

面试实例 ch8_8.py：设计反转字符串 reverse（s）函数，其中参数 s 是一个字符串。

实例：

　　输入：abico

　　输出：ociba

```
1   # ch8_8.py
2   def reverse(s):
3       return s[::-1]
4
5   word = input('请输入字符串 : ')
6   print(reverse(word))
```

```
================ RESTART: D:\Python interveiw\ch8\ch8_8.py ================
请输入字符串 : abico
ociba
>>>
================ RESTART: D:\Python interveiw\ch8\ch8_8.py ================
请输入字符串 : deepmind
dnimpeed
```

面试实例 ch8_9.py：设计一个 longestCommonPrefix（strs）函数，其中 strs 是列表，此列表元素是字符串，这个函数可以在一个列表内找出字符串元素间最长的公共前缀词。

实例 1：

　　输入：['flower'，'flow mechanic'，'flighter']

　　输出：fl

实例 2：

　　输入：['cat'，'cable'，'car'，'dog'，'carter']

　　输出：''   ---- 空字符串

```
1   # ch8_9.py
2   def longestCommonPrefix(strs):
3       if len(strs) == 0 or strs == '':
4           return ''
5
6       prefix = strs[0]                    # 第一个字符串元素
7
8       for i in range(1, len(prefix)+1):   # 逐步比对字符
9           substring = prefix[:i]          # 取前i个字符
```

```
10          for s in strs:
11              if s[:i] != substring:
12                  return prefix[:i-1]
13      return prefix
14  strs = ['flower', 'flow mechanic', 'flighter']
15  print(strs, '=', longestCommonPrefix(strs))
16  strs = ['cat', 'cable', 'car', 'dog', 'carter']
17  print(strs, '=', longestCommonPrefix(strs))
18  strs = ['cat', 'cable', 'car']
19  print(strs, '=', longestCommonPrefix(strs))
```

执行结果

```
================ RESTART: D:/Python interveiw/ch8/ch8_9.py ================
['flower', 'flow mechanic', 'flighter'] = fl
['cat', 'cable', 'car', 'dog', 'carter'] =
['cat', 'cable', 'car'] = ca
```

面试实例 ch8_10.py：设计一个函数 romanToInt（s）可以将罗马数字转成整数，其中参数 s 是字符串，罗马数字有 7 个符号如下：

符号	值
I	1
V	5
X	10
L	50
C	100
D	500
M	1000

如果是 2 可以写成 II，12 可以写成 XII，27 可以写成 XXVII。罗马数字从左到右是最大到最小，不过数字 4 不是写成 IIII，而是写成 IV，因为 I 在 V 左边相当于是减 1。几个概念如下：

当 I 放在 V（5）和 X（10）左边相当于是 4 和 9。

当 X 放在 L（50）和 C（100）左边相当于是 40 和 90。

当 C 放在 D（500）和 M（1000）左边相当于是 400 和 900。

实例 1：

输入：III

输出：3

实例 2：

输入：IV

输出：4

实例 3：

输入：IX

输出：9

实例 4 ：

　　　　输入：LVII

　　　　输出：57

实例 5 ：

　　　　输入：MCMXCIII

　　　　输出：1993

```
1   # ch8_10.py
2   def romanToInt(s):
3       number = {'I':1,              # 罗马数字转换字典
4                 'V':5,
5                 'X':10,
6                 'L':50,
7                 'C':100,
8                 'D':500,
9                 'M':1000
10                }
11      result = 0
12      pre = ''
13      for i in s:
14          result += number.get(i)
15          if (pre+i) in ['IV','IX','XL','XC','CD','CM']:  # 处理减值
16              result -= 2*number.get(pre)
17          pre = i
18      return result
19
20  word = input('请输入罗马数字：')
21  print(romanToInt(word))
```

执行结果

```
================ RESTART: D:\Python interveiw\ch8\ch8_10.py ================
请输入罗马数字：III
3
>>>
================ RESTART: D:\Python interveiw\ch8\ch8_10.py ================
请输入罗马数字：IV
4
>>>
================ RESTART: D:\Python interveiw\ch8\ch8_10.py ================
请输入罗马数字：IX
9
>>>
================ RESTART: D:\Python interveiw\ch8\ch8_10.py ================
请输入罗马数字：LVII
57
>>>
================ RESTART: D:\Python interveiw\ch8\ch8_10.py ================
请输入罗马数字：MCMXCIII
1993
```

面试实例 ch8_11.py：一般电话中 2 ～ 9 的数字键都对应有一系列英文字母，如下所示：

例如：2 的字母是 abc，3 的字母是 def，请设计 letterCombinations（s）函数，其中参数 s 是字符串，当输入系列数字时，程序可以响应所有的字母组合。

实例：下列输出时可以不用排序输出。

　　输入：23

　　输出：['ad'，'ae'，'af'，'bd'，'be'，'bf'，'cd'，'ce'，'cf']

```
1  # ch8_11.py
2  def letterCombinations(s):
3      digits = {'2':'abc',              # 键盘数字对应字符
4                '3':'def',
5                '4':'ghi',
6                '5':'jkl',
7                '6':'mno',
8                '7':'pqrs',
9                '8':'tuv',
10               '9':'wxyz',
11               }
12      if s =='':                        # 如果没有输入
13          return []
14      result = ['']
15      for d in s:
16          result = [w + c for c in digits[d] for w in result]
17      return result
18
19  number = input('请输入数字 : ')
20  print(letterCombinations(number))
```

执行结果

```
================ RESTART: D:\Python interveiw\ch8\ch8_11.py ================
请输入数字 : 23
['ad', 'bd', 'cd', 'ae', 'be', 'ce', 'af', 'bf', 'cf']
>>>
================ RESTART: D:\Python interveiw\ch8\ch8_11.py ================
请输入数字 : 69
['mw', 'nw', 'ow', 'mx', 'nx', 'ox', 'my', 'ny', 'oy', 'mz', 'nz', 'oz']
```

面试实例 ch8_12.py：设计一个函数 countSegments（s），其中参数 s 是字符串，这个函数可以计算一句英文有多少个单词，可以设想成有多少个段落。

实例：

　　输入：I like football.

　　输出：3

```
1  # ch8_12.py
2  def countSegments(s):
3      return len(s.split())
4
5  string = input('请输入英文句子：')
6  print(countSegments(string))
```

执行结果

```
================ RESTART: D:\Python interveiw\ch8\ch8_12.py ================
请输入英文句子：I like football.
3
>>>
================ RESTART: D:\Python interveiw\ch8\ch8_12.py ================
请输入英文句子：Hi! I am JK Hung.
5
```

面试实例 ch8_13.py：设计 isSubsequence（s，t）判断子字符串问题，其中参数 s 和 t 是字符串，这个函数可以判断较短的 s 字符串是不是较长的 t 字符串的子字符串。这个问题中的子字符串定义，是指短字符串的字符出现次序，可以在长字符串内找到对应。

实例 1：

　　输入：s = 'abc'，t = 'ahbkxc'

　　输出：True

实例 2：

　　输入：s = 'ayc'，t = 'ahbkxc'

　　输出：False

```
1   # ch8_13.py
2   from collections import deque
3   def isSubsequence(s, t):
4       queue = deque(s)              # 短字符串 s
5       for ch in t:                  # 遍历长字符串 t
6           if not queue:             # 如果短字符串是空的
7               return True           # s是t的子字符串
8           if ch == queue[0]:        # 如果字符与queue[0]相同
9               queue.popleft()       # 删除短字符串的queue[0]
10      return not queue
11
12  print(isSubsequence('abc', 'ahbkyc'))
13  print(isSubsequence('axc', 'ahbkyc'))
```

执行结果

```
================ RESTART: D:/Python interveiw/ch8/ch8_13.py ================
True
False
```

　　这一题笔者使用 collections 模块的 queue，这是双头序列，可以从左右两边增加元素或是从左右两边删除元素，pop() 可以移除右边元素并回传，popleft() 可以移除左边元素并回传。

　　这一题从遍历长字符串的字符开始，如果字符出现在短字符串索引 0 位置，则删除短字符串索引 0 元素，可以参考第 8 和 9 行。当短字符串没有元素，则回传 True，可以参考第 6 和 7 行。

09

第 9 章

数组

面试 ch9_1.py：两数加总为特定值 target，设计 twoSum（nums，target）函数，这个函数有 2 个参数，第 1 个参数是数组 nums，第 2 个参数是 target，可以计算数组内 2 个数字的和等于 target 值，同时回传这 2 个数字的索引值，这个程序只有一组解答。

实例 1：

　　输入：nums = [3，7，11，19]，target = 14

　　输出：[0，2]

实例 2：

　　输入：nums = [3，7，11，19]，target = 18

　　输出：[1，2]

```
1   # ch9_1.py
2   def twoSum(nums, target):
3       k_dict = {}
4       for i in range(len(nums)):
5           if target - nums[i] in k_dict:
6               return [k_dict[target - nums[i]], i]
7           if nums[i] not in k_dict:
8               k_dict[nums[i]] = i
9
10  nums = [3, 7, 11, 19]
11  target = 14
12  print(twoSum(nums, target))
13  nums = [3, 7, 11, 19]
14  target = 18
15  print(twoSum(nums, target))
```

执行结果

```
================= RESTART: D:/Python interveiw/ch9/ch9_1.py =================
[0, 2]
[1, 2]
>>>
================= RESTART: D:/Python interveiw/ch9/ch9_1.py =================
[0, 2]
[1, 2]
```

　　上述程序必须回传等于 target 的索引值，所以使用字典 k_dict，记录索引和此索引的值。由于 2 个数字加总是 target，相当于 target 减去某个数组元素后，结果数字可以在 k_dict 字典内找到，就算找到了这 2 个元素。

面试实例 ch9_2.py：将重复元素删除，设计一个 removeDuplicates（nums）函数，这个函数可以删除已经排序的 nums 数组内重复的元素，同时回传数组的元素数量（或称长度）。

实例 1：

　　输入：nums = [0，1，1，1，2]

　　输出：3

实例 2：

　　输入：nums = [0，0，1，1，2，2，2，3，3]

　　输出：4

```
1   # ch9_2.py
2   def removeDuplicates(nums):
3       if len(nums) == 0:
4           return 0
5
6       index = 0                          # 新的索引
7       for i in range(1, len(nums)):
8           if nums[i] != nums[index]:     # 不是重复
9               index += 1
10              nums[index] = nums[i]      # 数据存入列表
11      return index+1                     # 回传最后长度
12
13  nums = [0, 1, 1, 1, 2]
14  print(removeDuplicates(nums))
15  nums = [0, 0, 1, 1, 2, 2, 2, 3, 3]
16  print(removeDuplicates(nums))
```

执行结果

```
================ RESTART: D:/Python interveiw/ch9/ch9_2.py ================
3
4
```

这个程序的设计概念是将每个元素与前一个元素做比较，如果不相同就将 index 加 1，最后回传 index+1，这个值就是数组的元素数量。

面试实例 ch9_3.py：元素删除，设计一个函数 removeElement（nums，val），这个函数的第一个参数是 nums 数组，第二个参数是一个值 val，函数可以删除数组内与 val 相同的元素，最后回传数组内的元素数量（或称长度）。

实例 1：
　　输入：nums = [0, 1, 1, 1, 2, 0, 3, 1, 5]，val = 1
　　输出：新数组将是 [0, 2, 0, 3, 5]，所以回传 5

实例 2：
　　输入：nums = [2, 0, 1, 1, 2, 3, 2, 1, 3]，val = 1
　　输出：新数组将是 [2, 0, 2, 3, 2, 3]，所以回传 6

```
1   # ch9_3.py
2   def removeElement(nums, val):
3       index = 0                      # 新的索引
4       for i in range(len(nums)):
5           if nums[i] != val:         # 不是删除值
6               nums[index] = nums[i]  # 数据存入列表
7               index += 1
8       return index                   # 回传最后长度
9
10  nums = [0, 1, 1, 1, 2, 0, 3, 1, 5]
11  val = 1
12  print(removeElement(nums, val))
13  nums = [2, 0, 1, 1, 2, 3, 2, 1, 3]
14  print(removeElement(nums, val))
```

执行结果

```
================ RESTART: D:/Python interveiw/ch9/ch9_3.py ================
5
6
```

这个程序主要是使用遍历数组，如果数组元素不是想要删除的值，就将此元素回填至新的索引位置。

面试实例 ch9_4.py：3 个数加总为 0，设计一个函数 threeSum（nums），这个函数的参数 nums 是一个整数数组，请列出数组 nums 内所有 3 个元素数值加总为 0 的组合。

实例：

　　输入：nums = [-5，-1，2，1，0，-1]

　　输出：[[-1，-1，2]，[-1，0，1]]

```python
1   # ch9_4.py
2   def threeSum(nums):
3       ''' i, j, k将是总计3个数值的索引 '''
4       N = len(nums)                               # 数组长度
5       nums.sort()                                 # 数组排序
6       result = []                                 # 储存结果
7       for i in range(N - 2):                      # 第1个数字索引
8           if i > 0 and nums[i] == nums[i - 1]:
9               continue
10          j = i + 1                               # 前面开始第2个数字索引
11          k = N - 1                               # 后面开始第3个数字索引
12          while j < k:
13              sum_ = nums[i] + nums[j] + nums[k]  # 加总3数之和
14              if sum_ == 0:                       # 加总是0
15                  result.append([nums[i], nums[j], nums[k]])  # 加入一个解
16                  j += 1                          # 索引往右
17                  k -= 1                          # 索引往左
18                  while j < k and nums[j-1] == nums[j]:  # 如果数值一样，再往右移
19                      j += 1
20                  while j < k and nums[k+1] == nums[k]:  # 如果数值一样，再往左移
21                      k -= 1
22              elif sum_ < 0:                      # 如果小于0
23                  j += 1                          # j索引往右
24              else:                               # 如果大于0
25                  k -= 1                          # k索引往左
26      return result
27
28  nums = [-5, -1, 2, 1, 0, -1]
29  print(threeSum(nums))
```

执行结果

```
================ RESTART: D:/Python interveiw/ch9/ch9_4.py ================
[[-1, -1, 2], [-1, 0, 1]]
```

这个程序的设计概念是先将数组 nums 排序，然后此数组保持 3 个索引：

i 索引：从索引 0 开始，未来往索引 len（nums）-1 靠近。

j 索引：从索引 1 开始，未来往索引 len（nums）-1 靠近。

k 索引：从最右索引 len（nums）-1 开始，未来往索引 0 靠近。

这个程序有外层循环第 7 ～ 25 行，此外层循环是控制索引 i 的移动。程序也有内层循环，当 j 索引小于 k 索引，内层循环将继续执行。

如果 i+j+k 的索引值加总是 0，表示获得一个解，此时程序执行第 15 行，将索引值加入 result 列表。接着第 16 行是执行 j 索引往右移动，往右移动过程如果 j 小于 k 同时索引值相同，则再往右移动一次，可以参考第 18 和 19 行。在执行第 17 行 k 索引往左移动时，往左移动过程如果 j 小于 k 同时索引值相同，则再往左移动，可以参考第 20 和 21 行。

如果 i+j+k 的索引值加总是小于 0，则 j 索引往右移动，可以参考第 22 和 23 行。

如果 i+j+k 的索引值加总是大于 0，则 k 索引往左移动，可以参考第 24 和 25 行。

面试实例 ch9_5.py：数组旋转，设计一个 rotate（nums，k）函数，这个函数包含 2 个参数，第一个参数是一个数组 nums，第二个参数是正整数 k，函数可以将数组内的元素旋转 k 次，最后列出结果。

实例：

输入：[1，2，3，4，5，6，7，8]

输出：假设 k 是 1，回传 [8，1，2，3，4，5，6，7]。

输出：假设 k 是 2，回传 [7，8，1，2，3，4，5，6]。

输出：假设 k 是 3，回传 [6，7，8，1，2，3，4，5]。

设计这个程序的另外限制是，空间复杂度是 O（1），解答至少有 3 种。

```
1  # ch9_5.py
2  def rotate(nums, k):
3      k %= len(nums)                  # 如果k > len(nums)，可以减少旋转次数
4      for i in range(k):
5          n = nums[-1]                # 列表末端内容
6          nums[1:] = nums[:-1]        # 索引1到最后等于不含最后的索引
7          nums[0] = n                 # 将列表末端设给索引0内容
8      return nums
9
10 nums = [1, 2, 3, 4, 5, 6, 7, 8]
11 k = 3
12 rotate(nums, k)
13 print(nums)
```

执行结果

```
================= RESTART: D:/Python interveiw/ch9/ch9_5.py =================
[6, 7, 8, 1, 2, 3, 4, 5]
```

上述第 1 个 for 循环执行后列表的结果如下：

8，1，2，3，4，5，6，7

上述第 2 个 for 循环执行后列表的结果如下：

7，8，1，2，3，4，5，6

上述第 3 个 for 循环执行后列表的结果如下：

6，7，8，1，2，3，4，5

下列是第 2 种解法。

```
1   # ch9_5_1.py
2   def rotate(nums, k):
3       k %= len(nums)              # 如果k > len(nums)，可以减少旋转次数
4       nums.reverse()             # 元素旋转
5       for i in range(k):
6           n = nums.pop(0)        # pop出列表索引0的内容
7           nums.append(n)         # 放在列表末端
8       nums.reverse()             # 元素旋转
9       return
10
11  nums = [1, 2, 3, 4, 5, 6, 7, 8]
12  k = 3
13  rotate(nums, k)
14  print(nums)
```

执行结果

```
================= RESTART: D:/Python interveiw/ch9/ch9_5_1.py =================
[6, 7, 8, 1, 2, 3, 4, 5]
```

上述执行第 4 行，列表元素旋转后，列表内容如下：

8，7，6，5，4，3，2，1

执行第 1 次循环后列表的结果如下：

7，6，5，4，3，2，1，8

执行第 2 次循环后列表的结果如下：

6，5，4，3，2，1，8，7

执行第 3 次循环后列表的结果如下：

5，4，3，2，1，8，7，6

上述执行第 8 行，列表元素旋转后，列表内容如下：

6，7，8，1，2，3，4，5

下列是第 3 种解法。

```
1   # ch9_5_2.py
2   def rotate(nums, k):
3       k %= len(nums)              # 如果k > len(nums)，可以减少旋转次数
4       n = nums[-k:]
5       nums[k:] = nums[:len(nums)-k]
6       nums[:k] = n
7       return
8
9   nums = [1, 2, 3, 4, 5, 6, 7, 8]
10  k = 3
11  rotate(nums, k)
12  print(nums)
```

执行结果

```
================= RESTART: D:/Python interveiw/ch9/ch9_5_2.py =================
[6, 7, 8, 1, 2, 3, 4, 5]
```

其实如果不考虑时间复杂度的问题，可以使用下列 ch9_5_3.py 更简单的方法执行旋转。

```
1   # ch9_5_3.py
2   def rotate(nums, k):
3       k %= len(nums)                    # 如果k > len(nums)，可以减少旋转次数
4       nums[:] = nums[-k:] + nums[:-k]
5       return
6
7   nums = [1, 2, 3, 4, 5, 6, 7, 8]
8   k = 3
9   rotate(nums, k)
10  print(nums)
```

执行结果

```
================= RESTART: D:/Python interveiw/ch9/ch9_5_3.py =================
[6, 7, 8, 1, 2, 3, 4, 5]
```

面试实例 ch9_6.py：旋转二维影像（rotate image），这一题可以说是前一个旋转数组的扩充，这一题是使用二维数组代表影像，请设计 rotate（matrix）完成此工作，参数 matrix 是仿真影像的二维数组。

实例：

输入：matrix = { [1，2，3]，

[4，5，6]，

[7，8，9]

}

输出：matrix = { [7，4，1]，

[8，5，2]，

[9，6，3]

}

这个题目还有一个限制是不可以新增加数组暂时存储数据。

```
1   # ch9_6.py
2   def rotate(matrix):
3       length = len(matrix)
4       for i in range(length):                              # 索引i，j值对调
5           for j in range(i+1, len(matrix)):
6               matrix[i][j], matrix[j][i] = matrix[j][i], matrix[i][j]
7       for i in range(length):
8           matrix[i].reverse()                              # 数组反转
9       return
10
11  matrix1 = [[1, 2, 3], [4, 5, 6], [7, 8, 9]]
12  rotate(matrix1)
13  print(matrix1)
```

执行结果

```
================= RESTART: D:\Python interveiw\ch9\ch9_6.py =================
[[7, 4, 1], [8, 5, 2], [9, 6, 3]]
```

上述执行完双层循环后 matrix 内容如下：

[[1，4，7]，

 [2，5，8]，

 [3，6，9]]

执行第 7 和 8 行数组反转，可以得到下列结果。

[[7，4，1]，

 [8，5，2]，

 [9，6，3]]

面试实例 ch9_7.py：有一个已经排序的数组 nums 和一个目标值 target，请设计一个 searchInsert （nums，target）函数，这个函数的第一个参数是 nums，第二个参数是 target。如果可以在数组 nums 内找到与 target 相同的元素，则回传此元素的索引；如果找不到，则回传应该插入的索引位置。

实例 1：

输入：nums = [1，5，7，9]，target = 7

输出：2

实例 2：

输入：nums = [1，5，7，9]，target = 4

输出：1

实例 3：

输入：nums = [1，5，7，9]，target = 15

输出：4

实例 4：

输入：nums = [1，5，7，9]，target = 0

输出：0

```python
1  # ch9_7.py
2  def searchInsert(nums, target):
3      if target in nums:
4          return nums.index(target)
5      else:
6          if target < nums[0]:
7              return 0
8          if target > nums[-1]:
9              return len(nums)
10         for i, n in enumerate(nums):
11             if target < n:
12                 return i
13
14 nums = [1, 5, 7, 9]
15 target = 7
16 print(searchInsert(nums, target))
17 target = 4
18 print(searchInsert(nums, target))
19 target = 15
20 print(searchInsert(nums, target))
21 target = 0
22 print(searchInsert(nums, target))
```

执行结果

```
================= RESTART: D:/Python interveiw/ch9/ch9_7.py =================
2
1
4
0
```

　　这个程序的设计概念是，如果 target 值在 nums 数组内，则回传数组索引，可以参考第 3 和 4 行。

　　如果 target 值小于索引 0 的值，则回传应该插入索引 0 位置，可以参考第 6 和 7 行。

　　如果 target 值大于最后一个索引的值，则回传应该插入索引 len（nums）位置，可以参考第 8 和 9 行。

　　否则执行第 10 ～ 12 行，使用 enumerate( ) 方法打包遍历 nums 数组，只要发现 target 值小于 n 值，就回传此 n 值的索引 i，这就是要插入的索引位置。

面试实例 ch9_8.py：有一个未排序数组 nums，请设计一个函数 containsDuplicate（nums），如果数组内有重复的元素，则回传 True；如果没有重复的元素，则回传 False。

实例 1：

　　输入：nums = [1，5，7，5]

　　输出：True

实例 2：

　　输入：nums = [1，5，7，9]

　　输出：False

实例 3：

　　输入：nums = [1，1，1，9，9，2，3，2]

　　输出：True

```
1  # ch9_8.py
2  def containsDuplicte(nums):
3      nums.sort()
4      for i in range(len(nums)-1):
5          if nums[i] == nums[i+1]:
6              return True
7      return False
8
9  nums = [1, 5, 7, 5]
10 print(containsDuplicte(nums))
11 nums = [1, 5, 7, 9]
12 print(containsDuplicte(nums))
13 nums = [1, 1, 1, 9, 9, 2, 3, 2]
14 print(containsDuplicte(nums))
```

执行结果

```
================= RESTART: D:/Python interveiw/ch9/ch9_8.py =================
True
False
True
```

上述的设计原则是第 3 行先将数组排序，然后第 4 行执行 len（nums）-1 次的循环，执行下列判断：

```
if nums[i] == nums[i+1]:
```

如果相邻元素值相同，表示有重复，回传 True，否则回传 False。

另外，也可以使用计算此列表长度，与将列表转成集合后的长度做比较，如果长度不同表示列表有元素重复，如果长度相同表示列表没有元素重复。可以参考下列 ch9_8_1.py。

```
1  # ch9_8_1.py
2  def containsDuplicte(nums):
3      return len(set(nums)) != len(nums)
4
5  nums = [1, 5, 7, 5]
6  print(containsDuplicte(nums))
7  nums = [1, 5, 7, 9]
8  print(containsDuplicte(nums))
9  nums = [1, 1, 1, 9, 9, 2, 3, 2]
10 print(containsDuplicte(nums))
```

执行结果

```
=============== RESTART: D:/Python interveiw/ch9/ch9_8_1.py ===============
True
False
True
```

面试实例 ch9_9.py：有一个非空的数组 nums，这个数组的每个元素皆是出现 2 次，只有一个元素出现 1 次，请设计 singleNumber（nums）函数，这个函数可以找出只出现 1 次的元素。

实例 1：

输入：[1，3，1，3，5，4，4]

输出：[5]

实例 2：

输入：[1，5，5]

输出：[1]

```
1  # ch9_9.py
2  def singleNumber(nums):
3      mylist = []
4      for i in nums:
5          if i in mylist:
6              mylist.remove(i)
7          else:
8              mylist.append(i)
9      return mylist.pop()
10
11 nums = [1, 3, 1, 3, 5, 4, 4]
12 print(singleNumber(nums))
13 nums = [1, 5, 5]
14 print(singleNumber(nums))
```

执行结果

```
================ RESTART: D:/Python interveiw/ch9/ch9_9.py ================
5
1
```

上述设计虽然有较多行但是容易理解，概念是建立一个空列表 mylist，然后遍历数组 nums，如果元素在数组 mylist 内就删除此元素，如果元素不在数组内就将此元素加入数组，最后数组 mylist 会剩下一个元素，这个元素就是在 nums 数组内出现 1 次的元素。

下列 ch9_9_1.py 是使用集合配合数学解这个题目。

```
1   # ch9_9_1.py
2   def singleNumber(nums):
3       return 2 * sum(set(nums)) - sum(nums)
4
5   nums = [1, 3, 1, 3, 5, 4, 4]
6   print(singleNumber(nums))
7   nums = [1, 5, 5]
8   print(singleNumber(nums))
```

执行结果

```
================ RESTART: D:/Python interveiw/ch9/ch9_9_1.py ================
5
1
```

上述 singleNumber( ) 函数主要是使用集合不会有元素重复的特性，将 nums 数组处理成集合，然后加总乘以 2，再减去加总 nums，就可以得到 nums 数组内只出现一次的元素。例如：num 数组 [1，5，5] 处理成集合可以得到下列结果。

```
{1,5}
```

经过 sum( ) 加总，可以得到 6。

```
sum({1,5}) = 6
```

6 乘 2 可以得到 12，数组 nums 的加总是 11。

```
sum([1,5,5]) = 11
```

所以最后可以得到 1。

面试实例 ch9_10.py：有一个正整数数组 digits，这个数组除了 0 外不会以 0 开头，每个数组元素皆是一个阿拉伯数字，索引 0 是存放最高位数。请设计一个函数 onePlus（digits），参数 digits 是列表，此列表元素是阿拉伯数字，然后执行加 1。

实例 1：

　　输入：digits = [2，1，3]

　　输出：[2，1，4]

实例 2：

　　输入：digits = [1，5，9]

　　输出：[1，6，0]

实例 3：

　　输入：digits = [9，9，9]

　　输出：[1，0，0，0]

```python
1  # ch9_10.py
2  def plusOne(digits):
3      for i in range(len(digits)-1, -1, -1):
4          if digits[i] < 9:
5              digits[i] += 1            # 执行加1
6              return digits            # 没有进位加1即可返回
7          else:
8              digits[i] = 0            # 进位所以是0
9      digits.insert(0, 1)              # 如果执行到此表示需进位
10     return digits
11
12 nums = [2, 1, 3]
13 print(plusOne(nums))
14 nums = [1, 5, 9]
15 print(plusOne(nums))
16 nums = [9, 9, 9]
17 print(plusOne(nums))
```

执行结果

```
================= RESTART: D:/Python interveiw/ch9/ch9_10.py =================
[2, 1, 4]
[1, 6, 0]
[1, 0, 0, 0]
```

　　上述设计概念是，从 digits 列表末端往前，如果元素小于 9，就不会有进位产生，所以执行加 1 后，就可以回传 digits。如果元素是 9，就会产生进位，因此元素改为 0，然后处理前一个索引的元素，如果必须处理整个列表，同时程序执行到第 9 行，则表示必须在最高位数再一次进位，所以在索引 0 位置插入 1。

面试实例 ch9_11.py：计算列表的交集，这个实例会要求输入 2 个列表 nums1 和 nums2，然后当作 intersection（nums1，nums2）函数的参数，最后程序可以列出交集。

实例 1：

　　输入：nums1 = [1，2，2，1]，nums2 = [2，2]

　　输出：[2]

实例 2：

　　输入：nums1 = [1，2，2，1，7，9，8]，nums2 = [2，2，8]

　　输出：[2，8]

```
1   # ch9_11.py
2   def intersection(nums1, nums2):
3       List = []
4       nums1_set = set(nums1)              # 转成集合
5       for n in nums1_set:                # 遍历集合
6           if n in nums2:                 # 如果此元素出现在数组nums2
7               List.append(n)             # 加入
8       return List
9
10  nums1 = [1, 2, 2, 1]
11  nums2 = [2, 2]
12  print(intersection(nums1, nums2))
13  nums1 = [1, 2, 2, 1, 7, 9, 8]
14  nums2 = [2, 2, 8]
15  print(intersection(nums1, nums2))
```

执行结果

```
================= RESTART: D:/Python interveiw/ch9/ch9_11.py =================
[2]
[2, 8]
```

上述设计的概念是将 nums1 处理成集合，这样可以去除重复的部分，然后使用循环处理集合 nums1_set，检查元素是否在 nums2 内出现，如果有，就将此元素加入 List 列表，最后回传列表 List。

面试实例 ch9_12.py：计算列表的交集，这个实例会要求输入 2 个列表 nums1 和 nums2，然后当作 intersection（nums1，nums2）函数的参数，最后程序可以列出交集。这个程序与前一个程序的最大差异是，对于重复的元素，执行交集时会重复输出。

实例 1：

　　输入：nums1 = [1，2，2，1]，nums2 = [2，2]

　　输出：[2，2]

实例 2：

　　输入：nums1 = [8，1，2，2，1，7，9，8，8]，nums2 = [2，2，8，8，8]

　　输出：[8，2，2，8，8]

```
1   # ch9_12.py
2   def intersection(nums1, nums2):
3       List = []
4       for n in nums1:                    # 遍历数组nums1
5           if n in nums2:                 # 如果元素n在nums2
6               List.append(n)             # 加入
7               nums2.remove(n)            # 删除数组nums2内的n
8       return List
9
10  nums1 = [1, 2, 2, 1]
11  nums2 = [2, 2]
12  print(intersection(nums1, nums2))
13  nums1 = [8, 1, 2, 2, 1, 7, 9, 8, 8]
14  nums2 = [2, 2, 8, 8, 8]
15  print(intersection(nums1, nums2))
```

执行结果

```
================ RESTART: D:/Python interveiw/ch9/ch9_12.py ================
[2, 2]
[8, 2, 2, 8, 8]
```

这个程序与 ch9_11.py 最大的不同是不需将 nums1 数组转成集合，然后遍历 nums1 数组，如果遍历的元素出现在 nums2，则执行下列操作：

（1）将此元素加入 List。

（2）将 nums2 的相同元素删除，如果有多个相同只删除 1 个。

面试实例 ch9_13.py：有一个数组 nums，将此数组的元素 0 全部移动到数组的最右边，其他元素位置保持不动，请设计函数 moveZeroes（nums）执行此工作。

实例 1：

输入：nums = [0, 1, 5, 0, 9]

输出：[1, 5, 9, 0, 0]

实例 2：

输入：nums1 = [8, 1, 0, 0, 1, 7, 9]

输出：[8, 1, 1, 7, 9, 0, 0]

```
1  # ch9_13.py
2  def moveZeroes(nums):
3      for n in nums:              # 遍历数组nums
4          if n == 0:
5              nums.remove(n)       # 删除元素 0
6              nums.append(n)       # 末端加入元素 0
7      return nums
8
9  nums = [0, 1, 5, 0, 9]
10 print(moveZeroes(nums))
11 nums = [8, 1, 0, 0, 1, 7, 9]
12 print(moveZeroes(nums))
```

执行结果

```
================ RESTART: D:/Python interveiw/ch9/ch9_13.py ================
[1, 5, 9, 0, 0]
[8, 1, 1, 7, 9, 0, 0]
```

这个程序的设计方式是遍历此数组元素，如果元素是 0 就删除此元素，可以参考第 5 行，第 6 行则是将 0 加入数组末端。

面试实例 ch9_14.py：有一个数组 nums，这个程序可以计算此数组的子数组的最大值，请设计 maxSubArray（nums）执行此功能。

实例：

输入：[1, -1, -2, 1, -3, 4, -1, 2, 1, -1, -5, 4]

输出：6

说明：有最大值的子数组是 [4，-1，2，1]，所以最大值是 6。

```
1   # ch9_14.py
2   def maxSubArray(nums):
3       local_max = max_ = nums[0]              # 暂定local_max和max_是索引0
4       for num in nums[1:]:                     # 索引1到最后
5           local_max = max(num, local_max + num)  # 取目前子数组加总最大值
6           max_ = max(max_, local_max)          # 取加总最大值
7       return max_
8
9   nums = [1, -1, -2, 1, -3, 4, -1, 2, 1, -5, 4]
10  print(maxSubArray(nums))
```

执行结果

```
================ RESTART: D:/Python interveiw/ch9/ch9_14.py ================
6
```

上述程序第 3 行是先设定 nums[0] 是最大值 max_ 和局部较大值 local_max。

然后从索引 1 开始遍历数组，局部较大值判断方式是取下列 2 个数值的较大值做取舍：

目前值 num

局部较大值 local_max + 目前值 num

获得局部较大值 local_max 后，就将此值与目前最大值 max_ 做比较，取较大者，遍历完数组后，就可以得到数组的子字符串的最大值。

面试实例 ch9_15.py：设计 Pascal 三角形，请建立 generate（numRows），这个函数有一个参数 numRows。

实例：

　　输入：numRows = 5

　　输出：

　　[

　　 [1]

　　[1，1]

　　[1，2，1]

　　 [1，3，3，1]

　　 [1，4，6，4，1]

　　]

```
1   # ch9_15.py
2   def generate(numRows):
3       result = []
4       for row in range(numRows):
5           result.append([1]*(row+1))           # 最初化新的子列表
6           for col in range(1, row):             # 建立子列表内容
7               result[row][col] = result[row-1][col-1] + result[row-1][col]
8       return result
9
10  print(generate(5))
```

执行结果

```
================= RESTART: D:/Python interveiw/ch9/ch9_15.py =================
[[1], [1, 1], [1, 2, 1], [1, 3, 3, 1], [1, 4, 6, 4, 1]]
```

这个程序最主要是使用第 4 ~ 7 行产生 Pascal 子列表，其中第 5 行是先将该行的子列表内容设为 [1]，假设 numRows 是 5，则产生下列子列表：

[1]

[1, 1]

[1, 1, 1]

[1, 1, 1, 1]

[1, 1, 1, 1, 1]

第 6 和 7 行则是执行运算，获得下列结果：

[1]

[1, 1]

[1, 2, 1]

[1, 3, 3, 1]

[1, 4, 6, 4, 1]

面试实例 ch9_16.py：计算股票买卖最佳获利，整个问题是有一个数组 prices，只允许有一次买入与一次卖出，然后计算最大获利，请设计 maxProfit（prices）完成此工作。

实例 1：

输入：[7, 1, 5, 3, 6, 2, 4]

输出：5

实例 2：

输入：[3, 4, 5, 6, 7, 8, 9]

输出：6

实例 3：

输入：[7, 6, 5, 4, 3, 2, 1]

输出：0

```
1   # ch9_16.py
2   def maxProfit(prices):
3       maxprofit = 0                                    # 最初获利 0
4       purchase = prices[0]                             # 最初购买价格
5       for price in prices:
6           maxprofit = max(maxprofit, price - purchase)  # 取获利较大值
7           purchase = min(price, purchase)               # 取买卖较小值
8       return maxprofit
9
10  print(maxProfit([7, 1, 5, 3, 6, 2, 4]))
11  print(maxProfit([3, 4, 5, 6, 7, 8, 9]))
12  print(maxProfit([7, 6, 5, 4, 3, 2, 1]))
```

执行结果

```
================ RESTART: D:/Python interveiw/ch9/ch9_16.py ================
5
6
0
```

上述程序第 6 行是在目前购买获利（price – purchase）与原先获利（maxprofit）两者中取较大值。第 7 行是在目前购买价格（price）与原先购买价格（purchase）中取较小值。只要遍历 prices 一次，就可以获得股票买卖最大获利。

面试实例 ch9_17.py：这是前一题的扩充，计算股票买卖最佳获利，整个问题是有一个数组 prices，可允许多次买入与卖出，然后计算最大获利，请设计 maxProfit（prices）完成此工作。

实例 1：

　　输入：[7, 1, 5, 3, 6, 2, 4]

　　输出：9

实例 2：

　　输入：[3, 4, 5, 6, 7, 8, 9]

　　输出：6

实例 3：

　　输入：[7, 6, 5, 4, 3, 2, 1]

　　输出：0

实例 4：

　　输入：[1, 2, 3, 1, 4, 3, 1]

　　输出：5

```python
1  # ch9_17.py
2  def maxProfit(prices):
3      maxprofit = 0                              # 最初获利 0
4      purchase = prices[0]                       # 最初购买价格
5      for i in range(1, len(prices)):
6          if prices[i] > prices[i-1]:            # 股票大于前一天价格
7              maxprofit += prices[i] - prices[i-1]  # 累计加总
8      return maxprofit
9
10 print(maxProfit([7, 1, 5, 3, 6, 2, 4]))
11 print(maxProfit([3, 4, 5, 6, 7, 8, 9]))
12 print(maxProfit([7, 6, 5, 4, 3, 2, 1]))
13 print(maxProfit([1, 2, 3, 1, 4, 3, 1]))
```

执行结果

```
================ RESTART: D:/Python interveiw/ch9/ch9_17.py ================
9
6
0
5
```

这一题反而比较简单，只要将当天价格与前一天价格做比较，如果大于前一天价格就计算获利，可以参考第 6 和 7 行，然后执行累计。

面试实例 ch9_18.py：请设计 maxArea（height）函数，height 是数组，内容是 a1，a2，…，an 的正整数，每个数值代表坐标的一个点。在坐标轴绘制 n 条垂直线，垂直线顶端坐标是（i，ai），底端坐标是（i，0），请使用 maxArea( ) 函数找出 2 条垂直线，它们和 x 轴组成的"容器"可以容纳最多的"水"。

注 n 值至少是 2，同时不可以将容器倾斜。

实例：

输入：[1，8，5，4，2，8，5，7]

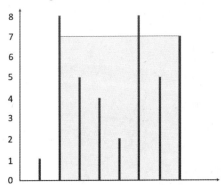

输出：42

```
1   # ch9_18.py
2   def maxArea(height):
3       n = len(height)                                     # 数据长度
4       front = 0                                           # 前方索引
5       back = n - 1                                         # 后方索引
6       maxarea = min(height[front], height[back]) * back   # 暂定最大面积
7       while front < back:
8           area = min(height[front], height[back]) * (back - front)
9           if maxarea < area:                              # 如果最大面积小于目前面积
10              maxarea = area                              # 最大面积等于目前面积
11          elif height[front] > height[back]:              # 短边往中间
12              back -= 1                                    # 后边短所以索引往左
13          else:
14              front += 1                                   # 前边短所以索引往右
15      return maxarea
16
17  print(maxArea([1, 8, 5, 4, 2, 8, 5, 7]))
```

执行结果

```
================== RESTART: D:/Python interveiw/ch9/ch9_18.py ==================
42
```

上述设计原则是先计算左右两边围起来的面积当作暂时最大面积 areamax，然后较短的边的索引向中间靠，重新计算面积 area，如果面积 area 比暂时最大面积 areamax 大，就更新暂时最大面积。

10

第 1 0 章

链表

面试实例 ch10_1.py：以最直接的方式建立链表 1，2，3，4，5，这个程序的重点是建立类 ListNode，由这个类建立链表的节点。

```
class ListNode():
    def __init__(self, x):
        self.val = x
        self.next = None
```

使用上述语句建立节点后，就可以使用下列方式建立节点数据与打印链表。

```
 1  # ch10_1.py
 2  class ListNode():
 3      def __init__(self, x):
 4          self.val = x
 5          self.next = None
 6
 7  n1 = ListNode(1)                        # 建立节点
 8  n2 = ListNode(2)
 9  n3 = ListNode(3)
10  n4 = ListNode(4)
11  n5 = ListNode(5)
12  n1.next = n2                            # 指标联结
13  n2.next = n3
14  n3.next = n4
15  n4.next = n5
16  data = n1
17  while data:                            # 打印链表
18      print(data.val)
19      data = data.next
```

执行结果

```
================ RESTART: D:\Python interveiw\ch10\ch10_1.py ================
1
2
3
4
5
```

面试实例 ch10_2.py：虽然 ch10_1.py 可以运作，但是节点变多时在操作上有点笨拙，这个实例改成使用函数 create_link_list（nums）建立链表，其中 nums 是一个列表。

```
 1  # ch10_2.py
 2  class ListNode():
 3      def __init__(self, x):
 4          self.val = x
 5          self.next = None
 6
 7  def create_link_list(nums):
 8      ''' 给予列表数据，然后建立链结 '''
 9      ptr_head = ListNode(nums[0])        # 建立第1个链结节点
10      ptr = ptr_head
11      for x in range(1, len(nums)):       # 遍历列表nums同时建立链表
12          n = ListNode(nums[x])           # 建立节点
13          ptr.next = n                    # 指标指向节点
14          ptr = ptr.next                  # 指标往下移动
15      return ptr_head
16
17  data = create_link_list([1, 2, 3, 4, 5])
18  while data:                            # 打印新的列表
19      print(data.val)
20      data = data.next
```

执行结果

```
================ RESTART: D:/Python interveiw/ch10/ch10_2.py ================
1
2
3
4
5
```

面试实例 ch10_3.py：将链表数据反转，请设计 reverseList（head）可以执行此工作，这个函数所传递的参数是一个链表 head，然后反转此 head。

实例：

　　输入：1->2->3->4->5->None

　　输出：5->4->3->2->1->None

```
1   # ch10_3.py
2   class ListNode():
3       def __init__(self, x):
4           self.val = x
5           self.next = None
6
7   def create_link_list(nums):
8       ''' 给予列表数据，然后建立链表 '''
9       ptr_head = ListNode(nums[0])          # 建立第1个链表节点
10      ptr = ptr_head
11      for x in range(1, len(nums)):         # 遍历列表nums同时建立链表
12          n = ListNode(nums[x])             # 建立节点
13          ptr.next = n                      # 指标指向节点
14          ptr = ptr.next                    # 指标往下移动
15      return ptr_head
16
17  def reverseList(head):
18      ptr = head                            # 设定指标
19      mylist = []                           # 建立空列表
20      while ptr:                            # 将链表插入列表的索引0
21          mylist.insert(0, ptr.val)         # 相当于将资料反向插入列表
22          ptr = ptr.next
23      ptr = head                            # 设定指标
24      for data in mylist:                   # 从列表头将数据放入链表
25          ptr.val = data
26          ptr = ptr.next
27      return head
28
29  data = create_link_list([1, 2, 3, 4, 5])
30  reverseList(data)                         # 反转单向链表
31  while data:                               # 打印新的链表
32      print(data.val)
33      data = data.next
```

执行结果

```
================ RESTART: D:/Python interveiw/ch10/ch10_3.py ================
5
4
3
2
1
```

这个程序设计的概念是在第 19 行建立 mylist 列表，第 20 ～ 22 行是将链表内容依指针顺序插入此列表，因为每一次插入的是索引 0，所以相当于是将链表数据以反方向插入列表内。

第 24 ～ 26 行是遍历列表 mylist，将指针重新指向此列表顺序，这样就可以达到将链表反转的结果。

面试实例 ch10_4.py：删除链表的节点，请设计 removeElements（head，val）函数执行此工作，参数 head 是链表，val 是要删除的值。

实例：

输入：1->2->3->4->5->3，val=3

输出：1->2->4->5

```
1   # ch10_4.py
2   class ListNode():
3       def __init__(self, x):
4           self.val = x
5           self.next = None
6
7   def create_link_list(nums):
8       ''' 给予列表数据，然后建立链表 '''
9       ptr_head = ListNode(nums[0])          # 建立第1个链表节点
10      ptr = ptr_head
11      for x in range(1, len(nums)):         # 遍历列表nums同时建立链表
12          n = ListNode(nums[x])             # 建立节点
13          ptr.next = n                      # 指标指向节点
14          ptr = ptr.next                    # 指标往下移动
15      return ptr_head
16
17  def removeElements(head, val):
18      new_ptr = ptr = ListNode(0)           # 建立暂时节点指标
19      ptr.next = head                       # 指向链表
20      while head:
21          if head.val == val:               # 找到搜寻值
22              ptr.next = head.next          # 跳过此值
23          else:
24              ptr = ptr.next                # 指标往下移动
25          head = head.next                  # 移动链表指标
26      return new_ptr.next
27
28  data = create_link_list([1, 2, 3, 4, 5, 3])
29  new_data = removeElements(data, 3)
30  while new_data:                           # 打印新的链表
31      print(new_data.val)
32      new_data = new_data.next
```

执行结果

```
=============== RESTART: D:\Python interveiw\ch10\ch10_4.py ===============
1
2
4
5
```

其实传递的是地址，所以 ch10_4.py 第 29 行可以直接设计如下，也可以执行：

```
removeElements(data,3)
```

整个实例可以参考 ch10_4_1.py。

```
 1  # ch10_4_1.py
 2  class ListNode():
 3      def __init__(self, x):
 4          self.val = x
 5          self.next = None
 6
 7  def create_link_list(nums):
 8      ''' 给予列表数据，然后建立链表 '''
 9      ptr_head = ListNode(nums[0])              # 建立第1个链表节点
10      ptr = ptr_head
11      for x in range(1, len(nums)):             # 遍历列表nums同时建立链表
12          n = ListNode(nums[x])                 # 建立节点
13          ptr.next = n                          # 指标指向节点
14          ptr = ptr.next                        # 指标往下移动
15      return ptr_head
16
17  def removeElements(head, val):
18      new_ptr = ptr = ListNode(0)               # 建立暂时节点指标
19      ptr.next = head                           # 指向链表
20      while head:
21          if head.val == val:                   # 找到搜寻值
22              ptr.next = head.next              # 跳过此值
23          else:
24              ptr = ptr.next                    # 指标往下移动
25          head = head.next                      # 移动链表指标
26      return new_ptr.next
27
28  data = create_link_list([1, 2, 3, 4, 5, 3])
29  removeElements(data, 3)
30  while data:                                   # 打印新的链表
31      print(data.val)
32      data = data.next
```

面试实例 ch10_5.py：合并 2 个排序好的链表，请设计 mergeTwoLists（list1，list2）函数执行此工作，参数 list1 和 list2 是排序好的链表。

实例：

　　输入：1->3->6，1->2->6

　　输出：1->1->2->3->6->6

```
 1  # ch10_5.py
 2  class ListNode():
 3      def __init__(self, x):
 4          self.val = x
 5          self.next = None
 6
 7  def create_link_list(nums):
 8      ''' 给予列表数据，然后建立链表 '''
 9      ptr_head = ListNode(nums[0])              # 建立第1个链表节点
10      ptr = ptr_head
11      for x in range(1, len(nums)):             # 遍历列表nums同时建立链表
12          n = ListNode(nums[x])                 # 建立节点
13          ptr.next = n                          # 指标指向节点
14          ptr = ptr.next                        # 指标往下移动
15      return ptr_head
16
17  def mergeTwoLists(list1, list2):
18      if not list1 or not list2:
19          return list1 or list2
20      new_ptr = ptr = ListNode(0)
21      while list1 and list2:
22          if list1.val < list2.val:
23              ptr.next = list1
24              list1 = list1.next
25          else:
26              ptr.next = list2
27              list2 = list2.next
28          ptr = ptr.next
29      ptr.next = list1 or list2
30      return new_ptr.next
31
32  data1 = create_link_list([1, 3, 6])
33  data2 = create_link_list([1, 2, 6])
34  data = mergeTwoLists(data1, data2)
35  while data:                                   # 打印新的链表
36      print(data.val)
37      data = data.next
```

执行结果

```
================= RESTART: D:/Python interveiw/ch10/ch10_5.py =================
1
1
2
3
6
6
```

上述程序第 20 行是建立 2 个指向相同地址的链表 new_ptr 和 ptr，第 21 ～ 28 行是 while 循环，主要是遍历 list1 和 list2 链表，比较 2 个当下列表指标的值，然后将 ptr 指向较小的值，整个循环遍历完后就可以获得从小到大排列的链表。第 28 行是将 ptr 指向下一个节点。但是 while 循环在执行过程，很可能会有一个链表已经先执行结束，造成 while 循环终止。所以第 29 行会将 ptr 再指向尚未结束的链表，这样就可以获得合并 2 个已经排序链表的结果，第 30 行则是回传排序结果的链表。

面试实例 ch10_6.py：删除重复的链表元素，请设计 deleteDuplicates（head）函数执行此工作，函数的参数是已经排序的链表 head。

实例 1：

　　输入：1->1->3

　　输出：1->3

实例 2：

　　输入：1->1->2->2->2->3->3

　　输出：1->2->3

```python
1   # ch10_6.py
2   class ListNode():
3       def __init__(self, x):
4           self.val = x
5           self.next = None
6
7   def create_link_list(nums):
8       ''' 给予列表数据，然后建立链表 '''
9       ptr_head = ListNode(nums[0])              # 建立第1个链表节点
10      ptr = ptr_head
11      for x in range(1, len(nums)):             # 遍历列表nums同时建立链表
12          n = ListNode(nums[x])                 # 建立节点
13          ptr.next = n                          # 指标指向节点
14          ptr = ptr.next                        # 指标往下移动
15      return ptr_head
16
17  def deleteDuplicates(head):
18      ptr = head
19      while ptr:
20          if ptr.next and ptr.next.val == ptr.val:  # 如果此节点与下一节点内容相同
21              ptr.next = ptr.next.next                  # 跳过内容相同节点
22          else:
23              ptr = ptr.next                        # 移动指标
24      return head
25
26  data = create_link_list([1, 1, 2, 2, 2, 3, 3])
27  new_data = deleteDuplicates(data)
28  while new_data:                               # 打印新的链表
29      print(new_data.val)
30      new_data = new_data.next
```

执行结果

```
=============== RESTART: D:/Python interveiw/ch10/ch10_6.py ===============
1
2
3
```

这个程序设计的概念是第 20 行检查现在节点内容是否与下一个节点内容相同，如果相同，第 21 行就跳过后面节点。

面试实例 ch10_7.py：将二进制的链表改成整数，这个程序所传递的参数是一个链表 head，链表内容是 0 或 1，请设计 getDecimalValue（head）。

实例 1：

　　输入：head = [0，0]

　　输出：0

实例 2：

　　输入：head = [1，0]

　　输出：2

实例 3：

　　输入：head = [1，0，1，0]

　　输出：10

实例 4：

　　输入：head = [1，1，1，1，1，1，1，1]

　　输出：255

实例 5：

　　输入：head = [1，0，0，0，0，0，0，0，0]

　　输出：256

```python
1   # ch10_7.py
2   class ListNode():
3       def __init__(self, x):
4           self.val = x
5           self.next = None
6
7   def create_link_list(nums):
8       ''' 給予列表数据，然后建立链表 '''
9       ptr_head = ListNode(nums[0])              # 建立第1个链表节点
10      ptr = ptr_head
11      for x in range(1, len(nums)):             # 遍历列表nums同时建立链表
12          n = ListNode(nums[x])                 # 建立节点
13          ptr.next = n                          # 指标指向节点
14          ptr = ptr.next                        # 指标往下移动
15      return ptr_head
16
17  def getDecimalValue(head):
18      value = 0                                 # 结果值
19      while head:
20          value = value * 2 + head.val          # 先前值乘2 + 目前值
21          head = head.next                      # 进入下一个节点
22      return value
23
```

```
24    print(getDecimalValue(create_link_list([1, 0])))
25    print(getDecimalValue(create_link_list([0, 0])))
26    print(getDecimalValue(create_link_list([1, 0, 1, 0])))
27    print(getDecimalValue(create_link_list([1, 1, 1, 1, 1, 1, 1, 1])))
28    print(getDecimalValue(create_link_list([1, 0, 0, 0, 0, 0, 0, 0, 0])))
```

执行结果

```
=============== RESTART: D:/Python interveiw/ch10/ch10_7.py ===============
2
0
10
255
256
```

这个程序从头开始遍历，重点是第 20 行每次将前一次的值乘 2，然后加上此节点的值就可以计算此列表的值。

面试实例 ch10_8.py：将十进制的链表改成整数，这个程序所传递的参数是一个链表 head，链表内容是 0 ~ 9，请设计 getDecimalValue（head）。

实例 1：

　　输入：head = [1，2]

　　输出：12

实例 2：

　　输入：head = [5，0]

　　输出：50

实例 3：

　　输入：head = [1，9，6，3]

　　输出：1963

```
1    # ch10_8.py
2    class ListNode():
3        def __init__(self, x):
4            self.val = x
5            self.next = None
6
7    def create_link_list(nums):
8        ''' 给予列表数据，然后建立链表 '''
9        ptr_head = ListNode(nums[0])              # 建立第1个链表节点
10       ptr = ptr_head
11       for x in range(1, len(nums)):             # 遍历列表nums同时建立链表
12           n = ListNode(nums[x])                 # 建立节点
13           ptr.next = n                          # 指标指向节点
14           ptr = ptr.next                        # 指标往下移动
15       return ptr_head
16
17   def getDecimalValue(head):
18       value = 0                                 # 结果值
19       while head:
20           value = value * 10 + head.val         # 先前值乘10 + 目前值
21           head = head.next                      # 进入下一个节点
22       return value
23
24   print(getDecimalValue(create_link_list([1, 2])))
25   print(getDecimalValue(create_link_list([5, 0])))
26   print(getDecimalValue(create_link_list([1, 9, 6, 3])))
```

执行结果

```
================ RESTART: D:/Python interveiw/ch10/ch10_8.py ================
12
50
1963
```

这个程序从头开始遍历，重点是第 20 行每次将前一次的值乘 10，然后加上此节点的值就可以计算此列表的值。

面试实例 ch10_9.py：了解链表内容是不是回文（palindrome），请设计函数 isPalindrome（head）执行此判断。

实例 1：

　　输入：1->0

　　输出：False

实例 2：

　　输入：0->0

　　输出：True

实例 3：

　　输入：1->1->1->0->1->1->1

　　输出：True

实例 4：

　　输入：1->1->1->0->0->1->1->1

　　输出：True

```python
1  # ch10_9.py
2  class ListNode():
3      def __init__(self, x):
4          self.val = x
5          self.next = None
6
7  def create_link_list(nums):
8      ''' 给予列表数据，然后建立链表 '''
9      ptr_head = ListNode(nums[0])              # 建立第1个链表节点
10     ptr = ptr_head
11     for x in range(1, len(nums)):             # 遍历列表nums同时建立链表
12         n = ListNode(nums[x])                 # 建立节点
13         ptr.next = n                          # 指标指向节点
14         ptr = ptr.next                        # 指标往下移动
15     return ptr_head
16
17 def isPalindrome(head):
18     mylist = []
19     while head:                               # 将链表资料存入mylist列表
20         mylist.append(head.val)
21         head = head.next
22     length = len(mylist)                      # 列表长度
23     for i in range(0, int(length / 2)):
24         if mylist[i] != mylist[length-i-1]:   # 列表头往后、尾往前比较
25             return False
26     return True
27
28 print(isPalindrome(create_link_list([1, 0])))
29 print(isPalindrome(create_link_list([0, 0])))
30 print(isPalindrome(create_link_list([1, 0, 1, 0])))
31 print(isPalindrome(create_link_list([1, 1, 1, 0, 1, 1, 1])))
32 print(isPalindrome(create_link_list([1, 1, 1, 0, 0, 1, 1, 1])))
```

执行结果

```
================ RESTART: D:/Python interveiw/ch10/ch10_9.py ================
False
True
False
True
True
```

这个程序设计时基本上是将列表内容放在 mylist 列表内，可以参考第 18 行。然后第 24 行是列表头尾往中间比对内容，第 25 行如果有不相符就回传 False。如果全部比对完成，没有不相符，第 26 行会回传 True。

面试实例 ch10_10.py：给予两个元素是十进制的列表，设计 addTwoNumber（list1，list2）计算此两个列表的和，同样使用列表代表此和，然后输出结果，列表所代表的数值概念如下：

342 的列表是：2->4->3

265 的列表是：5->6->2

实例：

输入：list1 = [2，4，3]，list2 = [5，6，2]

输出：7->0->6

相当于：342 + 265 = 607

```python
1   # ch10_10.py
2   class ListNode():
3       def __init__(self, x):
4           self.val = x
5           self.next = None
6
7   def create_link_list(nums):
8       ''' 给予列表数据，然后建立链表 '''
9       ptr_head = ListNode(nums[0])          # 建立第1个链表节点
10      ptr = ptr_head
11      for x in range(1, len(nums)):         # 遍历列表nums同时建立链表
12          n = ListNode(nums[x])             # 建立节点
13          ptr.next = n                      # 指标指向节点
14          ptr = ptr.next                    # 指标往下移动
15      return ptr_head
16
17  def addTwoNumbers(list1, list2):
18      num1 = ''                             # 链表list1
19      while list1:
20          num1 += str(list1.val)
21          list1 = list1.next
22      num2 = ''                             # 链表list2
23      while list2:
24          num2 += str(list2.val)
25          list2 = list2.next
26      # 下一行是将列表转数值，加总后转成字符串
27      sum_ = str(int(num1[::-1])+int(num2[::-1]))[::-1]    # 加总
28      head = ListNode(sum_[0])              # 索引0当作列表指针的头
29      ptr = head                            # ptr指向列表头
30      for i in range(1, len(sum_)):
31          node = ListNode(sum_[i])
32          head.next = node
33          head = head.next
34      return ptr                            # 回传列表头指标
35
```

```
36  list1 = create_link_list([2, 4, 3])
37  list2 = create_link_list([5, 6, 2])
38  data = addTwoNumbers(list1, list2)
39  while data:                              # 打印新的链表
40      print(data.val)
41      data = data.next
```

执行结果

```
================ RESTART: D:/Python interveiw/ch10/ch10_10.py ================
7
0
6
```

这个程序的关键是第 18 ～ 21 行将列表 1 转成字符串，第 22 ～ 25 行将列表 2 转成字符串，第 27 行将数值的字符串加总，加总完成后再转成数值字符串，第 28 ～ 33 行则是将数值字符串转成列表，第 34 行回传列表头指标。

11

第 11 章

二叉树

面试实例 ch11_1.py：依照列表顺序建立二叉树，同时使用中序（inorder）打印。

面试实例 ch11_2.py：设计 insertList( ) 函数建立二叉树。

面试实例 ch11_3.py：请计算二叉树的最大深度 maxDepth( )。

面试实例 ch11_4.py：测试 2 个二叉树是否内容相同 isSameTree( )。

面试实例 ch11_5.py：判断二叉树是不是中心对称或称镜像 isSymmetric( )。

面试实例 ch11_6.py：将已排序数组转成二叉搜索树 sortedToBST( )。

面试实例 ch11_7.py：将未排序的数组转成二叉搜索树 arrayToBST( )。

面试实例 ch11_8.py：验证是不是二叉搜索树 isValidBST( )。

面试实例 ch11_9.py：计算二叉树的最小深度 minDepth( )。

面试实例 ch11_10.py：求某二叉树的路径数值和是否等于特定值 hasPathSum( )。

面试实例 ch11_11.py：计算所有左边叶节点的总和 sumOfLeaves( )。

面试实例 ch11_12.py：遍历二叉树使用前序打印 preorder( )。

面试实例 ch11_13.py：遍历二叉树使用后序打印 postorder( )。

面试实例 ch11_14.py：从最顶端开始，依层次打印节点 levelOrder( )。

这一章主要是说明 Python 工程师有关考试的二叉树题目，在这一章笔者使用下列类建立二叉树节点。

```
class TreeNode():
    def __init__(self, val=None):
        ''' 建立二叉树的节点 '''
        self.val = val
        self.left = None
        self.right = None
```

面试实例 ch11_1.py：依照列表顺序建立二叉树，同时使用中序（inorder）打印，此列表 datas 内容是 [0, 1, 2, 3, 4, 5]，所建的二叉树如下：

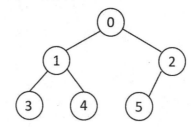

```
1   # ch11_1.py
2   class TreeNode():
3       def __init__(self, val=None):
4           ''' 建立二叉树的节点 '''
5           self.val = val
6           self.left = None
7           self.right = None
8
9       def inorder(self):
10          ''' 中序打印 '''
11          if self.left:                       # 如果左子节点存在
12              self.left.inorder()             # 递归调用下一层
13          print(self.val)                     # 打印
14          if self.right:                      # 如果右子节点存在
15              self.right.inorder()            # 递归调用下一层
16
17  datas = [0, 1, 2, 3, 4, 5]                  # 建立二叉树数据
18  tree = TreeNode(datas[0])                   # 建立二叉树节点
19  tree.left = TreeNode(datas[1])
20  tree.right = TreeNode(datas[2])
21  tree.left.left = TreeNode(datas[3])
22  tree.left.right = TreeNode(datas[4])
23  tree.right.left = TreeNode(datas[5])
24
25  tree.inorder()                              # 中序打印
```

执行结果

```
=============== RESTART: D:/Python interveiw/ch11/ch11_1.py ===============
3
1
4
0
5
2
```

上述第 18 ～ 23 行是最直接建立二叉树的方式。

面试实例 ch11_2.py：改良上述建立二叉树的方式，设计 insertList（data，root，i，n）函数，其中 data 是列表，root 是根节点，i 是索引，n 是列表长度。

```python
1  # ch11_2.py
2  class TreeNode():
3      def __init__(self, val=None):
4          ''' 建立二叉树的节点 '''
5          self.val = val
6          self.left = None
7          self.right = None
8
9      def inorder(self):
10         ''' 中序打印 '''
11         if self.left:              # 如果左子节点存在
12             self.left.inorder()    # 递归调用下一层
13         print(self.val)            # 打印
14         if self.right:             # 如果右子节点存在
15             self.right.inorder()   # 递归调用下一层
16
17 def insertList(data, root, i, n):
18     ''' 依序将列表内容建立二叉树 '''
19     if i < n:
20         tmp = TreeNode(data[i])
21         root = tmp
22         # 插入左子节点
23         root.left = insertList(data, root.left, 2 * i + 1, n)
24         # 插入右子节点
25         root.right = insertList(data, root.right, 2 * i + 2, n)
26     return root
27
28 tree = TreeNode()                  # 建立二叉树对象
29 datas = [0, 1, 2, 3, 4, 5]         # 建立二叉树数据
30 n = len(datas)                     # 列表datas的长度
31 tree = insertList(datas, tree, 0, n)
32 tree.inorder()                     # 中序打印
```

执行结果

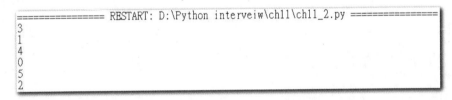

```
================= RESTART: D:\Python interveiw\ch11\ch11_2.py =================
3
1
4
0
5
2
```

上述第 17 ～ 26 行的 insertList( ) 是一个递归函数，这是本程序的关键，这个函数所传递的参数有 4 个，如下所示：

data：要建立二叉树的列表；

root：目前二叉树的根节点；

i：要建立二叉树节点的列表数据索引；

n：列表数据的长度。

由于建立完根节点后会先执行第 23 行建立左子节点，所以这个 insertList( ) 实质上会经过下列调用与建立节点顺序：

insert[··· , i = 0, ···]　　　　建立节点 0

insert[··· , i = 1, ···]　　　　建立节点 1

insert[··· , i = 3, ···]　　　　建立节点 3

insert[… ，i = 7，…]	不进入第 20 行的 if 叙述建立节点
insert[… ，i = 8，…]	不进入第 20 行的 if 叙述建立节点
insert[… ，i = 4，…]	建立节点 4
insert[… ，i = 9，…]	不进入第 20 行的 if 叙述建立节点
insert[… ，i = 10，…]	不进入第 20 行的 if 叙述建立节点
insert[… ，i = 2，…]	建立节点 2
insert[… ，i = 5，…]	建立节点 5
insert[… ，i = 11，…]	不进入第 20 行的 if 叙述建立节点
insert[… ，i = 12，…]	不进入第 20 行的 if 叙述建立节点
insert[… ，i = 6，…]	不进入第 20 行的 if 叙述建立节点

其实递归调用在程序内部是一个堆栈调用，如果读者不了解上述调用过程，建议可以参考笔者所著的《算法零基础一本通（Python 版）》。

面试实例 ch11_3.py：有一个二叉树 root，请计算此二叉树的最大深度，设计 maxDepth（root）函数执行此工作，此函数的参数是 root。

实例：

输入：[3，None，20，18，None，None，7]

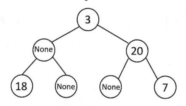

输出：3

```python
1  # ch11_3.py
2  class TreeNode():
3      def __init__(self, val=None):
4          ''' 建立二叉树的节点 '''
5          self.val = val
6          self.left = None
7          self.right = None
8
9  def insertList(data, root, i, n):
10     ''' 依序将列表内容建立二叉树 '''
11     if i < n:
12         tmp = TreeNode(data[i])
13         root = tmp
14         # 插入左子节点
15         root.left = insertList(data, root.left, 2 * i + 1, n)
16         # 插入右子节点
17         root.right = insertList(data, root.right, 2 * i + 2, n)
18     return root
19
20 def maxDepth(root):
21     if root == None:
22         return 0
23     else:
24         return 1 + max(maxDepth(root.left), maxDepth(root.right))
25
26 tree = TreeNode()                            # 建立二叉树对象
27 datas = [3, None, 20, None, None, 18, 7]     # 建立二叉树数据
28 n = len(datas)                               # 列表datas的长度
29 tree = insertList(datas, tree, 0, n)
30 print(maxDepth(tree))
```

执行结果

```
=============== RESTART: D:/Python interveiw/ch11/ch11_3.py ===============
3
```

这个程序的关键点在第 24 行，使用递归调用 maxDepth( )，每次递归调用如果节点存在深度就加 1，同时取左子树和右子树的最大值。

也可以将每个二叉树节点加入列表方式求解，这是使用广度优先（breadth first search）搜寻法的概念，可以参考下列实例。

```python
 1  # ch11_3_1.py
 2  class TreeNode():
 3      def __init__(self, val=None):
 4          ''' 建立二叉树的节点 '''
 5          self.val = val
 6          self.left = None
 7          self.right = None
 8
 9  def insertList(data, root, i, n):
10      ''' 依序将列表内容建立二叉树 '''
11      if i < n:
12          tmp = TreeNode(data[i])
13          root = tmp
14          # 插入左子节点
15          root.left = insertList(data, root.left, 2 * i + 1, n)
16          # 插入右子节点
17          root.right = insertList(data, root.right, 2 * i + 2, n)
18      return root
19
20  def maxDepth(root):
21      if root == None:
22          return 0
23      depth = 0                              # 最初化二叉树的深度
24      t = [root]                            # 列表放置二叉树的根节点
25      while len(t) != 0:                    # 当长度不为0
26          depth += 1                        # 深度加1
27          for i in range(0, len(t)):
28              if t[0].left:                 # 如果左子节点存在
29                  t.append(t[0].left)       # 加入左子节点
30              if t[0].right:                # 如果右子节点存在
31                  t.append(t[0].right)      # 加入右子节点
32              del t[0]
33      return depth
34
35  tree = TreeNode()                         # 建立二叉树对象
36  datas = [3, None, 20, None, None, 18, 7]  # 建立二叉树数据
37  n = len(datas)                            # 列表datas的长度
38  tree = insertList(datas, tree, 0, n)
39  print(maxDepth(tree))
```

面试实例 ch11_4.py：测试 2 个二叉树是否内容相同，请设计 isSameTree（p，q）函数做测试，p 和 q 是 2 个要做测试的二叉树。

实例 1 :

输入 : [1, 2, 3], [1, 2, 3]

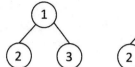

输出：True

实例 2：

输入：[1，2，3]，[1，1，3]

输出：False

实例 3：

输入：[1，3]，[1，None，3]

输出：False

这个程序分别建立 3 个二叉树，然后比较 tree1 和 tree2，以及 tree1 和 tree3 是否相同，这 3 个树的原始列表数据如下：

tree1：data1 = [3，None，20，None，None，18，7]

tree2：data2 = [3，None，20，None，None，18，7]

tree3：data3 = [3，None，20，None，1，18，7]

```python
1  # ch11_4.py
2  class TreeNode():
3      def __init__(self, val=None):
4          ''' 建立二叉树的节点 '''
5          self.val = val
6          self.left = None
7          self.right = None
8
9  def insertList(data, root, i, n):
10     ''' 依序将列表内容建立二叉树 '''
11     if i < n:
12         tmp = TreeNode(data[i])
13         root = tmp
14         # 插入左子节点
15         root.left = insertList(data, root.left, 2 * i + 1, n)
16         # 插入右子节点
17         root.right = insertList(data, root.right, 2 * i + 2, n)
18     return root
19
20 def isSameTree(p, q):
```

```
21       if p == None and q == None:                    # 如果皆是空树
22           return True
23       if p and q and p.val == q.val:                  # 如果树节点存在同时数据相同
24           return isSameTree(p.left, q.left) and isSameTree(p.right, q.right)
25       return False
26
27   tree1 = TreeNode()                                  # 建立二叉树对象
28   data1 = [3, None, 20, None, None, 18, 7]            # 建立二叉树数据
29   n1 = len(data1)                                     # 列表datas的长度
30   tree1 = insertList(data1, tree1, 0, n1)             # 用data1建立二叉树
31   tree2 = TreeNode()                                  # 建立二叉树对象
32   data2 = [3, None, 20, None, None, 18, 7]            # 建立二叉树数据
33   n2 = len(data2)                                     # 列表datas的长度
34   tree2 = insertList(data2, tree2, 0, n2)             # 用data2建立二叉树
35   print(isSameTree(tree1, tree2))
36   tree3 = TreeNode()                                  # 建立二叉树对象
37   data3 = [3, None, 20, None, None, 1, 18, 7]         # 建立二叉树数据
38   n3 = len(data3)                                     # 列表datas的长度
39   tree3 = insertList(data3, tree3, 0, n3)             # 用data3建立二叉树
40   print(isSameTree(tree1, tree3))
```

执行结果

```
================= RESTART: D:/Python interveiw/ch11/ch11_4.py =================
True
False
```

函数 isSameTree（p，q）的设计概念首先是确定 2 个树 p 和 q 皆存在，然后比较节点是否存在且内容相同。接下来使用递归概念分别测试左子树和右子树，如果同时存在且内容相同就会回传 True，否则回传 False。

面试实例 ch11_5.py：有一个二叉树，请设计函数 isSymmetric（root），然后判断这个二叉树是不是中心对称，也可以称镜像（mirror）。对于根节点而言，左子节点与右子节点必须内容相同才算是中心对称。

对于更深一层次的节点而言，必须执行下列判断：

外部比较 outside：左边节点的 left 与右边节点的 right 做比较；

内部比较 inside：左边节点的 right 与右边节点的 left 做比较。

如果 outside 和 inside 皆是 True，则算比较成功，这样递归比较，最后可以得到二叉树是不是对称。

实例 1：

输入：[1，2，2，3，5，5，3]

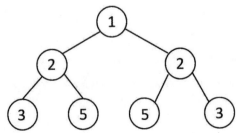

输出：True

实例 2：

输入：[1，2，2，None，5，None，5]

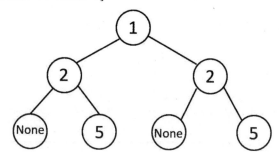

输出：False

```
1   # ch11_5.py
2   class TreeNode():
3       def __init__(self, val=None):
4           ''' 建立二叉树的节点 '''
5           self.val = val
6           self.left = None
7           self.right = None
8
9   def insertList(data, root, i, n):
10      ''' 依序将列表内容建立二叉树 '''
11      if i < n:
12          tmp = TreeNode(data[i])
13          root = tmp
14          # 插入左子节点
15          root.left = insertList(data, root.left, 2 * i + 1, n)
16          # 插入右子节点
17          root.right = insertList(data, root.right, 2 * i + 2, n)
18      return root
19
20  def isMirror(left, right):
21      if left is None and right is None:          # 2个皆是None
22          return True
23      if left is None or right is None:           # 其中一个是None
24          return False
25      if left.val == right.val:
26          # 左边节点的left和右边节点的right做比较
27          outside = isMirror(left.left, right.right)
28          # 左边节点的right和右边节点的left做比较
29          inside = isMirror(left.right, right.left)
30          return outside and inside
31      return False
32
33  def isSymmetric(root):
34      if root:
35          return isMirror(root.left, root.right)
36      else:
37          return True
38
39  tree1 = TreeNode()                              # 建立二叉树对象
40  data1 = [1, 2, 2, 3, 5, 5, 3]                   # 建立二叉树数据
```

```
41    n1 = len(data1)                                    # 列表datas的长度
42    tree1 = insertList(data1, tree1, 0, n1)            # 用data1建立二叉树
43    print(isSymmetric(tree1))
44    tree2 = TreeNode()                                 # 建立二叉树对象
45    data2 = [1, 2, 2, None, 5, None, 5]                # 建立二叉树数据
46    n2 = len(data2)                                    # 列表datas的长度
47    tree2 = insertList(data2, tree2, 0, n2)            # 用data2建立二叉树
48    print(isSymmetric(tree2))
```

执行结果

```
================ RESTART: D:/Python interveiw/ch11/ch11_5.py ================
True
False
```

上述程序第 35 行是调用 isMirror( )，执行根节点的 2 个子节点做比较。未来在做递归调用的比较时，第 27 行 outside 外部比较相当于左边节点的 left 与右边节点的 right 做比较，第 29 行 inside 内部比较相当于左边节点的 right 与右边节点的 left 做比较。

其实递归概念就是堆栈，下列是使用列表仿真堆栈重新设计的程序。

```
1    # ch11_5_1.py
2    class Node():
3        def __init__(self, val=None):
4            ''' 建立二叉树的节点 '''
5            self.val = val
6            self.left = None
7            self.right = None
8
9    def insertList(data, root, i, n):
10       ''' 依序将列表内容建立二叉树 '''
11       if i < n:
12           temp = Node(data[i])
13           root = temp
14           # 插入左子节点
15           root.left = insertList(data, root.left, 2 * i + 1, n)
16           # 插入右子节点
17           root.right = insertList(data, root.right, 2 * i + 2, n)
18       return root
19
20   def isSymmetric(root):
21       if root is None:
22           return True
23       stack = [[root.left, root.right]]          # 虽是列表但实质是堆栈
24       while len(stack) > 0:
25           node = stack.pop(0)                    # 取出堆栈的节点
26           left = node[0]                         # 节点的左子树
27           right = node[1]                        # 节点的右子树
28           if left is None and right is None:
29               continue
30           if left is None or right is None:
31               return False
32           if left.val == right.val:
33               # 左节点的左子节点与右节点的右子节点存入堆栈
34               stack.insert(0, [left.left, right.right])
35               # 左节点的右子节点与右节点的左子节点存入堆栈
36               stack.insert(0, [left.right, right.left])
37           else:
38               return False
39       return True
40
```

```
41   tree1 = Node()                              # 建立二叉树对象
42   data1 = [1, 2, 2, 3, 5, 5, 3]              # 建立二叉树数据
43   n1 = len(data1)                             # 列表datas的长度
44   tree1 = insertList(data1, tree1, 0, n1)    # 用data1建立二叉树
45   print(isSymmetric(tree1))
46   tree2 = Node()                              # 建立二叉树对象
47   data2 = [1, 2, 2, None, 5, None, 5]        # 建立二叉树数据
48   n2 = len(data2)                             # 列表datas的长度
49   tree2 = insertList(data2, tree2, 0, n2)    # 用data2建立二叉树
50   print(isSymmetric(tree2))
```

面试实例 ch11_6.py：将已排序数组转成二叉搜索树（binary search tree，BST），请设计 sortedToBST（nums）函数执行此工作。所谓的二叉搜索树概念如下：

所有左子树的值皆小于根节点的值，所有右子树的值皆大于根节点的值。

实例：

输入：nums = [-10，-3，0，5，9]

输出：相当于建立下列二叉搜索树：

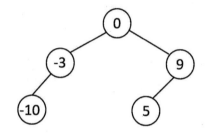

最后使用中序（inorder）打印此二叉搜索树。

```
1    # ch11_6.py
2    class TreeNode():
3        def __init__(self, val=None):
4            ''' 建立二叉树的节点 '''
5            self.val = val
6            self.left = None
7            self.right = None
8
9        def inorder(self):
10           ''' 中序打印 '''
11           if self.left:                       # 如果左子节点存在
12               self.left.inorder()             # 递归调用下一层
13           print(self.val)                     # 打印
14           if self.right:                      # 如果右子节点存在
15               self.right.inorder()            # 递归调用下一层
16
17   def sortedArrayToBST(nums):
18       if not nums:
19           return None
20       mid = len(nums) // 2                     # 列表中间索引
21       root = TreeNode(nums[mid])               # 列表中间元素建立相对根节点
22
23       root.left = sortedArrayToBST(nums[:mid])    # 建立左子树
24       root.right = sortedArrayToBST(nums[mid+1:]) # 建立右子树
25       return root
26
27   data = [-10, -3, 0, 5, 9]                    # 建立BST二叉树数据
28   bst = sortedArrayToBST(data)
29   bst.inorder()
```

执行结果

```
=============== RESTART: D:/Python interveiw/ch11/ch11_6.py ===============
-10
-3
0
5
9
```

这个程序的关键是在第 20 行计算列表中间的索引，第 21 行则是将列表中间索引元素当作相对根节点，第 23 行是将列表左半部建立左子树，第 24 行是将列表右半部建立右子树。

面试实例 ch11_7.py：将未排序的数组转成二叉搜索树，请设计 arrayToBST（nums）函数执行此工作，同时使用中序（inorder）打印。

实例：

输入：datas = [10，21，5，9，13，28]

输出：可以获得下列二叉搜索树：

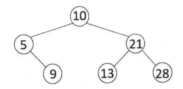

当执行中序打印后可以得到 5，9，10，13，21，28。

```python
1   # ch11_7.py
2   class TreeNode():
3       def __init__(self, val=None):
4           ''' 建立二叉树的节点 '''
5           self.val = val
6           self.left = None
7           self.right = None
8
9       def insert(self, val):
10          ''' 插入二叉搜索树的节点 '''
11          if self.val:                              # 如果根节点值存在
12              if val < self.val:                    # 插入值小于目前节点值
13                  if self.left:                     # 如果左子节点存在
14                      self.left.insert(val)         # 递归调用往下一层插入此值
15                  else:
16                      self.left = TreeNode(val)     # 建立新节点存放数据
17              else:                                 # 插入值大于目前节点值
18                  if self.right:                    # 如果右子节点存在
19                      self.right.insert(val)        # 递归调用往下一层插入此值
20                  else:
21                      self.right = TreeNode(val)    # 建立新节点存放数据
22          else:                                     # 如果根节点值不存在
23              self.val = val                        # 建立根节点值
24
25      def arrayToBST(self, nums):
26          root = TreeNode()
27          for n in nums:                            # 依序插入数组数据
28              root.insert(n)
29          return root
30
```

```
31      def inorder(self):
32          ''' 中序打印 '''
33          if self.left:                       # 如果左子节点存在
34              self.left.inorder()             # 递归调用下一层
35          print(self.val)                     # 打印
36          if self.right:                      # 如果右子节点存在
37              self.right.inorder()            # 递归调用下一层
38
39  tree = TreeNode()                           # 建立二叉树对象
40  datas = [10, 21, 5, 9, 13, 28]             # 建立二叉树数据
41  tree = tree.arrayToBST(datas)              # 建立二叉搜索树BST
42  tree.inorder()                              # 中序打印
```

执行结果

```
================ RESTART: D:/Python interveiw/ch11/ch11_7.py ================
5
9
10
13
21
28
```

上述笔者设计 arrayToBST（self，nums）函数，第 26 行是建立一个二叉树的对象，第 27 和 28 行则是依序插入数组数据至二叉树。第 9 ～ 23 行的 insert( ) 方法则是将数组数据插入二叉树适当位置。

面试实例 ch11_8.py：验证是不是二叉搜索树，请设计 isValidBST（root）函数，所传递的参数是 root，然后判断此 root 是不是二叉搜索树。

实例 1：

输入：[2，1，3]

输出：True

实例 2：

输入：[5，1，4，None，None，3，6]

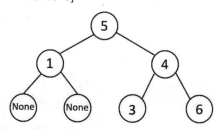

输出：False

```
1    # ch11_8.py
2    class TreeNode():
3        def __init__(self, val=None):
4            ''' 建立二叉树的节点 '''
5            self.val = val
6            self.left = None
7            self.right = None
8
9    def insertList(data, root, i, n):
10       ''' 依序将列表内容建立二叉树 '''
11       if i < n:
12           tmp = TreeNode(data[i])
13           root = tmp
14           # 插入左子节点
15           root.left = insertList(data, root.left, 2 * i + 1, n)
16           # 插入右子节点
17           root.right = insertList(data, root.right, 2 * i + 2, n)
18       return root
19
20   def ValidBST(root, min, max):
21       if root == None:
22           return True
23       if root.val:                          # 如果if.val存在不是None
24           if root.val <= min or root.val >= max:
25               return False
26       return ValidBST(root.left, min, root.val) and ValidBST(root.right, root.val, max)
27
28   def isValidBST(root):
29       return ValidBST(root, float('-inf'), float('inf'))
30
31   tree1 = TreeNode()                        # 建立二叉树对象
32   data1 = [2, 1, 3]                         # 建立二叉树数据
33   n1 = len(data1)                           # 列表datas的长度
34   tree1 = insertList(data1, tree1, 0, n1)   # 用data1建立二叉树
35   print(isValidBST(tree1))                  # 验证是不是BST
36
37   tree2 = TreeNode()                        # 建立二叉树对象
38   data2 = [5, 1, 4, None, None, 3, 6]       # 建立二叉树数据
39   n2 = len(data2)                           # 列表datas的长度
40   tree2 = insertList(data2, tree2, 0, n2)   # 用data2建立二叉树
41   print(isValidBST(tree2))
```

执行结果

```
================ RESTART: D:/Python interveiw/ch11/ch11_8.py ================
True
False
```

二叉搜索树成立的条件是节点存在且必须符合下列两个条件：

（1）左子节点的值必须在（min，目前节点值）之间。

（2）右子节点的值必须在（max，目前节点值）之间。

第 20 ～ 26 行会不断往叶节点递归做判断，这样就可以知道是不是二叉搜索树。

面试实例 ch11_9.py：计算二叉树的最小深度，请设计 minDepth（tree），tree 是二叉树。所谓的最小深度，就是指根节点到最近叶节点的节点数量，基本概念是左、右两边子树皆是取最小的路径。

注　　所谓的叶节点是指没有子节点的节点。

实例 1：
　　　输入：[2，1]

　　　输出：2

实例 2：
　　　输入：[6，1，4，3，7]

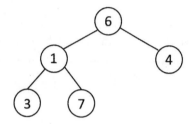

　　　输出：2

实例 3：
　　　输入：[6，1，4，3，7，2]

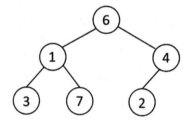

　　　输出：3

```python
1  # ch11_9.py
2  class TreeNode():
3      def __init__(self, val=None):
4          ''' 建立二叉树的节点 '''
5          self.val = val
6          self.left = None
7          self.right = None
8
9  def insertList(data, root, i, n):
10     ''' 依序将列表内容建立二叉树 '''
11     if i < n:
12         tmp = TreeNode(data[i])
13         root = tmp
14         # 插入左子节点
15         root.left = insertList(data, root.left, 2 * i + 1, n)
16         # 插入右子节点
17         root.right = insertList(data, root.right, 2 * i + 2, n)
18     return root
19
```

```
20   def minDepth(root):
21       if root == None:
22           return 0
23       if root.left != None and root.right == None:
24           return minDepth(root.left) + 1
25       if root.left == None and root.right != None:
26           return minDepth(root.right) + 1
27       return min(minDepth(root.left), minDepth(root.right)) + 1
28
29   tree = TreeNode()                                    # 建立二叉树对象
30   data = [6, 1, 4, 3, 7]                               # 建立二叉树数据
31   n = len(data)                                        # 列表data的长度
32   tree = insertList(data, tree, 0, n)                  # 用data建立二叉树
33   print(minDepth(tree))
```

执行结果

```
================ RESTART: D:/Python interveiw/ch11/ch11_9.py ================
2
```

设计 minDepth( ) 时概念如下 :

（1）如果是空的树，回传 0。

（2）如果根节点只有左子树，右子树不存在则回传左子树的最小深度 +1，可参考第 24 行。

（3）如果根节点只有右子树，左子树不存在则回传右子树的最小深度 +1，可参考第 26 行。

（4）如果根节点的左子树与右子树皆存在，则回传左子树与右子树的较小值 +1，可参考第 27 行。

面试实例 ch11_10.py：求某一个二叉树的路径数值和是否等于特定值，请设计 hasPathSum（root，sum），root 是二叉树，sum 是特定值，如果有路径和等于 sum 则回传 True，否则回传 False。

实例 1 :

输入：root = 5->4->8，sum = 22

输出：False

实例 2 :

输入：root = 5->4->9->11->None->13->6->7->2，sum = 22

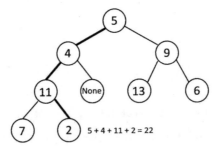

输出：True

```
1   # ch11_10.py
2   class TreeNode():
3       def __init__(self, val=None):
4           ''' 建立二叉树的节点 '''
5           self.val = val
6           self.left = None
7           self.right = None
8
9   def insertList(data, root, i, n):
10      ''' 依序将列表内容建立二叉树 '''
11      if i < n:
12          tmp = TreeNode(data[i])
13          root = tmp
14          # 插入左子节点
15          root.left = insertList(data, root.left, 2 * i + 1, n)
16          # 插入右子节点
17          root.right = insertList(data, root.right, 2 * i + 2, n)
18      return root
19
20  def hasPathSum(root, sum):
21      if not root:
22          return False
23      if not root.left and not root.right:          # 如果没有子节点了
24          return root.val == sum                    # 回传比较的逻辑值
25      return hasPathSum(root.left,sum-root.val) or hasPathSum(root.right,sum-root.val)
26
27  tree = TreeNode()                                 # 建立二叉树对象
28  data = [5, 4, 9, 11, None, 13, 6, 7, 2 ]          # 建立二叉树数据
29  n = len(data)                                     # 列表data的长度
30  tree = insertList(data, tree, 0, n)               # 用data建立二叉树
31  print(hasPathSum(tree, 22))
32  data = [5, 4, 8]                                  # 建立二叉树数据
33  n = len(data)                                     # 列表data的长度
34  tree = insertList(data, tree, 0, n)               # 用data建立二叉树
35  print(hasPathSum(tree, 22))
```

执行结果

```
================ RESTART: D:/Python interveiw/ch11/ch11_10.py ================
True
False
```

这个程序基本概念是，如果底下有子节点，sum 减去此节点值，进入递归，可以参考第 25 行。

如果没有子节点，则比较目前节点值是不是等于最后 sum 的值，然后回传逻辑值，可以参考第 22 和 23 行。

面试实例 ch11_11.py：计算所有左边叶节点的总和，请设计 sumOfLeaves（root）执行此工作。

实例 1：

输入：root = 3->8->21

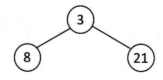

输出：8

实例 2：

输入：root = 3->8->21->None->None->16->8

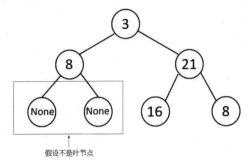

假设不是叶节点

输出：24

上述在建立二叉树时，如果数组元素是 None，笔者仍建立 None 节点，不过在计算左边叶节点的总和时，可以忽略 None 的节点。

```python
1   # ch11_11.py
2   class TreeNode():
3       def __init__(self, val=None):
4           ''' 建立二叉树的节点 '''
5           self.val = val
6           self.left = None
7           self.right = None
8
9   def insertList(data, root, i, n):
10      ''' 依序将列表内容建立二叉树 '''
11      if i < n:
12          tmp = TreeNode(data[i])
13          root = tmp
14          # 插入左子节点
15          root.left = insertList(data, root.left, 2 * i + 1, n)
16          # 插入右子节点
17          root.right = insertList(data, root.right, 2 * i + 2, n)
18      return root
19
20  def sumOfLeftLeaves(root):
21      if root is None:
22          return 0
23      sum = 0
24      sum = sumOfLeftLeaves(root.left) + sumOfLeftLeaves(root.right)
25      if root.left and root.left.left is None and root.left.right is None:
26          if root.left.val != None:
27              sum += root.left.val            # 节点存在同时val不是None
28          else:
29              sum += root.val                 # 节点存在同时val是None
30      return sum
31
32  tree = TreeNode()                           # 建立二叉树对象
33  data = [3, 8, 21]                           # 建立二叉树数据
34  n = len(data)                               # 列表data的长度
35  tree = insertList(data, tree, 0, n)         # 用data建立二叉树
36  print(sumOfLeftLeaves(tree))
37  data = [3, 8, 21, None, None, 16, 8]        # 建立二叉树数据
38  n = len(data)                               # 列表data的长度
39  tree = insertList(data, tree, 0, n)         # 用data建立二叉树
40  print(sumOfLeftLeaves(tree))
```

执行结果

```
=============== RESTART: D:\Python interveiw\ch11\ch11_11.py ===============
8
24
```

上述第 25 行主要是了解左边叶节点的左子节点是 None，以及右子节点是 None，同时此左边叶节点存在。

另外再加上左边节点的 val 存在，则将总计加上此节点的 val 值，可参考第 27 行。如果左边节点的 val 不存在，因为节点可能是 None，这时是将总计加上 root.val 值。

面试实例 ch11_12.py：遍历二叉树使用前序（preorder）打印。所谓前序打印是每当走访一个节点就处理此节点，遍历顺序是往左子树走，直到无法前进，接着往右走。也可以用另一种方法解释，顺序是根节点（Root，缩写是 D）、遍历左子树（Left，缩写是 L）、遍历右子树（Right，缩写是 R），整个遍历过程简称 DLR。

实例：

输入：10->21->5->9->13->28

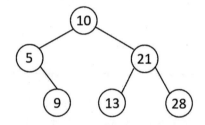

输出：10，5，9，21，13，28

依上述概念设计前序打印的递归函数步骤如下：

（1）处理此节点。

（2）如果左子树节点存在，则递归调用 self.left.preorder( )，往左子树走。

（3）如果右子树节点存在，则递归调用 self.right.preorder( )，往右子树走。

```python
1   # ch11_12.py
2   class TreeNode():
3       def __init__(self, data=None):
4           ''' 建立二叉树的节点 '''
5           self.data = data
6           self.left = None
7           self.right = None
8
9       def insert(self, data):
10          ''' 建立二叉树 '''
11          if self.data:                          # 如果根节点存在
12              if data < self.data:               # 插入值小于目前节点值
13                  if self.left:
14                      self.left.insert(data)     # 递归调用往下一层
15                  else:
16                      self.left = TreeNode(data) # 建立新节点存放数据
17              else:                              # 插入值大于目前节点值
18                  if self.right:
19                      self.right.insert(data)
```

```
20                     else:
21                         self.right = TreeNode(data)
22             else:                                    # 如果根节点不存在
23                 self.data = data                     # 建立根节点
24
25      def preorder(self):
26          ''' 前序打印 '''
27          print(self.data)                            # 打印
28          if self.left:                               # 如果左子节点存在
29              self.left.preorder()                    # 递归调用下一层
30          if self.right:                              # 如果右子节点存在
31              self.right.preorder()                   # 递归调用下一层
32
33  tree = TreeNode()                                   # 建立二叉树对象
34  datas = [10, 21, 5, 9, 13, 28]                      # 建立二叉树数据
35  for d in datas:
36      tree.insert(d)                                  # 分别插入数据
37  tree.preorder()                                     # 前序打印
```

执行结果

```
=============== RESTART: D:/Python interveiw/ch11/ch11_12.py ===============
10
5
9
21
13
28
```

面试实例 ch11_13.py：遍历二叉树使用后序（postorder）打印，后序打印和前序打印是相反的，每当走访一个节点需要等到两个子节点走访完成，才处理此节点。也可以用另一种方法解释，顺序是遍历左子树（Left，缩写是 L）、遍历右子树（Right，缩写是 R）、根节点（Root，缩写是 D），整个遍历过程简称 LRD。

实例：

输入：10->21->5->9->13->28

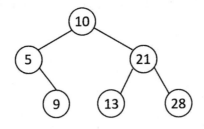

输出：9，5，13，28，21，10

依上述概念设计后序打印的递归函数步骤如下：

（1）如果左子树节点存在，则递归调用 self.left.postorder( )，往左子树走。

（2）如果右子树节点存在，则递归调用 self.right.preorder( )，往右子树走。

（3）处理此节点。

```
1    # ch11_13.py
2    class TreeNode():
3        def __init__(self, data=None):
4            ''' 建立二叉树的节点 '''
5            self.data = data
6            self.left = None
7            self.right = None
8
9        def insert(self, data):
10           ''' 建立二叉树 '''
11           if self.data:                          # 如果根节点存在
12               if data < self.data:               # 插入值小于目前节点值
13                   if self.left:
14                       self.left.insert(data)     # 递归调用往下一层
15                   else:
16                       self.left = TreeNode(data) # 建立新节点存放数据
17               else:                              # 插入值大于目前节点值
18                   if self.right:
19                       self.right.insert(data)
20                   else:
21                       self.right = TreeNode(data)
22           else:                                  # 如果根节点不存在
23               self.data = data                   # 建立根节点
24
25       def postorder(self):
26           ''' 后序打印 '''
27           if self.left:                          # 如果左子节点存在
28               self.left.postorder()              # 递归调用下一层
29           if self.right:                         # 如果右子节点存在
30               self.right.postorder()             # 递归调用下一层
31           print(self.data)                       # 打印
32
33   tree = TreeNode()                              # 建立二叉树对象
34   datas = [10, 21, 5, 9, 13, 28]                 # 建立二叉树数据
35   for d in datas:
36       tree.insert(d)                             # 分别插入数据
37   tree.postorder()                               # 后序打印
```

执行结果

```
=============== RESTART: D:/Python interveiw/ch11/ch11_13.py ===============
9
5
13
28
21
10
```

程序实例 ch11_14.py：从最顶端开始，依层次拜访节点，请设计 levelOrder（root）函数执行此工作。

实例：

输入：3->9->25->None->None->20->8

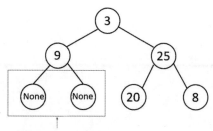

节点值None不在结果范围

233

输出：[

  [3]，

  [9，25]

  [20，8]

  ]

```python
1   # ch11_14.py
2   class TreeNode():
3       def __init__(self, val=None):
4           ''' 建立二叉树的节点 '''
5           self.val = val
6           self.left = None
7           self.right = None
8
9   def insertList(data, root, i, n):
10      ''' 依序将列表内容建立二叉树 '''
11      if i < n:
12          tmp = TreeNode(data[i])
13          root = tmp
14          # 插入左子节点
15          root.left = insertList(data, root.left, 2 * i + 1, n)
16          # 插入右子节点
17          root.right = insertList(data, root.right, 2 * i + 2, n)
18      return root
19
20  def leveljob(root, level, result):
21      if root is None:
22          return
23      if len(result) <= level:
24          result.append([])
25      # 多一个if root.val可以避免None点的None加入此
26      if root.val:
27          result[level].append(root.val)          # 加入此值
28      leveljob(root.left, level+1, result)         # 进入左子节点
29      leveljob(root.right, level+1, result)        # 进入右子节点
30
31  def levelOrder(root):
32      result = []
33      leveljob(root, 0, result)
34      return result
35
36  tree = TreeNode()                                # 建立二叉树对象
37  data = [3, 9, 25, None, None, 20, 8]             # 建立二叉树数据
38  n = len(data)                                    # 列表data的长度
39  tree = insertList(data, tree, 0, n)              # 用data建立二叉树
40  print(levelOrder(tree))
```

执行结果

```
================= RESTART: D:/Python interveiw/ch11/ch11_14.py =================
[[3], [9, 25], [20, 8]]
```

12

第 1 2 章

堆栈

面试实例 ch12_1.py：给予一个内含（、）、[、]、{、} 的字符串，请设计 isValid（s）函数，判断此字符串是否合法。

实例 1：

　　输入：'()'

　　输出：True

实例 2：

　　输入：'(){}[]'

　　输出：True

实例 3：

　　输入：'(}'

　　输出：False

实例 4：

　　输入：'({)}'

　　输出：False

实例 5：

　　输入：'{[()]}'

　　输出：True

```
1   # ch12_1.py
2   def isValid(s):
3       stack = []
4       for i in range(len(s)):
5           if s[i] in '([{':                        # 如果是(, [, {
6               stack.append(s[i])
7           if s[i] == ')':
8               if stack == [] or stack.pop() != '(':    # 如果stack是[]或不是(
9                   return False
10          if s[i] == ']':
11              if stack == [] or stack.pop() != '[':    # 如果stack是[]或不是[
12                  return False
13          if s[i] == '}':
14              if stack == [] or stack.pop() != '{':    # 如果stack是[]或不是{
15                  return False
16
17      if stack:
18          return False                              # 如果还有数据则回传False
19      else:
20          return True                               # 如果没有数据则回传True
21
22  print(isValid('()'))
23  print(isValid('(){}[]'))
24  print(isValid('(}'))
25  print(isValid('({)}'))
26  print(isValid('{[()]}'))
```

执行结果

```
=============== RESTART: D:\Python interveiw\ch12\ch12_1.py ===============
True
True
False
False
True
```

上述设计概念是使用堆栈，如果符号是（、[、{，就存入堆栈，可以参考第 5 和 6 行。如果是 }、]、）符号，就检查堆栈顶端是否有匹配的符号，如果没有表示匹配不合法。最后遍历字符串结束，如果堆栈内有数据表示匹配不合法，否则合法。

面试实例 ch12_2.py：请设计 MinStack 类，这个类可以执行下列工作：

push（x）：将 x 推入堆栈。

pop( )：将元素从堆栈顶端删除。

top( )：取得堆栈顶端元素。

getMin( )：获得堆栈最小值。

实例：

输入：minStack = MinStack( )

minStack.push（-1）

minStack.push（0）

minStack.push（-5）

print（minStack.getMin( )）　　　　　　　 # 回传 -5

minStack.pop( )

print（minStack.top( )）　　　　　　　 # 回传 0

print（minStack.top( )）　　　　　　　 # 回传 -1

```python
1  # ch12_2.py
2  class MinStack():
3      def __init__(self):
4          self.stack = []
5
6      def push(self, x):
7          if self.stack == []:
8              self.stack.append((x, x))
9          else:
10             self.stack.append((x, min(x, self.stack[-1][1])))
11
12     def pop(self):
13         self.stack.pop()
14
15     def top(self):
16         return self.stack[-1][0]
17
18     def getMin(self):
19         return self.stack[-1][1]
20
21 minStack = MinStack()
22 minStack.push(-1)
23 minStack.push(0)
24 minStack.push(-5)
25 print(minStack.getMin())
26 minStack.pop()
27 print(minStack.top())
28 print(minStack.getMin())
```

执行结果

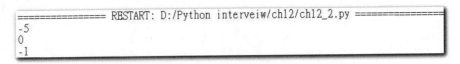

```
=============== RESTART: D:/Python interveiw/ch12/ch12_2.py ===============
-5
0
-1
```

上述程序的设计概念是，将元素值推入堆栈时是使用元组，元组的索引 0 是元素值，元组的索引 1 是当下最小值。当执行完第 22 ～ 24 行时，堆栈内容如下：

执行第 25 行时，输出 -5。

执行第 26 行时，没有输出，堆栈内容如下：

执行第 27 行时，输出 0。

执行第 28 行时，输出 -1。

面试实例 ch12_3.py：使用队列（Queue）完成下列堆栈的操作。

（1）push（x）：将元素推入堆栈。

（2）pop( )：移除和回传堆栈顶端数据。

（3）top( )：取得堆栈顶端值。

（4）empty( )：回传堆栈是否是空的。

使用队列仿真表示，数据必须插入末端，取值要从前端，同时要可以操作 empty( )，判断堆栈是否是空的。

实例：

输入：stack.push（1）

```
stack.push(3)
stack.top( )                         # 回传 3
stack.pop( )                         # 回传 3
stack.empty( )                       # 回传 False
```

```
1   # ch12_3.py
2   class MyStack():
3       def __init__(self):
4           self.queue = []
5
6       def push(self, x):
7           self.queue.append(x)                    # 在队列末端插入元素
8           tmp = []                                # 暂时的队列
9           tmp.append(self.queue[-1])              # 于队列末端值
10          self.queue = tmp + self.queue[:-1]      # 将末端元素移至前端
11
12      def pop(self):
13          if self.empty():
14              return None
15          return self.queue.pop(0)                # 队列前端取值，pop索引0
16
17      def top(self):
18          if self.empty():
19              return None
20          return self.queue[0]                    # 回传前端值
21
22      def empty(self):
23          return self.queue == []
24
25  stack = MyStack()
26  stack.push(1)
27  stack.push(3)
28  print(stack.top())
29  print(stack.pop())
30  print(stack.empty())
```

执行结果

```
================ RESTART: D:\Python interveiw\ch12\ch12_3.py ================
3
3
False
```

队列的特色是数据从一端插入（enqueue），从另一端取值（dequeue），所以在 stack 的 push 设计中，在第 7 行 append（x）数据后，数据是在末端，第 8 ～ 10 行是将数据移至队列的前端。所以第 12 ～ 15 行设计 pop( ) 时可以从队列前端取值同时删除此元素，第 17 ～ 20 行可以从前端回传元素。

面试实例 ch12_4.py：找出下一个最大值，设计 nextGreaterElement（nums1，nums2），其中 nums1 的元素是 nums2 元素的子集合，找出所有 nums1 元素相对于 nums2 元素位置的下一个较大值，如果不存在则输出 -1。

实例 1：

输入：nums1 = [4，1，2]，nums2 = [1，3，4，2]

输出：[-1，3，-1]

实例 2：

输入：nums1 = [4，6]，nums2 = [3，4，5，6]

输出：[5，-1]

```
1   # ch12_4.py
2   def nextGreaterElement(nums1, nums2):
3       result = []
4       for n1 in nums1:                                    # 遍历列表1
5           for i,val in enumerate(nums2):                  # 打包nums2索引值
6               if n1 == nums2[i]:                          # 如果找到
7                   index = i                               # 记住索引值
8                   break
9           while index < len(nums2) and n1 >= nums2[index]:
10              index += 1
11          if index == len(nums2):
12              result.append(-1)                           # 没有找到存入-1
13          else:
14              result.append(nums2[index])                 # 找到存入下一个较大值
15      return result
16
17
18  print(nextGreaterElement([4, 1, 2], [1, 3, 4, 2]))
19  print(nextGreaterElement([4, 6], [3, 4, 5, 6]))
```

执行结果

```
================ RESTART: D:/Python interveiw/ch12/ch12_4.py ================
[-1, 3, -1]
[5, -1]
```

这个程序的重点是取得 nums1 每个元素在 nums2 的索引 i，可以参考第 5 行。第 6 和 7 行可以找出是否存在下一个较大值，如果不存在则 i 将等于 len（nums2），所以存入 −1，否则可以直接存入 nums2[i] 值。

面试实例 ch12_5.py：比较两段内容是否相同，请设计 backspaceCompare（S，T）函数，此函数包含 2 个字符串，如果字符串有 # 字符，可以让字符串退回一格，相当于删除前一个字符。最后比较 S 和 T 字符串是否相同。

实例 1：

    输入：

    S = 'ab#c'，T = 'ad#c'

    输出：

    True

实例 2：

    输入：

    S = 'ab##'，T = 'a#k#'

    输出：

    True

实例 3：

    输入：

    S = 'a##k'，T = '#k#k'

　　输出：

　　True

实例 4：

　　输入：

　　S = 'a#k'，T = 'a'

　　输出：

　　False

```python
1   # ch12_5.py
2   def backspaceCompare(S, T):
3       stackS = []
4       stackT = []
5       for s in S:
6           if s != "#":              # 如果不是'#'
7               stackS.append(s)      # 推入堆栈
8           elif stackS:              # 如果是'#'
9               stackS.pop()          # 退出一格
10      for t in T:
11          if t != "#":              # 如果不是'#'
12              stackT.append(t)      # 推入堆栈
13          elif stackT:              # 如果是'#'
14              stackT.pop()          # 退出一格
15      return stackS == stackT       # 回传比较结果
16
17  print(backspaceCompare('ab#c', 'ad#c'))
18  print(backspaceCompare('ab##', 'a#k#'))
19  print(backspaceCompare('a##k', '#k#k'))
20  print(backspaceCompare('a#k', 'a'))
```

执行结果

```
================ RESTART: D:\Python interveiw\ch12\ch12_5.py ================
True
True
True
False
```

　　上述设计主要是一个个读取字符串的字符，如果字符不是 # 则将此字符推入堆栈，如果字符是 # 则将堆栈的字符 pop 出来，最后比较堆栈的结果就可以得到两个字符串是否相同。

面试实例 ch12_6.py：删除相邻且相同的字符，请设计 removeDuplicates（S）函数，参数 S 是一个字符串，这个函数可以删除 S 字符串内相邻且相同的字符。

实例 1：

　　输入：S = 'abbada'

　　输出：da

实例 2：

　　输入：S = 'abdbada'

　　输出：abdbada

```
 1  # ch12_6.py
 2  def removeDuplicates(S):
 3      stack = []
 4      for s in S:                          # 遍历字符串S
 5          if stack and s == stack[-1]:     # 如果字符在堆栈顶端
 6              stack.pop()
 7          else:                            # 字符不在堆栈顶端
 8              stack.append(s)              # 将字符推入堆栈
 9      return ''.join(stack)
10
11  print(removeDuplicates('abbada'))
12  print(removeDuplicates('abdbada'))
```

执行结果

```
=============== RESTART: D:\Python interveiw\ch12\ch12_6.py ===============
da
abdbada
```

设计程序时，每次比较字符是否与堆栈顶端的字符相同，如果相同则 pop 堆栈顶端字符，如果不相同则将字符推入堆栈。

面试实例 ch12_7.py：请设计 removeOurerParentheses（S）函数，这个函数会去除每一组最外层的（）符号，最后列出剩下的符号组合，其中 S 是一个有效的括号符号字符串。

实例 1：

　　输入：（（）（））（（））

　　输出：（）（）（）

　　上述相当于是有 2 组括号符号，一组是（（）（）），这组去除最外层（）可以得到（）（）。第 2 组是（（）），去除最外层括号符号，可以得到（），所以最后可以得到（）（）（）。

实例 2：

　　输入：（（）（））（（））（（）（（）））

　　输出：（）（）（）（）（（））

　　上述相当于是有 3 组括号符号，一组是（（）（）），这组去除最外层（）可以得到（）（）。第 2 组是（（）），去除最外层括号符号，可以得到（）。第 3 组是（（）（（））），去除最外层括号符号，可以得到（）（（）），所以最后可以得到（）（）（）（）（（））。

实例 3：

　　输入：（）（）

　　输出为空

　　上述相当于是有 2 组括号符号，一组是（），这组去除最外层（）可以得到空字符。第 2 组是（），去除最外层括号符号，同样可以得到空字符，所以最后输出为空。

```
1   # ch12_7.py
2   def removeOuterParentheses(S):
3       last_i = 0
4       result = ''
5       counter = 0
6       for i, s in enumerate(S):
7           if s == '(':
8               counter += 1
9           else:
10              counter -= 1
11          if counter == 0:
12              result += S[last_i + 1:i]
13              last_i = i + 1
14      return result
15
16  print(removeOuterParentheses('(()())((()))'))
17  print(removeOuterParentheses('(()())(())(()(()))'))
18  print(removeOuterParentheses('()()'))
```

執行結果

```
================ RESTART: D:\Python interveiw\ch12\ch12_7.py ===============
()()()
()()()()(())
```

设计程序在设计时, 也可以不用堆栈, 笔者使用 counter 计数, 当碰上左括号 counter 加 1, 当碰上右括号 counter 减 1, 当 counter 是 0, 表示这是一个完美的匹配, 这时可以参考第 12 行使用切片撷取与去除最外层的括号字符串。 然后 last_i 是记录上次完全匹配后, 下一个括号匹配的开始索引。

面试实例 ch12_8.py : 棒球比赛得分总计, 请设计 calPoints（ops）函数执行此工作。参数 ops 规则如下 :

（1）如果是数字, 代表该局得分。

（2）如果是 +, 表示本局得分是前 2 局的和。

（3）如果是 D, 表示本局得分是前 1 局的 2 倍。

（4）如果是 C, 表示前一局的得分无效, 将数据移除。

实例 1 :

输入 : ['3', '2', 'C', 'D', '+']

输出 : 15

说明如下 :

第 1 局 : 得 3 分, 总和 sum 是 3 分。

第 2 局 : 得 2 分, 总和 sum 是 5 分。

特别操作 : 第 2 局得分不算, 第 2 局数据被移除, 总和 sum 是 3 分。

第 3 局 : 原第 2 局数据已经移除, 所以这局得 6 分, 总和 sum 是 9 分。

第 4 局 : 这是前 2 局的总和, 所以这局得 6 分, 最后总和是 15 分。

实例 2 :

输入 : ['3', '-2', '4', 'C', 'D', '9', '+', '+']

输出 : 15

说明如下：

第 1 局：得 3 分，总和 sum 是 3 分。

第 2 局：得 -2 分，总和 sum 是 1 分。

第 3 局：得 4 分，总和 sum 是 5 分。

特别操作：第 3 局得分不算，第 3 局数据被移除，总和 sum 是 1 分。

第 4 局：原第 3 局数据已经移除，所以这局得 -4 分，总和 sum 是 -3 分。

第 5 局：得 9 分，总和 sum 是 6 分。

第 6 局：这是前 2 局的总和，所以这局得 5 分，最后总和是 11 分。

第 7 局：这是前 2 局的总和，所以这局得 14 分，最后总和是 25 分。

```python
1   # ch12_8.py
2   def calPoints(ops):
3       score = []
4       for s in ops:
5           if s == '+':                                    # '+', 得分是前2局的和
6               score.append(score[-1] + score[-2])
7           elif s == 'D':                                  # 'D',得分是前1局的2倍
8               score.append(score[-1] * 2)
9           elif s == 'C':                                  # 'C'前1局得分不算
10              score.pop()
11          else:
12              score.append(int(s))
13      return sum(score)
14
15  print(calPoints(['3', '2', 'C', 'D', '+']))
16  print(calPoints(['3','-2','4','C','D','9','+','+']))
```

执行结果

```
=============== RESTART: D:\Python interveiw\ch12\ch12_8.py ===============
18
25
```

这一局的设计不难，只要针对列表 ops 的内容，然后执行：

第 5 和 6 行：碰上 + 符号，新的堆栈元素是计算前 2 个堆栈的总和。

第 7 和 8 行：碰上 D 符号，新的堆栈元素是计算前 1 个堆栈的 2 倍。

第 9 和 10 行：碰上 C 符号，删除堆栈顶端元素。

第 12 行：碰上数字，直接将数字存入堆栈。

13

第 1 3 章

数学问题

面试实例 ch13_1.py：将数字转英文 convertToTitle( )。

面试实例 ch13_2.py：将 32 位正整数反转 reverse( )。

面试实例 ch13_3.py：设计 isPalindrome( ) 判断阿拉伯数字是不是回文。

面试实例 ch13_4.py：设计 isHappy( ) 函数判断数字是不是快乐数字（Happy Number）。

面试实例 ch13_5.py：设计 isUgly( ) 函数判断数字是不是丑陋数字（Ugly Number）。

面试实例 ch13_6.py：设计 isPowerOfThree( ) 判断参数是不是 3 的整数幂。

面试实例 ch13_7.py：设计 missingNumber( ) 检查数组内的遗失数字。

面试实例 ch13_8.py：设计 isPerfectSquare( ) 判断数字是不是一个完全平方数。

面试实例 ch13_9.py：设计 arrangeCoins( ) 函数判断 n 个硬币可以放置多少层。

面试实例 ch13_10.py：设计 judgeSquareSum( ) 判断数值是不是 2 个数字的平方和。

面试实例 ch13_11.py：设计 checkPerfectNumber( ) 判断数字是不是完美数字。

面试实例 ch13_12.py：计算列表内任意 3 个数字的最大乘积 maximumProduct( )。

面试实例 ch13_13.py：设计 largestTriangleArea( ) 求点可以组成的最大面积。

面试实例 ch13_14.py：设计 isRectangleOverlap( ) 函数判断 2 个矩形是否相交。

面试实例 ch13_15.py：设计 distributeCandies( ) 函数执行分糖果程序设计。

面试实例 ch13_1.py：使用 convertToTitle（n）将十进制转换为二十六进制，字段的转换概念如下：

1 -> A

2 -> B

3 -> C

……

26 -> Z

27 -> AA

28 -> AB

实例 1：

输入：1

输出：A

实例 2：

输入：29

输出：AC

实例 3：

输入：700

输出：ZX

```
1   # ch13_1.py
2   def convertToTitle(n):
3       txt = ''
4       if n < 1:
5           return txt
6       while n > 0:
7           n, d = divmod(n, 26)        # n是商，d是余数
8           if d == 0:                  # 处理余数是0
9               n -= 1                  # 目的是while循环可以结束
10              d = 26                  # 相当于是字母Z
11          txt = chr(64+d) + txt       # 因为字母A的ASCII是65
12      return txt
13
14  print(convertToTitle(1))
15  print(convertToTitle(29))
16  print(convertToTitle(700))
```

执行结果

```
=============== RESTART: D:\Python interveiw\ch13\ch13_1.py ===============
A
AC
ZX
```

这一题的概念是计算参数 n 值，求 n 的商和余数，可以参考第 7 行。由余数可以得到相对应的大写英文字母，可以参考第 11 行的 chr（64+d）。如果 n 值大于 0，则第 6 ～ 11 行的循环继续。

面试实例 ch13_2.py：基于 32 位正整数设计 reverse（x），将参数 x 的数字反转。

实例 1：

　　输入：1234

　　输出：4321

实例 2：

　　输入：-1234

　　输出：-4321

实例 3：

　　输入：1230

　　输出：321

```
1   # ch13_2.py
2   def reverse(x):
3       if x >= 0:
4           result = int(str(x)[::-1])              # 将正值数字反转
5       else:
6           result = -1 * int(str(abs(x))[::-1])    # 将负值数字反转
7       return result if result.bit_length() < 32 else 0   # 检查是不是在32bit范围
8
9   print(reverse(1234))
10  print(reverse(-1234))
11  print(reverse(1230))
```

执行结果

```
================ RESTART: D:\Python interveiw\ch13\ch13_2.py ================
4321
-4321
321
```

当 x 是正值时，上述程序关键是第 4 行叙述：

```
result = int(str(x)[::-1])
```

str（x）会将数字转成字符串，[：：-1] 可以将字符串反转，最外围的 int( ) 可以将字符串转为数字。

当 x 是负值时，上述程序关键是第 6 行叙述：

```
result = -1 * int(str(abs(x))[::-1])
```

abs（x）可以将数字转成正整数，str（abs（x））会将数字转成字符串，[：：-1] 可以将字符串反转，最外围的 int( ) 可以将字符串转为数字，由于是负数所以最左边再乘以 -1。

第 7 行的 result.bit_length( ) 是检查 result 二进制长度是不是小于 32 位，如果是回传 result，如果不是表示 x 数据大于 32 位，最后回传 0。

下列程序实例 ch13_2_1.py 是类似的设计，先了解 x 是正整数或负整数，如果是负整数将 positive 设为 False，可以参考第 5 行。

然后第 7 行将数字反转，最后第 8 ～ 12 行判断数值是不是在 32 位范围，以及是正值或负值或超出 32 位值，然后输出结果。

```
1   # ch13_2_1.py
2   def reverse(x):
3       positive = True
4       if x < 0:
5           positive = False
6           x = -x
7       result = int(str(x)[::-1])                    # 数字反转
8       if positive and result <= 2147483647:
9           return result
10      elif not positive and -result >= -2147483648:
11          return -result
12      return 0
13
14  print(reverse(1234))
15  print(reverse(-1234))
16  print(reverse(1230))
```

执行结果

```
=============== RESTART: D:/Python interveiw/ch13/ch13_2_1.py ===============
4321
-4321
321
```

面试实例 ch13_3.py：设计 isPalindrome（x）判断阿拉伯数字是否为回文，参数 x 是要做判断的数字。回文数字的概念是一个数字反转后结果相同。

实例 1：

输入：131

输出：True，因为反向后也是 131。

实例 2：

输入：-131

输出：False，因为反向后是 131-。

实例 3：

输入：20

输出：False，因为反向后是 02。

```
1   # ch13_3.py
2   def isPalindrome(x):
3       if x < 0:
4           return False
5       n = str(x)                   # 转成字符串
6       return n == n[::-1]          # 将字符串与反转字符串比较
7
8   print(isPalindrome(131))
9   print(isPalindrome(-131))
10  print(isPalindrome(20))
```

执行结果

```
=============== RESTART: D:\Python interveiw\ch13\ch13_3.py ===============
True
False
False
```

面试实例 ch13_4.py：判断数字是不是快乐数字（Happy Number），请设计 isHappy（n）函数，然后判断参数 n 是不是快乐数字。

快乐数字的概念是有一个正整数，用该正整数每个位数的平方和取代这个正整数，重复这个操作直到这个正整数变为 1，那个数字就是快乐数字（Happy Number）。如果进入一个无限循环，该循环没有 1，就不是快乐数字。

实例：

　　　　输入：19

　　　　输出：True

　　　　下列是验证过程：

　　　　$1^2 + 9^2 = 82$

　　　　$8^2 + 2^2 = 68$

　　　　$6^2 + 8^2 = 100$

　　　　$1^2 + 0^2 + 0^2 = 1$

```python
1   # ch13_4.py
2   def isHappy(n):
3       cycle = set()                    # 用集合cycle存储曾经出现的数字
4       while n != 1 and n not in cycle:
5           cycle.add(n)                 # 加入数字至集合
6           sum = 0
7           while n:                     # 处理n值
8               sum += (n % 10) ** 2     # 余数的平方
9               n //= 10                 # 整除数字
10          n = sum                      # 新的数值
11      return n == 1                    # 如果n = 1，原n就是快乐数字
12
13  print(isHappy(19))
```

执行结果

```
=============== RESTART: D:\Python interveiw\ch13\ch13_4.py ===============
True
```

上述程序的设计概念是，首先建立 cycle 集合，这个集合会存储曾经出现过的数字，第 7 ～ 9 行则是计算每个位数的平方和 sum，第 10 行是将平方和设给变量 n，然后重复第 4 ～ 10 行的 while 循环，只要 n 不等于 1 或是 n 在 cycle 集合出现过，循环就结束。

最后由 n 值决定这是不是快乐数字。

面试实例 ch13_5.py：请设计 isUgly（num）函数，判断参数 num 数字是不是丑陋数字（Ugly Number），所谓的丑陋数字是指此数字的质因子只包含 2、3、5。

实例 1：

　　输入：1

　　输出：True，因为 1 被定义为丑陋数字。

实例 2：

　　输入：6

　　　　输出：True，因为 2×3 = 6。

实例 3：

　　　　输入：8

　　　　输出：True，因为 2×2×2 = 8。

实例 4：

　　　　输入：11

　　　　输出：False，因为 11 不包含质因子 2、3、5。

实例 5：

　　　　输入：14

　　　　输出：False，因为 2×7 = 14，因为包含质因子 7。

```
 1  # ch13_5.py
 2  def isUgly(num):
 3      if num <= 0:                          # 小于0则不是丑陋数字
 4          return False
 5      for val in [2, 3, 5]:                 # 除以丑陋数字的因子
 6          while num % val == 0:             # 如果余数是0，就继续
 7              num = num / val               # 执行除法
 8      return True if num == 1 else False
 9
10  print(isUgly(1))
11  print(isUgly(6))
12  print(isUgly(8))
13  print(isUgly(11))
14  print(isUgly(14))
```

执行结果

```
================ RESTART: D:\Python interveiw\ch13\ch13_5.py ================
True
True
True
False
False
```

　　这个程序的第 5 ～ 7 行依次将数字除以 2、3、5，直到无法除尽，如果这时得到结果数字是 1，则原数字是丑陋数字，否则不是丑陋数字。

面试实例 ch13_6.py：设计 isPowerOfThree（n），判断参数 n 是不是 3 的整数幂。

实例 1：

　　　　输入：0

　　　　输出：False

实例 2：

　　　　输入：9

　　　　输出：True

实例 3：

　　输入：27

　　输出：True

实例 4：

　　输入：45

　　输出：False

```
1  # ch13_6.py
2  def isPowerOfThree(n):
3      if n <= 0:
4          return False
5      while n % 3 == 0:              # 如果除以3的余数是0，while循环继续
6          n = n / 3
7      return n == 1
8
9  print(isPowerOfThree(0))
10 print(isPowerOfThree(9))
11 print(isPowerOfThree(27))
12 print(isPowerOfThree(45))
```

执行结果

```
=============== RESTART: D:\Python interveiw\ch13\ch13_6.py ===============
False
True
True
False
```

第 5 和 6 行是使用循环的方式解这个问题，每次将 n 除以 3，如果余数是 0，循环会继续，如果余数不是 0，则离开循环。离开循环后如果 n 等于 1，则是 3 的整数幂。

下列是不使用循环解这个问题，由于 32 位正整数小于 2147483648，只要测试正整数可否被下列数值整除即可：

$3^{19} = 1162261467$

```
1  # ch13_6_1.py
2  def isPowerOfThree(n):
3      return n > 0 and 1162261467 % n == 0
4
5  print(isPowerOfThree(0))
6  print(isPowerOfThree(9))
7  print(isPowerOfThree(27))
8  print(isPowerOfThree(45))
```

执行结果

```
=============== RESTART: D:\Python interveiw\ch13\ch13_6_1.py ===============
False
True
True
False
```

面试实例 ch13_7.py：设计 missingNumber（nums）检查参数 nums 数组内的遗失数字，所有数组数字皆不同，同时从小到大排列是 0，1，2，…，n，中间有一个数字是遗漏的，请找出此数字。

实例 1：

　　输入：[4，0，1，2]

　　输出：3

实例 2：

　　输入：[9，6，4，2，8，5，3，0，1]

　　输出：7

```
1  # ch13_7.py
2  def missingNumber(nums):
3      n = len(nums)
4      total = sum(nums)
5      return sum(range(n+1)) - total
6
7  print(missingNumber([4, 1, 0, 2]))
8  print(missingNumber([9, 6, 4, 2, 8, 5, 3, 0, 1]))
```

执行结果

```
=============== RESTART: D:/Python interveiw/ch13/ch13_7.py ===============
3
7
```

　　所给的数字是 n 个，所以如果没有遗漏，数字的长度是 n+1，我们可以加总 sums 数组内容，可参考第 4 行。再加总数字范围 sum（range（n+1）），最后两者的差就是遗失的数字，可以参考第 5 行。

面试实例 ch13_8.py：设计 isPerfectSquare（num）判断参数 num 是不是一个完全平方数。其实完全平方数有一个特色，它是从 1 开始连续奇数的和：

　　$1 + 3 = 4$，这是 2 的完全平方。

　　$1 + 3 + 5 = 9$，这是 3 的完全平方。

　　$1 + 3 + 5 + 7 = 16$，这是 4 的完全平方。

　　$1 + 3 + 5 + 7 + 9 = 25$，这是 5 的完全平方。

实例 1：

　　输入：25

　　输出：True

实例 2：

　　输入：14

　　输出：False

```
 1  # ch13_8.py
 2  def isPerfectSquare(num):
 3      odd_sum = 1                          # 奇数 1 开始
 4      while num > 0:
 5          num -= odd_sum                   # 将 num 每次减 odd 之和
 6          odd_sum += 2                     # 每次加 2
 7      return num == 0                      # 如果最后 num 是0则是完全平方值
 8
 9  print(isPerfectSquare(25))
10  print(isPerfectSquare(14))
```

执行结果

```
================ RESTART: D:/Python interveiw/ch13/ch13_8.py ================
True
False
```

面试实例 ch13_9.py：设计一个 arrangeCoins( ) 函数可以判断 n 个硬币可以放置多少层。放置硬币的概念是第 1 层放 1 个硬币，第 2 层放 2 个硬币，第 n 层放 n 个硬币……如果最后一层硬币不够放，该层不予计算。

实例 1：

　　输入：5

　　输出：2

　　硬币配置方式如下：

　　C

　　C C

　　C C

　　由于第 3 层硬币不足，所以输出 2。

实例 2：

　　输入：9

　　输出：3

　　硬币配置方式如下：

　　C

　　C C

　　C C C

　　C C C

　　由于第 4 层硬币不足，所以输出 3。

```
 1  # ch13_9.py
 2  def arrangeCoins(n):
 3      level = 0                            # 层次
 4      coins = 0                            # 硬币数使用量
 5      while coins + level + 1 <= n:
 6          level += 1                       # 加一层
 7          coins += level                   # 硬币累积量
 8      return level
 9
10  print(arrangeCoins(5))
11  print(arrangeCoins(9))
```

执行结果

```
=============== RESTART: D:/Python interveiw/ch13/ch13_9.py ===============
2
3
```

上述设计概念是记录到达每层时的硬币使用量 coins，如果硬币使用量加上新的层数大于 n，则 while 循环结束，这时可以回传 level，就是可放置的层数。

其实前 level 层所需的硬币如下：

（level + 1）* level / 2

可以想成下列公式：

（level + 1）* level / 2 <= n

然后可以想成找出上述公式最大的 level 值，我们可以使用二分搜寻法处理，设计方式可以参考下列 ch13_9_1.py。

```python
1  # ch13_9_1.py
2  def arrangeCoins(n):
3      left, right = 0, n
4      while left <= right:
5          mid = (left + right) // 2          # 中间值
6          if mid * (mid + 1) // 2 <= n:       # 小于或等于硬币数
7              left = mid + 1
8          else:
9              right = mid - 1
10     return right                            #  回传层数
11
12 print(arrangeCoins(5))
13 print(arrangeCoins(9))
```

执行结果

```
=============== RESTART: D:/Python interveiw/ch13/ch13_9_1.py ===============
2
3
```

面试实例 ch13_10.py：设计 judgeSquareSum（c）函数判断参数 c 是不是由两个数字的平方和组成。

实例 1：

输入：5

输出：True

说明：$1^2 + 2^2 = 5$

实例 2：

输入：3

输出：False

```
1   # ch13_10.py
2   import math
3   def judgeSquareSum(c):
4       left = 0                               # 左边指标初值
5       right = int(math.sqrt(c))              # 计算平方根当作右边指标初值
6       while left <= right:
7           val = left ** 2 + right ** 2       # 计算平方和
8           if val > c:                        # 如果平方和大于c
9               right -= 1                      # 右边指标值减1
10          elif val < c:                      # 如果平方和小于c
11              left += 1                       # 左边指标值加1
12          else:                              # 或是等于
13              return True                     # 回传True
14      return False
15
16  print(judgeSquareSum(5))
17  print(judgeSquareSum(3))
```

执行结果

```
=============== RESTART: D:/Python interveiw/ch13/ch13_10.py ===============
True
False
```

这个程序由左边指针 left 和右边指标 right 往中间靠拢处理，左边指标预设是 0，可以参考第 4 行。右边指标是参数 c 的平方根，可以参考第 5 行。

第 7 行是计算左边指标和右边指标的平方和，存入变量 val。第 8 行是如果 val 大于 c，将右边指标往左移，可以参考第 9 行。

第 10 行是如果 val 小于 c，将左边指标往右移，可以参考第 11 行。

如果 val 不大于 c 也不小于 c，表示 val 和 c 相等，这时回传 True，可以参考第 13 行。

面试实例 ch13_11.py：设计 checkPerfectNumber( ) 判断数字是不是完美数字，所谓的完美数字（Perfect Number）是指一个数字除了自己之外，是所有因子之和。

实例 1：

输入：10

输出：False，因为 $10 \neq 1+2+5+10$

实例 2：

输入：28

输出：True，因为 $28 = 1 + 2 + 4 + 7 + 14$

```
1   # ch13_11.py
2   def checkPerfectNumber(num):
3       if num <= 1:                           # 如果小于等于1
4           return False
5       sum_ = 1
6       for x in range(2, int(num / 2) + 1):   # 循环
7           if num % x == 0:                    # 如果等于0表示是因子
8               sum_ += x                       # 累加
9       return sum_ == num                      # 回应是否完美数字
10
11  print(checkPerfectNumber(10))
12  print(checkPerfectNumber(28))
```

执行结果

```
=============== RESTART: D:/Python interveiw/ch13/ch13_11.py ===============
False
True
```

　　本程序的设计概念是使用循环从 2 开始到 int（num / 2）+1，将 num 除以所有索引数字，若是余数为 0 则是因子，总计因子存储在 sum_，最后如果 sum_ 等于 num，这个 num 就是完美数字。

面试实例 ch13_12.py：使用 maximumProduct( ) 计算列表内任意 3 个数字的最大乘积。

实例 1：

　　输入：[1，2，3，4，5]

　　输出：60

实例 2：

　　输入：[-1，2，-3，7]

　　输出：28

```
1  # ch13_12.py
2  def maximumProduct(nums):
3      nums.sort()                             # 排序数字
4      l = nums[0] * nums[1] * nums[-1]        # 考虑负负得正,从左计算两个数再乘以最右边数字
5      r = nums[-1] * nums[-2] * nums[-3]      # 从右计算
6      return max(l, r)                        # 传回较大值
7
8  print(maximumProduct([1, 2, 3, 4, 5]))
9  print(maximumProduct([-1, 2, -3, 7]))
```

执行结果

```
=============== RESTART: D:/Python interveiw/ch13/ch13_12.py ===============
60
21
```

　　这个程序的设计概念是先将列表数字排序，如果列表中最大值的 3 个元素是正值，第 5 行可以计算最大的 3 个数字的乘积是最大值。如果有负值，可能最大 nums[0] 与第 2 大的负值 nums[1] 相乘得到负负为正，最后再乘以最大值 nums[-1]。

　　上述 2 个再做比较，取最大值即可。

面试实例 ch13_13.py：设计 largestTriangleArea（points），参数 points 是一系列点的坐标，求哪些点可以组成最大面积，请输出面积。

实例：

　　输入：[[0，0]，[0，1]，[1，0]，[2，0]，[0，2]]

　　输出：2

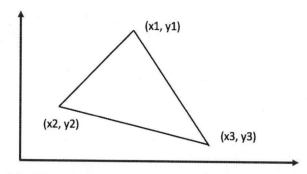

面积计算 = abs(x1*y1 + x2*y3 + x3*y1 − y1*x2 − y2*x3 − y3*x1)/2

```
1   # ch13_13.py
2   def largestTriangleArea(points):
3       ares = 0                              # 暂定最大面积
4       nums = len(points)
5       for i in range(nums - 2):
6           for j in range(i + 1, nums - 1):
7               for k in range(i + 2, nums):
8                   (x1, y1), (x2, y2), (x3, y3) = points[i], points[j], points[k]
9                   ares = max(ares, abs(x1*y1 + x2*y3 + x3*y1 - y1*x2 - y2*x3 - y3*x1)/2)
10      return ares
11
12  print(largestTriangleArea([[0, 0], [0, 1], [1, 0], [2, 0], [0, 2]]))
```

执行结果

```
================ RESTART: D:/Python interveiw/ch13/ch13_13.py ================
2.0
```

上述基本概念是计算所有点的面积，最后列出最大值。

面试实例 ch13_14.py：设计 isRectangleOverlap（rect1，rect2）函数，参数 rect 是含 4 个数字的列表 [x1，y1，x2，y2]，其中（x1，y1）是矩形的左下角坐标，（x2，y2）是矩形的右上角坐标，判断 2 个矩形是否相交。

实例 1

　　输入：rect1 = [0，0，2，2]，rect2 = [1，1，4，4]

　　输出：True

实例 2

　　输入：rect2 = [0，0，1，1]，rect2 = [1，0，2，2]

　　输出：False

　　如果 2 个矩形不相交，可参考下图：

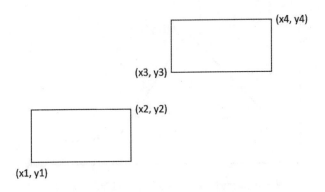

可能情况如下：

（1）x2 <= x3，矩形 1 在矩形 2 的左边。

（2）y2 <= y3，矩形 1 在矩形 2 的下边。

（3）x1 >= x4，矩形 1 在矩形 2 的右边。

（4）y1 >= y4，矩形 1 在矩形 2 的上边。

```
1  # ch13_14.py
2  def isRectangleOverlap(rec1, rec2):
3      x1, y1, x2, y2 = rec1
4      x3, y3, x4, y4 = rec2
5      return not (x2 <= x3 or y2 <= y3 or x1 >= x4 or y1 >= y4)
6
7  print(isRectangleOverlap([0, 0, 2, 2], [1, 1, 4, 4]))
8  print(isRectangleOverlap([0, 0, 1, 1], [1, 0, 2, 2]))
```

执行结果

```
================ RESTART: D:/Python interveiw/ch13/ch13_14.py ================
True
False
```

当不相交的状况皆成立时，可以使用 not，这样可以得到相交结果。

面试实例 ch13_15.py：设计 distributeCandies（candies，num_people）函数，执行分糖果程序设计，candies 是糖果数，num_people 是人数。分糖果的规则是：

（1）第 1 个人分 1 颗，第 2 个人分 2 颗，依此类推到最后第 n 个人分 n 颗。

（2）然后回到起点，第 1 个人分 n+1 颗，第 2 个人分 n+2 颗，依此类推到最后第 n 个人分 2×n 颗。

（3）如果糖果不够分时，所有糖果分给轮到的人。

实例 1：

输入：candies = 8，num_people = 4

输出：[1，2，3，2]

概念如下：

第 1 回：列表是 [1，0，0，0]，candies = 7

第 2 回：列表是 [1，2，0，0]，candies = 5

第 3 回：列表是 [1，2，3，0]，candies = 2

第 4 回：列表是 [1，2，3，2]，candies = 0

实例 2：

输入：candies = 12，num_people = 3

输出：[5，4，3]

概念如下：

第 1 回：列表是 [1，0，0]，candies = 11

第 2 回：列表是 [1，2，0]，candies = 9

第 3 回：列表是 [1，2，3]，candies = 6

第 4 回：列表是 [5，2，3]，candies = 2

第 5 回：列表是 [5，4，3]，candies = 0

```python
1   # ch13_15.py
2   def distributeCandies(candies, num_people):
3       result = [0] * num_people          # 储存结果列表
4       nxt = 0
5       while candies > 0:
6           result[nxt % num_people] += min(nxt + 1, candies)
7           nxt += 1                        # 下一位
8           candies -= nxt                  # 剩下糖果数
9       return result
10
11  print(distributeCandies(8, 4))
12  print(distributeCandies(12, 3))
```

执行结果

```
=============== RESTART: D:/Python interveiw/ch13/ch13_15.py ===============
[1, 2, 3, 2]
[5, 4, 3]
```

上述程序基本上是依据糖果数量执行 while 循环，每次分糖果数会增加，使用 nxt 变量设定。总糖果数使用 candies 变量，如果 while candies 大于 0，循环就继续。

14

第 １４ 章

贪婪算法

面试实例 ch14_1.py：设计 findContentChildren（greedy，size）函数，然后输出饼干可以满足多少小孩，这个函数有 2 个参数分别是 greedy 和 size，其中 greedy 是贪婪指数列表，列出每个小孩期待饼干的大小，例如：[1，2，3] 代表第 1 个小孩期待饼干大小是 1，第 2 个小孩期待饼干大小是 2，第 3 个小孩期待饼干大小是 3。

size 是饼干大小列表，例如：[1，2] 代表有 2 块饼干，元素 0 饼干大小是 1，元素 1 饼干大小是 2。

实例 1：

输入：greedy = [1，2，3]，size = [1，2]

输出：1

实例 2：

输入：greedy = [2，2]，size = [1，2，3]

输出：2

```python
# ch14_1.py
def findContentChildren(greedy, size):
    greedy.sort()                                   # 排序greedy列表
    size.sort()                                      # 排序size列表
    index = 0                                        # size的索引
    ptr = 0                                          # greedy指标
    for g in greedy:                                 # 遍历greedy
        while len(size) > index and g > size[index]: # 如果不满足g
            index += 1                               # 索引往后移
        if index < len(size) and size[index] >= g:   # 如果满足
            ptr += 1                                 # greedy指标往右移
            index += 1                               # 索引往后移
    return ptr

print(findContentChildren([1, 2, 3], [1, 1]))
print(findContentChildren([1, 2], [1, 2, 3]))
print(findContentChildren([2, 2], [1, 2, 3]))
print(findContentChildren([2, 4], [1, 2, 3]))
```

执行结果

```
=============== RESTART: D:\Python interveiw\ch14\ch14_1.py ===============
1
2
2
1
```

这个程序的设计方式是先对 greedy 和 size 列表排序，然后使用 g 遍历 greedy 列表和 size 列表做比较，如果 size[index] 小于 g，且 index 小于 size 的长度，index 必须加 1，相当于指标往后移。当找到 size[index] 大于等于 g，表示可以满足一个小孩，可以离开 while 循环。

第 10 ~ 12 行是将满足小孩的指标 ptr 加 1，将 index 加 1。

面试实例 ch14_2.py：设计 lemonadeChange（bills）处理卖柠檬汁问题，参数 bills 是客户付款金额的列表，柠檬汁每杯 5 元，刚开始柜台没有零钱，这个题目主要是由 bills 的付款金额列出可否顺利完成销售找钱任务。

这个问题会收到 3 种钱：

（1）收到 5 元，销售顺利完成，此时 5 元硬币加 1。

（2）收到 10 元，如果有 5 元硬币可以找零则销售成功，此时 5 元硬币减 1、10 元硬币加 1，如果没有 5 元硬币可以找零则销售失败。

（3）收到 20 元，如果有 10 元硬币可以将此硬币找零付出，然后再找 5 元硬币。如果没有 10 元硬币，则找 3 个 5 元硬币。如果找零硬币不足则销售失败。

```python
1   # ch14_2.py
2   def lemonadeChange(bills):
3       coins = {5:0, 10:0}                  # 建立硬币字典
4       for bill in bills:                   # 遍历顾客所给的钱
5           if bill == 5:                    # 如果顾客给5元硬币
6               coins[5] += 1                # 5元硬币数量加 1
7           elif bill == 10:                 # 如果顾客给10元硬币
8               if coins[5] == 0:            # 如果5元硬币数量是 0
9                   return False             # 回应是 False
10              else:
11                  coins[10] += 1           # 10元硬币数量加 1
12                  coins[5] -= 1            # 5元硬币数量减 1
13          elif bill == 20:                 # 如果顾客给20元
14              if coins[10] > 0:            # 如果有10元硬币
15                  if coins[5] == 0:        # 如果5元硬币数量是 0
16                      return False         # 回应是 False
17                  else:
18                      coins[5] -= 1        # 5元硬币数量减 1
19                      coins[10] -= 1       # 10元硬币数量减 1
20              else:
21                  if coins[5] < 3:         # 5元硬币数量少于 3
22                      return False         # 回应是 False
23                  else:
24                      coins[5] -= 3        # 5元硬币数量减 3
25      return True
26
27  print(lemonadeChange([5, 5, 5, 10, 20]))
28  print(lemonadeChange([5, 5, 10, 5]))
29  print(lemonadeChange([10, 5, 10]))
30  print(lemonadeChange([5, 5, 20, 10]))
```

执行结果

```
================ RESTART: D:/Python interveiw/ch14/ch14_2.py ================
True
True
False
False
```

上述第 3 行是建立零钱 5 元和 10 元的硬币字典 coins，第 4 ～ 24 行则是遍历顾客付款的列表 bills。第 5 和 6 行是处理顾客用 5 元支付的状况，第 7 ～ 12 行是处理顾客用 10 元支付的状况，第 13 ～ 24 行是处理顾客用 20 元支付的状况。

面试实例 ch14_3.py：设计 minSequence（nums）函数，可以列出数列中最少的元素，其和大于其他元素的总和。

实例 1：

输入：[5，2，10，9，8]

输出：[10，9]

实例 2：

输入：[1，4，5，8，6，8]

输出：[8，8，6]

实例 3：

输入：[10]

输出：[10]

```
1   # ch14_3.py
2   def minSubsequence(nums):
3       nums.sort(reverse=True)            # 从大到小排列
4       total = sum(nums)                  # 总计列表和
5       subtotal = 0                       # 最初化最小序列和
6       for i, val in enumerate(nums, 1):  # 从1开始
7           subtotal += val                # 目前最小序列和
8           if subtotal * 2 > total:       # 表示最小序列和大于其他元素和
9               return nums[:i]            # 取前i个元素
10      return nums
11
12  print(minSubsequence([5, 2, 10, 9, 8]))
13  print(minSubsequence([1, 4, 5, 8, 6, 8]))
14  print(minSubsequence([10]))
```

执行结果

```
================ RESTART: D:/Python interveiw/ch14/ch14_3.py ================
[10, 9]
[8, 8, 6]
[10]
```

上述主要是先将列表数字从大到小排列，然后第 7 行在 enumerate 过程将较大的元素值加总，如果此加总值乘 2 大于列表和，表示此加总值大于其他元素的加总值，然后取列表 nums 的前 n 个元素即可。

面试实例 ch14_4.py：设计 carPooling（trips，capacity）判断可否完成接送所有旅客，其中第一个参数 trips 列表包含下列信息：

```
trips = [num_passengers,start_location,end_location]
```

num_passengers 是旅客数量，start_location 是上车站，end_location 是下车站。

carPooling 函数的第 2 个参数 capacity 则是车辆的容量。

实例 1：

输入：trips = [[2，1，6]，[3，3，8]]，capacity = 4

输出：False

实例 2：

输入：trips = [[2，1，6]，[3，3，8]]，capacity = 5

输出：True

实例 3：

输入：trips = [[2，1，4]，[3，4，7]]，capacity = 3

输出：True

实例 4：

输入：trips = [[3，2，6]，[3，6，9]，[8，3，9]]，capacity = 11

输出：True

```python
1   # ch14_4.py
2   def carPooling(trips, capacity):
3       car = []                          # 车辆行程记录
4       for n, start, end in trips:       # 遍历行程
5           car.append((start, n))        # 站点上车与人数
6           car.append((end, -n))         # 站点下车与人数
7       car.sort()                        # 排序车辆行程记录
8       people = 0                        # 记录目前车上人数
9       for c in car:                     # 遍历车辆行程记录
10          people += c[1]                # 更新目前车上人数
11          if people > capacity:         # 如果车上人数大于车辆容量
12              return False
13      return True
14
15  print(carPooling([[2, 1, 6], [3, 3, 8]], 4))
16  print(carPooling([[2, 1, 6], [3, 3, 8]], 5))
17  print(carPooling([[2, 1, 4], [3, 4, 7]], 3))
18  print(carPooling([[3, 2, 6], [3, 6, 9], [8, 3, 9]], 11))
```

执行结果

```
================ RESTART: D:/Python interveiw/ch14/ch14_4.py ================
False
True
True
True
```

上述第 3 行是建立车辆行程的记录列表 car，此记录列表 car 的元素是元组，元组内有 2 个元素：

（站点，上车或下车人数）   # 正值代表上车，负值代表下车

第 4 ～ 6 行是将 carPooling 函数的第 1 个参数 trips 转成 car 列表，记录每一站的上车或下车的人数。第 7 行是将车辆行程依站点排序，第 8 行是记录目前车上人数。第 9 ～ 12 行是 for 循环，主要是遍历每站点的上下车记录，同时记录目前车上应有人数，第 11 行是侦测车上应有人数 people 是否大于车上应有容量 capacity，如果超过则回传 False，否则继续遍历。

如果执行到第 13 行，则表示行程顺利，回传 True。

面试实例 ch14_5.py：假设有一个班级希望课程可以尽可能排满，下列是课程表。

课程名称	开始时间	下课时间
化学	12：00	13：00
英文	9：00	11：00
数学	8：00	10：00
计概	10：00	12：00
物理	11：00	13：00
会计	08：00	09：00
统计	13：00	14：00
音乐	14：00	15：00
美术	12：00	13：00

请执行贪婪算法的排课时间表。

```python
1   # ch14_5.py
2   def greedy(course):
3       ''' 课程的贪婪算法 '''
4       length = len(course)                          # 课程数量
5       course_list = []                              # 储存结果
6       course_list.append(course[0])                 # 第一节课
7       course_end_time = course_list[0][1][1]        # 第一节课下课时间
8       for i in range(1, length):                    # 贪婪选课
9           if course[i][1][0] >= course_end_time:    # 上课时间晚于或等于
10              course_list.append(course[i])         # 加入贪婪选课
11              course_end_time = course[i][1][1]     # 新的下课时间
12      return course_list
13
14  course = {'化学':(12, 13),                        # 定义课程时间
15            '英文':(9, 11),
16            '数学':(8, 10),
17            '计概':(10, 12),
18            '物理':(11, 13),
19            '会计':(8, 9),
20            '统计':(13, 14),
21            '音乐':(14, 15),
22            '美术':(12, 13)
23            }
24
25  cs = sorted(course.items(), key=lambda item:item[1][1])   # 课程时间排序
26  s = greedy(cs)                                    # 调用贪婪选课
27  print('贪婪排课时间如下')
28  print('课程', '   开始时间 ', ' 下课时间')
29  for i in range(len(s)):
30      print("{0}{1:7d}:00{2:8d}:00".format(s[i][0],s[i][1][0],s[i][1][1]))
```

执行结果

```
================ RESTART: D:\Python interveiw\ch14\ch14_5.py ================
贪婪排课时间如下
课程     开始时间    下课时间
会计      8:00      9:00
英文      9:00     11:00
化学     12:00     13:00
统计     13:00     14:00
音乐     14:00     15:00
```

面试实例 ch14_6.py：有一个人带了一个背包可以装下 1 千克的货物，现在他来到一个卖场，有下列对象可以选择：

    （1）Acer 笔电：价值 40000 元，重 0.8 千克。

    （2）Asus 笔电：价值 35000 元，重 0.7 千克。

    （3）iPhone 手机：价值 38000 元，重 0.3 千克。

    （4）iWatch 手表：价值 15000 元，重 0.1 千克。

    （5）Go Pro 摄影机：价值 12000 元，重 0.1 千克。

    （6）Google 眼镜：价值 20000 元，重 0.12 千克。

    （7）Garmin 手表：价值 10000 元，重 0.1 千克。

用贪婪算法求出背包能装下的最大价值的选择。

```
1   # ch14_6.py
2   def greedy(things):
3       ''' 商品贪婪算法 '''
4       length = len(things)                                # 商品数量
5       things_list = []                                    # 储存结果
6       things_list.append(things[length-1])                # 第一个商品
7       weights = things[length-1][1][1]
8       for i in range(length-1, -1, -1):                   # 贪婪选商品
9           if things[i][1][1] + weights <= max_weight:     # 所选商品可放入背包
10              things_list.append(things[i])               # 加入贪婪背包
11              weights += things[i][1][1]                  # 新的背包重量
12      return things_list
13
14  things = {'iWatch手表':(15000, 0.1),                      # 定义商品
15            'Asus  笔电':(35000, 0.7),
16            'iPhone手机':(38000, 0.3),
17            'Acer  笔电':(40000, 0.8),
18            'Go Pro摄影':(12000, 0.1),
19            'Google眼镜':(20000, 0.12),
20            'Garmin手表':(10000, 0.1)
21           }
22
23  max_weight = 1
24  th = sorted(things.items(), key=lambda item:item[1][0])  # 商品依价值排序
25  t = greedy(th)                                           # 调用贪婪选商品
26  print('贪婪选择商品如下')
27  print('商品', '        商品价格 ', ' 商品重量')
28  for i in range(len(t)):
29      print("{0:8s}{1:10d}{2:10.2f}".format(t[i][0],t[i][1][0],t[i][1][1]))
```

执行结果

```
================ RESTART: D:\Python interveiw\ch14\ch14_6.py ================
贪婪选择商品如下
商品          商品价格    商品重量
Acer  笔电     40000      0.80
Google眼镜     20000      0.12
```

面试实例 ch14_7.py：假设想要发布电台广播的广告，而大部分电台有地域性限制，如果全部地域的电台都覆盖广告，费用太贵。这时我们要找出尽可能少的电台数量，让广告可以覆盖更多的地区，下列是一份电台清单。

电台名称	广播区域
电台 1	新竹、台中、嘉义
电台 2	基隆、新竹、台北
电台 3	桃园、台中、台南
电台 4	台中、南投、嘉义
电台 5	台南、高雄、屏东
电台 6	宜兰、花莲、台东
电台 7	苗栗、云林、嘉义、南投

```
1   # ch14_7.py
2   def greedy(radios, cities):
3       ''' 贪婪算法 '''
4       greedy_radios = set()                          # 最终电台的选择
5       while cities:                                  # 还有城市没有覆盖循环继续
6           greedy_choose = None                       # 最初化选择
7           city_cover = set()                         # 暂存
8           for radio, area in radios.items():         # 检查每一个电台
9               cover = cities & area                  # 选择可以覆盖城市
10              if len(cover) > len(city_cover):       # 如果可以覆盖更多则取代
11                  greedy_choose = radio              # 目前所选电台
12                  city_cover = cover
13          cities -= city_cover                       # 将被覆盖城市从集合删除
14          greedy_radios.add(greedy_choose)           # 将所选电台加入
15      return greedy_radios                           # 传回电台
16
17  cities = set(['台北', '基隆', '桃园', '新竹',        # 期待广播覆盖区域
18                '台中', '嘉义', '台南', '高雄',
19                '花莲', '云林', '台东', '南投',
20                '苗栗']
21               )
22
23  radios = {}
24  radios['电台 1'] = set(['新竹', '台中', '嘉义'])
25  radios['电台 2'] = set(['基隆', '新竹', '台北'])
26  radios['电台 3'] = set(['桃园', '台中', '台南'])
27  radios['电台 4'] = set(['台中', '南投', '嘉义'])
28  radios['电台 5'] = set(['台南', '高雄', '屏东'])
29  radios['电台 6'] = set(['宜兰', '花莲', '台东'])
30  radios['电台 7'] = set(['苗栗', '云林', '嘉义', '南投'])
31
32  print(greedy(radios, cities))                      # 电台, 城市
```

执行结果

```
=============== RESTART: D:\Python interveiw\ch14\ch14_7.py ===============
{'电台 7', '电台 2', '电台 5', '电台 3', '电台 6'}
```

面试实例 ch14_8.py：有一个城市信息地图如下：

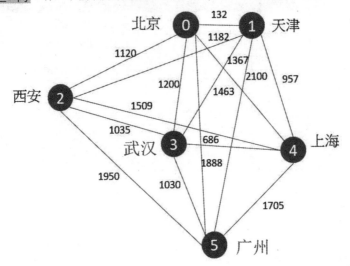

业务员必须拜访这 6 个城市，请使用贪婪算法，输入任意起点城市，然后列出最适当的拜访路线与最后旅行距离。

```
1  # ch14_8.py
2  def greedy(graph, cities, start):
3      ''' 贪婪算法计算业务员旅行 '''
4      visited = []                                    # 储存已拜访城市
5      visited.append(start)                           # 储存起点城市
6      start_i = cities.index(start)                   # 获得起点城市的索引
7      distance = 0                                    # 旅行距离
8      for outer in range(len(cities) - 1):            # 寻找最近城市
9          graph[start_i][start_i] = INF               # 将自己城市距离设为极大值
10         min_dist = min(graph[start_i])              # 找出最短路径
11         distance += min_dist                        # 更新总路程距离
12         end_i = graph[start_i].index(min_dist)      # 最短距离城市的索引
13         visited.append(cities[end_i])               # 将最短距离城市列入已拜访
14         for inner in range(len(graph)):             # 将已拜访城市距离改为极大值
15             graph[start_i][inner] = INF
16             graph[inner][start_i] = INF
17         start_i = end_i                             # 将下一个城市改为新的起点
18     return distance, visited
19
20 INF = 9999                                          # 距离极大值
21 cities = ['北京', '天津', '西安', '武汉', '上海', '广州']
22 graph = [[0,      132,     1120,    1200,    1463,    1888],
23          [132,    0,       1182,    1367,    957,     2100],
24          [1120,   1182,    0,       1035,    1509,    1950],
25          [1200,   1367,    1035,    0,       686,     1030],
26          [1463,   957,     1509,    686,     0,       1705],
27          [1888,   2100,    1950,    1030,    1705,    0   ]
28         ]
29 start = input('请输入开始城市起点 : ')
30 dist, visited = greedy(graph, cities, start)
31 print('拜访顺序 : ', visited)
32 print('拜访距离 : ', dist)
```

执行结果

```
================ RESTART: D:\Python interveiw\ch14\ch14_8.py ================
请输入开始城市起点：北京
拜访顺序 ：  ['北京', '天津', '上海', '武汉', '广州', '西安']
拜访距离 ：  4755
>>>
================ RESTART: D:\Python interveiw\ch14\ch14_8.py ================
请输入开始城市起点：天津
拜访顺序 ：  ['天津', '北京', '西安', '武汉', '上海', '广州']
拜访距离 ：  4678
>>>
================ RESTART: D:\Python interveiw\ch14\ch14_8.py ================
请输入开始城市起点：西安
拜访顺序 ：  ['西安', '武汉', '上海', '天津', '北京', '广州']
拜访距离 ：  4698
>>>
================ RESTART: D:\Python interveiw\ch14\ch14_8.py ================
请输入开始城市起点：武汉
拜访顺序 ：  ['武汉', '上海', '天津', '北京', '西安', '广州']
拜访距离 ：  4845
>>>
================ RESTART: D:\Python interveiw\ch14\ch14_8.py ================
请输入开始城市起点：上海
拜访顺序 ：  ['上海', '武汉', '广州', '北京', '天津', '西安']
拜访距离 ：  4918
>>>
================ RESTART: D:\Python interveiw\ch14\ch14_8.py ================
请输入开始城市起点：广州
拜访顺序 ：  ['广州', '武汉', '上海', '天津', '北京', '西安']
拜访距离 ：  3925
```

15

第 1 5 章

动态规划算法

面试实例 ch15_1.py：设计 climbStairs（n）处理爬楼梯问题，参数 n 代表 n 阶楼梯，每次可以爬 1 或 2 阶楼梯，然后设计有多少种爬法可以爬上顶端。

实例 1：

　　　输入：1

　　　输出：1

实例 2：

　　　输入：2

　　　输出：2

　　　说明：可以有 2 种爬法，分别是：

　　　（1）1 阶 + 1 阶；

　　　（2）2 阶。

实例 3：

　　　输入：3

　　　输出：3

　　　说明：可以有 3 种爬法，分别是：

　　　（1）1 阶 + 1 阶 + 1 阶；

　　　（2）1 阶 + 2 阶；

　　　（3）2 阶 + 1 阶。

　　　更进一步分析，如果输入是 1、2、3、4、5，分别可以得到 1、2、3、5、8，其实这是斐波那契数列，概念如下：

$$F_n = F_{n-1} + F_{n-2} \quad (n >= 2) \qquad \text{\# 索引是 n}$$

```python
1  # ch15_1.py
2  def climbStairs(n):
3      prev, cur = 1, 1
4      for i in range(1, n):
5          prev, cur = cur, prev + cur          # cur等于前2序列和
6      return cur
7
8  print(climbStairs(2))
9  print(climbStairs(3))
10 print(climbStairs(4))
```

执行结果

```
=============== RESTART: D:\Python interveiw\ch15\ch15_1.py ===============
2
3
5
```

面试实例 ch15_2.py：设计 col（nums）函数计算最多可以募捐多少价值的物品，在募捐时不可以拜访连续的房子。

实例 1：

　　　输入：[1，2，3，1]

输入：4

说明：拜访第 1 家（money = 1），拜访第 3 家（money = 3），最后可以得到 4。

实例 2：

输入：[2，7，9，3，1]

输入：12

说明：拜访第 1 家（money = 2），拜访第 3 家（money = 9），拜访第 5 家（money = 1），最后可以得到 12。

```python
1  # ch15_2.py
2  def col(nums):
3      prev = cur = 0
4      for money in nums:
5          prev, cur = cur, max(prev + money, cur)
6      return cur
7
8  print(col([1, 2, 3, 1]))
9  print(col([2, 7, 9, 3, 1]))
```

执行结果

```
================ RESTART: D:/Python interveiw/ch15/ch15_2.py ================
4
12
```

上述程序最重要的是第 5 行，prev 是前一次所募捐的最高价值，cur 是目前所募捐的价值，然后新的 cur 要取下列的最大值：

prev + money（现在房间物品的价值）

cur（目前募捐的价值）

面试实例 ch15_3.py：设计 minCost（costs）函数用最少经费粉刷房子。粉刷房子可以使用 red、blue、green 这 3 种颜色，每一间房子粉刷不同颜色会有不同的价格，同时所有相邻的房子不可以刷相同的颜色。

粉刷房子的颜色用数组代表，参数 costs 是相关信息，例如：

costs[0][0]：粉刷房子 0，使用 red 颜色的费用。

costs[1][2]：粉刷房子 1，使用 green 颜色的费用。

实例：

输入：[[17，2，14]，[15，16，5]，[14，3，18]]

输出：10

说明：粉刷房子 0 使用 blue 费用是 2，粉刷房子 1 使用 green 费用是 5，粉刷房子 2 使用 blue 费用是 3。

```python
1  # ch15_3.py
2  def minCost(costs):
3      red, blue, green = 0, 0, 0                    # 代表此颜色的最小花费
4      for r, b, g in costs:                         # 须同步更新
5          red,blue,green = r+min(blue,green), b+min(red,green), g+min(red,blue)
6      return min(red, blue, green)                  # 回传整体最小花费
7
8  print(minCost([[17, 2, 14], [15, 16, 5], [14, 3, 18]]))
```

执行结果

```
================ RESTART: D:/Python interveiw/ch15/ch15_3.py ======
10
```

这个程序最重要的是第 4 和 5 行，这是假设使用 red、blue、green 开始时的最小花费，其中第 5 行必须是同时执行不可拆开执行，第 16 行是最后再取整体最小花费回传。

面试实例 ch15_4.py：设计 numWays（n，k）计算粉刷篱笆（fence）问题，这个函数的第 1 个参数 n 代表篱笆数量，第 2 个参数 k 代表油漆颜色数量，在粉刷时不可以有超过连续 2 个篱笆使用相同颜色。

实例 1：

输入：n = 1，k = 2

输出：2

说明：

	篱笆 1
方法 1	color1
方法 2	color2

实例 2：

输入：n = 2，k = 2

输出：4

说明：

	篱笆 1	篱笆 2
方法 1	color1	color1
方法 2	color1	color2
方法 3	color2	color1
方法 4	color2	color2

实例 3：

输入：n = 3，k = 2

输出：6

说明：

	篱笆 1	篱笆 2	篱笆 3
方法 1	color1	color1	color2
方法 2	color1	color2	color1
方法 3	color1	color2	color2
方法 4	color2	color1	color1
方法 5	color2	color1	color2
方法 6	color2	color2	color1

```
1   # ch15_4.py
2   def numWays(n, k):
3       if n == 0:
4           return 0
5       if n == 1:                        # 1根篱笆的刷法
6           return k
7       same = k                          # 2根相同颜色刷法
8       diff = k * (k - 1)                # 2根不相同颜色刷法
9       for i in range(3, n+1):           # 3根篱笆以上的刷法
10          same, diff = diff, (same+diff) * (k - 1)
11      return same + diff                # 回传总计
12
13  print(numWays(1, 2))
14  print(numWays(2, 2))
15  print(numWays(3, 2))
16  print(numWays(4, 2))
```

执行结果

```
=============== RESTART: D:/Python interveiw/ch15/ch15_4.py ===============
2
4
6
10
```

设计这个程序时，当 n = 2，会有下列 2 种情况：

（1）和前一个篱笆颜色相同，有 k×1 种方法，变量命名是 same；

（2）和前一个篱笆颜色不同，有 k×（k-1）种方法，变量命名是 diff。

对于 n >= 3 而言，因为有条件限制不可以有超过 2 种颜色相同，可以执行下列分析：

（1）如果先前 2 种颜色相同，此时可以绘制颜色是 same×（k-1）；

（2）如果先前 2 种颜色不相同，此时可以绘制颜色是 diff×（k-1）。

经过上述分析，下一个篱笆绘制相同颜色的变量计算方式如下：

same = diff

绘制不同颜色的变量计算方式如下：

diff =（same + diff）×（k – 1）

最后回传 same + diff 的总和即可。

面试实例 ch15_5.py：设计 divisorGame（N）函数，参数 N 的值的范围是：

1 <= N <= 1000

Alice 和 Bob 轮流玩此游戏，Alice 先玩，程序需判断 Alice 是不是可以赢此游戏，游戏规则如下：

（1）选择一个 x 值，此值必须符合：

0 < x < N

N % x == 0

（2）符合上述条件后执行：

N = N – x

如果下一个玩家找不出可以往下执行的 x 值，就算此玩家输。

实例 1：

　　输入：N = 2

　　输出：True

　　说明：Alice 选 x = 1，N 变 1，Bob 没有适合的 x，所以 Bob 输，Alice 赢。

实例 2：

　　输入：N = 3

　　输出：False

　　说明：Alice 选 x = 1，N 变 2，换 Bob 选择，请参考实例 1，所以 Bob 赢，Alice 输。

实例 3：

　　输入：N = 4

　　输出：True

　　说明：Alice 选 x = 1，N 变 3，换 Bob 选择，请参考实例 2，所以 Bob 输，Alice 赢。

实例 4：

　　输入：N = 5

　　输出：False

　　说明：Alice 选 x = 1，N 变 4，换 Bob 选择，请参考实例 3，所以 Bob 赢，Alice 输。

实例 5：

　　输入：N = 6

　　输出：False

　　说明：Alice 选 x = 1，N 变 5，换 Bob 选择，请参考实例 4，所以 Bob 赢，Alice 输。

　　从上述操作可以获得结论，只要双方保持最好状态，当 N 为偶数时谁先下谁就赢，因为当谁轮到奇数谁就输，所以轮到偶数的玩家只要让对方保持在奇数就可以赢。

```python
1   # ch15_5.py
2   def divisorGame(N):
3       return N % 2 == 0
4
5   print(divisorGame(2))
6   print(divisorGame(3))
7   print(divisorGame(4))
8   print(divisorGame(5))
9   print(divisorGame(16))
10  print(divisorGame(17))
```

执行结果

```
================ RESTART: D:\Python interveiw\ch15\ch15_5.py ================
True
False
True
False
True
False
```

面试实例 ch15_6.py：设计 uniquePaths（m，n）函数记录机器人从地图左上角到地图右下角有几种走法，参数 m 是地图方格的 row，参数 n 是地图方格的 column，机器人的起点是在地图（0，0）位置，机器人的终点是在地图（m-1，n-1）位置。

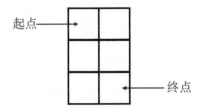

机器人只可以往右走或是往下走，这个程序会要求设计有多少种走法可以走到（m-1，n-1）位置。

实例 1：

　　输入：m = 3，n = 2

　　输出：3

　　说明：方法如下：

　　（1）right -> down -> down

　　（2）down -> down -> right

　　（3）down -> right -> down

实例 2：

　　输入：m = 7，n = 3

　　输出：28

```
1   # ch15_6.py
2   def uniquePaths(m, n):
3       map = [[0] * n] * m
4       for i in range(m):
5           for j in range(n):
6               if i == 0 or j == 0:                    # 行或列为0
7                   map[i][j] = 1                       # 纪录只有1种走法
8               else:
9                   map[i][j] = map[i - 1][j] + map[i][j - 1]   # 左边+上方走法的和
10      return map[m - 1][n - 1]                        # 传回走法的和
11
12  print(uniquePaths(3, 2))
13  print(uniquePaths(7, 3))
```

执行结果

```
================ RESTART: D:/Python interveiw/ch15/ch15_6.py ================
3
28
```

这个程序的设计方式是使用 map 二维数组记录机器人有多少种走法，记录的方式如下：

（1）凡是 row = 0 或 column = 0，表示走法只有 1 种，可参考第 6 和 7 行；

（2）其他方格的走法则是"左边方格的走法 + 上方方格的走法之和"，可参考第 9 行。

```
map[i][j] = map[i-1][j] + map[i][j-1]
```

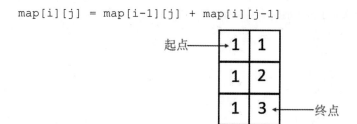

面试实例 ch15_7.py：给一个 triangle 设计 minimumTotal（triangle）函数，计算 triangle 从上到下路径和的最小值，往下找寻路径时，除了是找出较小值，也必须是相邻值。

实例：

输入：

[

[2],

　[3,4],

　[6,5,7],

　[4,1,8,3]

]

输出：11，从上到下是 2 + 3 + 5 + 1 = 11

```
1   # ch15_7.py
2   def minimumTotal(triangle):
3       n = len(triangle)
4       cost = triangle[-1]                          # 初始化最底层
5       for layer in range(n - 2, -1, -1):           # 从下往上记录过程
6           for j in range(layer + 1):
7               # 纪录cost的值
8               cost[j] = triangle[layer][j] + min(cost[j], cost[j + 1])
9       return cost[0]                               # 回传所记录的最小花费
10
11  print(minimumTotal([[2], [3, 4], [6, 5, 7], [4, 1, 8, 3]]))
12  print(minimumTotal([[2], [3, 4], [6, 5, 1], [4, 3, 8, 1]]))
```

执行结果

```
================ RESTART: D:/Python interveiw/ch15/ch15_7.py ================
11
8
```

上述笔者使用一维数组 cost 存储从底端往上的方式求解，其中第 4 行是初始化最短路径，第 5 ～ 8 行是由下往上的方式逐层往上，第 6 ～ 8 行是记录每一层往右边的最小化路径值，方法是：

```
cost[j] = triagnle[layer][j] + min(cost[j],cost[j+1])
```

当逐层往上时，可以得到每一层 cost 列表索引从 0 至 layer 的最小值，到达最上层时只剩 cost[0] 是所要的总值信息，最后回传此值即可。

面试实例 ch15_8.py：有一个人带了可容纳 5 千克物品的背包进了卖场，目前市价如下：

A：释迦：价值 800 元，重 5 千克。

B：西瓜：价值 200 元，重 3 千克。

C：玉荷包：价值 600 元，重 2 千克。

D：苹果：价值 700 元，重 2 千克。

E：黑金刚（莲雾）：400 元，重 3 千克。

F：西红柿：100 元，重 1 千克。

上述单一品种不可分拆，请计算应该如何购买，才可以获得背包容量的最大价值。下列是使用暴力破解法的程序与执行结果。

```python
1   # ch15_8.py
2   def subset_generator(data):
3       final_subset = [[]]                          # 空集合也算是子集合
4       for item in data:
5           final_subset.extend([subset + [item] for subset in final_subset])
6       return final_subset
7
8   data = ['释迦', '西瓜', '玉荷包', '苹果', '莲雾', '西红柿']
9   value = [800, 200, 600, 700, 400, 100]
10  weight = [5, 3, 2, 2, 3, 1]
11  bags = subset_generator(data)
12  max_value = 0                                    # 商品总值
13  for bag in bags:                                 # 处理组合商品
14      if bag:                                      # 如果不是空集合
15          w_sum = 0                                # 组合商品总重量
16          v_sum = 0                                # 组合商品总价值
17          for b in bag:                            # 拆解商品
18              i = data.index(b)                    # 了解商品在data的索引
19              w_sum += weight[i]                   # 加总商品数量
20              v_sum += value[i]                    # 加总商品价值
21              if w_sum <= 5:                       # 如果商品总重量小于5千克
22                  if v_sum > max_value:            # 如果总价值大于目前最大价值
23                      max_value = v_sum            # 更新最大价值
24                      product = bag                # 记录商品
25
26  print('商品组合 = {},\n商品价值 = {}'.format(product, max_value))
```

执行结果

```
=============== RESTART: D:\Python interveiw\ch15\ch15_8.py ===============
商品组合 = ['玉荷包', '苹果', '西红柿'],
商品价值 = 1400
```

下列 ch15_8_1.py 是使用动态规划算法设计此程序：

```python
1   # ch15_8_1.py
2   def fruits_bag(W, wt, val):
3       ''' 动态规划算法 '''
4       n = len(val)
5       table = [[0 for x in range(W + 1)] for x in range(n + 1)]      # 最初化表格
6       items = [[[] for x in range(W + 1)] for x in range(n + 1)]     # 最初化表格
7       for r in range(n + 1):                                         # 填入表格row
8           for c in range(W + 1):                                     # 填入表格column
9               if r == 0 or c == 0:
```

```
10              table[r][c] = 0
11          elif wt[r-1] <= c:
12              cur = val[r-1] + table[r-1][c-wt[r-1]]
13              cur_items = []
14              cur_items.append(item[r-1])
15              if items[r-1][c-wt[r-1]]:
16                  cur_items += items[r-1][c-wt[r-1]]
17              pre = table[r-1][c]
18              pre_items = items[r-1][c]
19              if cur > pre:
20                  table[r][c] = cur
21                  items[r][c] = cur_items
22              else:
23                  table[r][c] = pre
24                  items[r][c] = pre_items
25          else:
26              table[r][c] = table[r-1][c]
27              items[r][c] = items[r-1][c]
28      return items, table[n][W]
29
30  item = ['释迦', '西瓜', '玉荷包', '苹果', '莲雾', '西红柿']
31  value = [800, 200, 600, 700, 400, 100]          # 商品价值
32  weight = [5, 3, 2, 2, 3, 1]                      # 商品重量
33  bag_weight = 5                                   # 背包可容重量
34  items, total_value = fruits_bag(bag_weight, weight, value)
35  print('最高价值 : ', total_value)
36  print('商品组合 : ', items[len(item)][bag_weight])
```

执行结果

```
=============== RESTART: D:\Python interveiw\ch15\ch15_8_1.py ===============
最高价值 :  1400
商品组合 :  ['西红柿', '苹果', '玉荷包']
```

面试实例 ch15_9.py：北京是首都也是文化古城，景点非常多，笔者列了一份北京的景点清单如下：

景点	时间	点评分数
颐和园	0.5 天	7
天坛	0.5 天	6
故宫	1 天	9
万里长城	2 天	9
圆明园	0.5 天	8

假设我们计划在北京旅游 2 天，请设计如何旅游，可以实现景点点评部分最高，这类问题也可以使用动态规划算法计算。

```
1   # ch15_9.py
2   def traveling(W, wt, val):
3       ''' 动态规划算法 '''
4       n = len(val)
5       table = [[0 for x in range(W + 1)] for x in range(n + 1)]    # 最初化表格
6       items = [[[] for x in range(W + 1)] for x in range(n + 1)]   # 最初化表格
7       for r in range(n + 1):                                       # 填入表格row
8           for c in range(W + 1):                                   # 填入表格column
9               if r == 0 or c == 0:
10                  table[r][c] = 0
11              elif wt[r-1] <= c:
12                  cur = val[r-1] + table[r-1][c-wt[r-1]]
13                  cur_items = []
14                  cur_items.append(item[r-1])
15                  if items[r-1][c-wt[r-1]]:
16                      cur_items += items[r-1][c-wt[r-1]]
17                  pre = table[r-1][c]
18                  pre_items = items[r-1][c]
19                  if cur > pre:
20                      table[r][c] = cur
21                      items[r][c] = cur_items
22                  else:
23                      table[r][c] = pre
24                      items[r][c] = pre_items
25              else:
26                  table[r][c] = table[r-1][c]
27                  items[r][c] = items[r-1][c]
28      return items, table[n][W]
29
30  item = ['颐和园', '天坛', '故宫', '万里长城', '圆明园']
31  value = [7, 6, 9, 9, 8]                                          # 旅游点评分数
32  weight = [1, 1, 2, 4, 1]                                         # 单项景点所需天数
33  travel_weight = 4                                                # 总旅游天数
34  items, total_value = traveling(travel_weight, weight, value)
35  print('旅游点评总分 : ', total_value)
36  print('旅游景点组合 : ', items[len(item)][travel_weight])
```

执行结果

```
================ RESTART: D:\Python interveiw\ch15\ch15_9.py ================
旅游点评总分 :   24
旅游景点组合 :   ['圆明园', '故宫', '颐和园']
```

面试实例 ch15_10.py：有 10 个人要去挖金矿，其中有 5 座矿山，假设各个金矿一天产值如下：

矿山 A：每天产值 10 千克，需要 3 个人。

矿山 B：每天产值 16 千克，需要 4 个人。

矿山 C：每天产值 20 千克，需要 3 个人。

矿山 D：每天产值 22 千克，需要 5 个人。

矿山 E：每天产值 25 千克，需要 5 个人。

思考要如何调配人力，以达到每天最大金矿产值。其实这也是动态规划的问题。

```
1   # ch15_10.py
2   def gold(W, wt, val):
3       ''' 动态规划算法 '''
4       n = len(val)
5       table = [[0 for x in range(W + 1)] for x in range(n + 1)]    # 最初化表格
6       items = [[[] for x in range(W + 1)] for x in range(n + 1)]   # 最初化表格
7       for r in range(n + 1):                                       # 填入表格row
8           for c in range(W + 1):                                   # 填入表格column
9               if r == 0 or c == 0:
10                  table[r][c] = 0
11              elif wt[r-1] <= c:
12                  cur = val[r-1] + table[r-1][c-wt[r-1]]
13                  cur_items = []
14                  cur_items.append(item[r-1])
15                  if items[r-1][c-wt[r-1]]:
16                      cur_items += items[r-1][c-wt[r-1]]
17                  pre = table[r-1][c]
18                  pre_items = items[r-1][c]
19                  if cur > pre:
20                      table[r][c] = cur
21                      items[r][c] = cur_items
22                  else:
23                      table[r][c] = pre
24                      items[r][c] = pre_items
25              else:
26                  table[r][c] = table[r-1][c]
27                  items[r][c] = items[r-1][c]
28      return items, table[n][W]
29
30  item = ['矿山 A', '矿山 B', '矿山 C', '矿山 D', '矿山 E']
31  value = [10, 16, 20, 22, 25]                          # 金矿产值
32  weight = [3, 4, 3, 5, 5]                              # 单项金矿所需人力
33  gold_weight = 10                                      # 总人力
34  items, total_value = gold(gold_weight, weight, value)
35  print('最大产值 = {} 公斤'.format(total_value))
36  print('矿山组合 : ', items[len(item)][gold_weight])
```

执行结果

```
================ RESTART: D:\Python interveiw\ch15\ch15_10.py ================
最大产值 = 47 公斤
矿山组合 :  ['矿山 E', '矿山 D']
```

16

第 16 章

综合应用

面试实例 ch16_1.py：设计 floodFill（image，sr，sc，newColor）函数为图像执行颜色更改，图像是用二维列表 image 表示，floodFill( ) 函数的参数 sr 和 sc 是要修改颜色的起点 row 和 col 坐标，newColor 则是要修改的新颜色。

图像颜色更改方法为：

（1）从指定地址开始将旧颜色 color 更改为新颜色 newColor；

（2）相邻坐标如果颜色是相同的旧颜色 color，则改为新的 newColor；

（3）继续找寻已经更改颜色的相邻边，可以使用深度优先的搜寻更改或是广度优先的搜寻更改。

实例：

输入：image =[[1，1，1]，[1，1，0]，[1，0，1]]，sr = 1，sc = 1，newColor = 2

输出：[[2，2，2]，[2，2，0]，[2，0，1]]

可以参考下列图示：

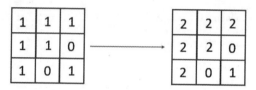

```
1   # ch16_1.py
2   def floodFill(image, sr, sc, newColor):
3       def dfs(r, c):                              # 深度优先搜寻
4           if image[r][c] == color:               # 如果是旧颜色
5               image[r][c] = newColor             # 改为新颜色
6               if r >= 1:                          # 测试有否到顶端
7                   dfs(r - 1, c)                   # 深度优先搜寻上方更改
8               if r < row - 1:                     # 测试有否到底端
9                   dfs(r + 1, c)                   # 深度优先搜寻下方更改
10              if c >= 1:                          # 测试有否到最左方
11                  dfs(r, c - 1)                   # 深度优先搜寻左方更改
12              if c < col - 1:                     # 测试有否到最右方
13                  dfs(r, c + 1)                   # 深度优先搜寻右方更改
14
15      row, col = len(image), len(image[0])        # 图像row长度和col长度
16      color = image[sr][sc]                       # 图像颜色
17      if color == newColor:                       # 如果图像颜色与新颜色相同
18          return image                            # 回传图像
19      dfs(sr, sc)                                 # 深度优先搜寻
20      return image
21
22  print(floodFill([[1,1,1],[1,1,0],[1,0,1]], sr = 1, sc = 1, newColor = 2))
```

执行结果

```
================ RESTART: D:/Python interveiw/ch16/ch16_1.py ================
[[2, 2, 2], [2, 2, 0], [2, 0, 1]]
```

上述第 15 行是获得图像的 row 和 column，第 16 行是获得指定图像位置的图像颜色 color，第 17 和 18 行是比较旧图像颜色 color 与新图像颜色 newColor 是否相同，如果相同则回传。第 19 行是

使用所接收的参数，调用 dfs( ) 函数执行深度优先搜寻。

在 dfs( ) 函数内，第 4 行会先检查指定图像位置的颜色是不是旧颜色 color，如果是，第 5 行则执行此颜色内容更改，然后使用深度优先概念依上（第 6 和 7 行）、下（第 8 和 9 行）、左（第 10 和 11 行）、右（第 12 和 13 行），的次序做深度优先搜寻更改颜色。

下列是相同程序更改为广度优先的实例。

```python
1  # ch16_1_1.py
2  def floodFill(image, sr, sc, newColor):
3      color = image[sr][sc]                    # 图像颜色
4      row, col = len(image), len(image[0])     # 图像row长度和col长度
5      if image[sr][sc] == newColor:            # 如果图像颜色与新颜色相同
6              return image                     # 回传图像
7      stack = [(sr,sc)]                        # 堆栈处理广度优先搜寻
8      while stack:
9          r, c = stack.pop()                   # 取出堆栈，这是颜色地址
10         if image[r][c] == color:             # 如果是旧颜色
11             image[r][c] = newColor           # 改为新颜色
12             if r >= 1:                       # 测试有否到顶端
13                 stack.append((r - 1, c))     # 广度优先上方进入堆栈
14             if r < row - 1:                  # 测试有否到底端
15                 stack.append((r + 1, c))     # 广度优先下方进入堆栈
16             if c >= 1:                       # 测试有否到最左
17                 stack.append((r, c - 1))     # 广度优先左方进入堆栈
18             if c < col - 1:                  # 测试有否到最右方
19                 stack.append((r, c + 1))     # 广度优先左方进入堆栈
20     return image
21
22 print(floodFill([[1,1,1],[1,1,0],[1,0,1]], sr = 1, sc = 1, newColor = 2))
```

执行结果

```
=============== RESTART: D:/Python interveiw/ch16/ch16_1_1.py ===============
[[2, 2, 2], [2, 2, 0], [2, 0, 1]]
```

面试实例 ch16_2.py：台湾南部香蕉园的园主 Tom 想要从脸书上找寻经销香蕉的商家，假设目前脸书人脉关系图如下：

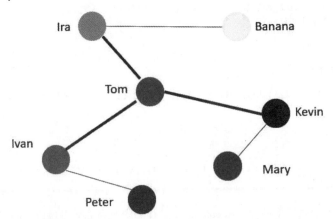

请设计程序，当输入 Banana，输出 True，当输入 Orange，输出 False。

```
1   # ch16_2.py
2   def search(name, fruit):
3       ''' 搜寻卖水果fruit的朋友 '''
4       dealer = []
5       dealer += graph[name]              # 搜寻列表先储存Tom的朋友
6       while dealer:
7           person = dealer.pop(0)         # 从左边取资料
8           if person == fruit:            # 如果是True，表示找到了
9               return True                # search()执行结束
10          else:
11              dealer += graph[person]    # 将不是经销商的朋友加入搜寻列表
12      return False
13
14  graph = {'Tom':['Ivan', 'Ira', 'Kevin'],
15          'Ivan':['Peter'],
16          'Ira':['Banana'],
17          'Kevin':['Mary'],
18          'Peter':[],
19          'Banana':[],
20          'Mary':[]
21          }
22
23  print(search('Tom', 'Banana'))
24  print(search('Tom', 'Orange'))
```

执行结果

```
================ RESTART: D:/Python interveiw/ch16/ch16_2.py ================
True
False
```

这也是广度优先搜寻的应用，采用列表存储周遭的朋友，然后再一步一步取出列表数据做比对。

面试实例 ch16_3.py：设计走迷宫程序，使用二维列表代表迷宫，如下所示：

```
maze = [
        [1, 1, 1, 1, 1, 1],
        [1, 0, 1, 0, 1, 1],
        [1, 0, 1, 0, 0, 1],
        [1, 0, 0, 0, 1, 1],
        [1, 0, 1, 0, 0, 1],
        [1, 1, 1, 1, 1, 1]
        ]
```

其中迷宫入口是在（1，1）位置，出口在（4，4）位置，请设计程序可以走此迷宫，同时列出所走过的路径，同时将迷宫入口、出口改为2，曾经走过的路径改为3，输出此迷宫。

```
1   # ch16_3.py
2   from pprint import pprint
3   maze = [                           # 迷宫地图
4           [1, 1, 1, 1, 1, 1],
5           [1, 0, 1, 0, 1, 1],
6           [1, 0, 1, 0, 0, 1],
7           [1, 0, 0, 0, 1, 1],
8           [1, 0, 1, 0, 0, 1],
9           [1, 1, 1, 1, 1, 1]
10          ]
```

```
11  directions = [                                  # 使用列表设计走迷宫方向
12              lambda r, c: (r-1, c),              # 往上走
13              lambda r, c: (r+1, c),              # 往下走
14              lambda r, c: (r, c-1),              # 往左走
15              lambda r, c: (r, c+1),              # 往右走
16              ]
17  def maze_solve(r, c, goal_r, goal_c):
18      ''' 解迷宫程序 r, c是迷宫入口, goal_r, goal_c是迷宫出口'''
19      maze[r][c] = 2
20      stack = []                                  # 建立路径堆栈
21      stack.append((r, c))                        # 将路径push入堆栈
22      print('迷宫开始')
23      while (len(stack) > 0):
24          cur = stack[-1]                         # 目前位置
25          print('目前位置 : ', cur)
26          if cur[0] == goal_r and cur[1] == goal_c:
27              print('抵达出口')
28              return True                         # 抵达出口返回True
29          for dir in directions:                  # 依上, 下, 左, 右优先次序走此迷宫
30              next = dir(cur[0], cur[1])
31              if maze[next[0]][next[1]] == 0:     # 如果是通道可以走
32                  stack.append(next)
33                  maze[next[0]][next[1]] = 2      # 用2标记走过的路
34                  break
35          else:                                   # 如果进入死路, 则回溯
36              maze[cur[0]][cur[1]] = 3            # 标记死路
37              stack.pop()                         # 回溯
38      else:
39          print("没有路径")
40          return False
41
42  maze_solve(1, 1, 4, 4)
43  pprint(maze)                                    # 跳行显示元素
```

执行结果

```
================= RESTART: D:\Python interveiw\ch16\ch16_3.py =================
迷宫开始
目前位置 :  (1, 1)
目前位置 :  (2, 1)
目前位置 :  (3, 1)
目前位置 :  (4, 1)
目前位置 :  (3, 1)
目前位置 :  (3, 2)
目前位置 :  (3, 3)
目前位置 :  (2, 3)
目前位置 :  (1, 3)
目前位置 :  (2, 3)
目前位置 :  (2, 4)
目前位置 :  (2, 3)
目前位置 :  (3, 3)
目前位置 :  (4, 3)
目前位置 :  (4, 4)
抵达出口
[[1, 1, 1, 1, 1, 1],
 [1, 2, 1, 3, 1, 1],
 [1, 2, 1, 3, 3, 1],
 [1, 2, 2, 2, 1, 1],
 [1, 3, 1, 2, 2, 1],
 [1, 1, 1, 1, 1, 1]]
```

面试实例 ch16_4.py：河内塔问题，这是由法国数学家**爱德华·卢卡斯**（François Édouard Anatole Lucas）在 1883 年发明的问题。

它的概念是有 3 根木桩，我们可以定义为 A、B、C，在 A 木桩上有 n 个穿孔的圆盘，从上到下的圆盘可以用 1，2，3，…，n 做标记，圆盘的尺寸由下到上依次变小，它的移动规则如下：

（1）每次只能移动一个圆盘。

（2）只能移动最上方的圆盘。

（3）必须保持小的圆盘在大的圆盘上方。

只要保持上述规则，圆盘可以移动至任何其他 2 根木桩。这个问题是借助 B 木桩，将所有圆盘移到 C。假设现在有 3 个圆盘，如下图所示：

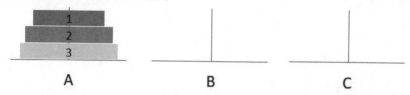

请设计程序可以将 3 个圆盘从 A 移到 C。

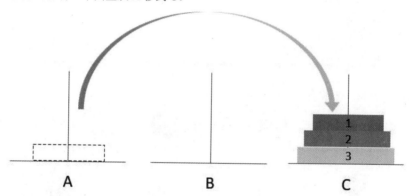

这个程序会先要求输入圆盘数量，同时需要列出移动过程。

```python
1  # ch16_4.py
2  def hanoi(n, src, aux, dst):
3      global step
4      ''' 河内塔 '''
5      if n == 1:                          # 河内塔终止条件
6          step += 1                       # 记录步骤
7          print('{0:2d} : 移动圆盘 {1} 从 {2} 到 {3}'.format(step, n, src, dst))
8      else:
9          hanoi(n - 1, src, dst, aux)
10         step += 1                       # 记录步骤
11         print('{0:2d} : 移动圆盘 {1} 从 {2} 到 {3}'.format(step, n, src, dst))
12         hanoi(n - 1, aux, src, dst)
13
14 step = 0
15 n = eval(input('请输入圆盘数量 : '))
16 hanoi(n, 'A', 'B', 'C')
```

执行结果

```
================ RESTART: D:\Python interveiw\ch16\ch16_4.py ================
请输入圆盘数量：3
 1 ：移动圆盘 1 从 A 到 C
 2 ：移动圆盘 2 从 A 到 B
 3 ：移动圆盘 1 从 C 到 B
 4 ：移动圆盘 3 从 A 到 C
 5 ：移动圆盘 1 从 B 到 A
 6 ：移动圆盘 2 从 B 到 C
 7 ：移动圆盘 1 从 A 到 C
>>>
================ RESTART: D:\Python interveiw\ch16\ch16_4.py ================
请输入圆盘数量：4
 1 ：移动圆盘 1 从 A 到 B
 2 ：移动圆盘 2 从 A 到 C
 3 ：移动圆盘 1 从 B 到 C
 4 ：移动圆盘 3 从 A 到 B
 5 ：移动圆盘 1 从 C 到 A
 6 ：移动圆盘 2 从 C 到 B
 7 ：移动圆盘 1 从 A 到 B
 8 ：移动圆盘 4 从 A 到 C
 9 ：移动圆盘 1 从 B 到 C
10 ：移动圆盘 2 从 B 到 A
11 ：移动圆盘 1 从 C 到 A
12 ：移动圆盘 3 从 B 到 C
13 ：移动圆盘 1 从 A 到 B
14 ：移动圆盘 2 从 A 到 C
15 ：移动圆盘 1 从 B 到 C
```

面试实例 ch16_5.py：假设有一个权重图形如下：

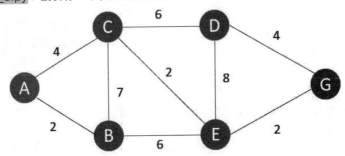

请设计程序，输入任意节点当作起点，然后程序可以计算输入节点至各节点的最短距离。

```python
 1  # ch16_5.py
 2  def dijkstra(graph, start):
 3      visited = []
 4      index = start
 5      nodes = dict((k, INF) for k in graph)        # 设定节点为最大值
 6      nodes[start] = 0                             # 设定起点为start
 7
 8      while len(visited) < len(graph):             # 有几个节点就执行几次
 9          visited.append(index)
10          for i in graph[index]:
11              new_cost = nodes[index] + graph[index][i]    # 新路径距离
12              if  new_cost < nodes[i]:                      # 新路径如果比较短
13                  nodes[i] = new_cost                       # 采用新路径
14
15          next = INF
```

```
16          for n in nodes:                    # 从列表中找出下一个节点
17              if n in visited:               # 如果已拜访回到for选下一个
18                  continue
19              if nodes[n] < next:            # 找出新的最小权重节点
20                  next = nodes[n]
21                  index = n
22      return nodes
23
24  INF = 9999
25  graph = {'A':{'A':0, 'B':2, 'C':4},
26           'B':{'B':0, 'A':2, 'C':7, 'E':6},
27           'C':{'C':0, 'A':4, 'D':6, 'E':2},
28           'D':{'D':0, 'C':6, 'E':8, 'G':4},
29           'E':{'E':0, 'B':6, 'C':2, 'D':8, 'G':2},
30           'G':{'G':0, 'D':4, 'E':2}
31          }
32  node = input('请输入起点 : ')
33  rtn = dijkstra(graph, node)
34  print(rtn)
```

执行结果

```
================ RESTART: D:\Python interveiw\ch16\ch16_5.py ================
请输入起点 : C
{'A': 4, 'B': 6, 'C': 0, 'D': 6, 'E': 2, 'G': 4}
>>>
================ RESTART: D:\Python interveiw\ch16\ch16_5.py ================
请输入起点 : E
{'A': 6, 'B': 6, 'C': 2, 'D': 6, 'E': 0, 'G': 2}
>>>
================ RESTART: D:\Python interveiw\ch16\ch16_5.py ================
请输入起点 : G
{'A': 8, 'B': 8, 'C': 4, 'D': 4, 'E': 2, 'G': 0}
```

面试实例 ch16_6.py：有一个图形含负权重如下：

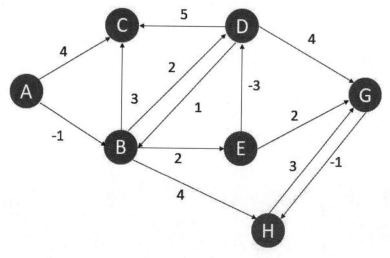

请在输入起点，然后可以计算此起点到任一节点的最短路径。

```python
1   # ch16_6.py
2   def get_edges(graph):
3       ''' 建立边线信息 '''
4       n1 = []                              # 线段的节点1
5       n2 = []                              # 线段的节点2
6       weight = []                          # 定义线段权重列表
7       for i in graph:                      # 为每一个线段建立两端的节点列表
8           for j in graph[i]:
9               if graph[i][j] != 0:
10                  weight.append(graph[i][j])
11                  n1.append(i)
12                  n2.append(j)
13      return n1, n2, weight
14
15  def bellman_ford(graph, start):
16      n1, n2, weight = get_edges(graph)
17      nodes = dict((i, INF) for i in graph)
18      nodes[start] = 0
19      for times in range(len(graph) - 1):     # 执行循环len(graph)-1次
20          cycle = 0
21          for i in range(len(weight)):
22              new_cost = nodes[n1[i]] + weight[i]   # 新的路径花费
23              if  new_cost < nodes[n2[i]]:          # 新路径如果比较短
24                  nodes[n2[i]] = new_cost           # 采用新路径
25                  cycle = 1
26          if cycle == 0:                           # 如果没有更改结束for循环
27              break
28      flag = 0
29  # 下一个循环是检查是否存在负权重的循环
30      for i in range(len(nodes)):                  # 对每条边线在执行一次松弛操作
31          if nodes[n1[i]] + weight[i] < nodes[n2[i]]:
32              flag = 1
33              break
34      if flag:                                     # 如果有变化表示有负权重的循环
35          return '图形含负权重的循环'
36      return nodes
37
38  INF = float('inf')
39  graph = {'A':{'A':0, 'B':-1, 'C':4},
40           'B':{'B':0, 'C':3, 'D':2, 'E':2, 'H':4},
41           'C':{'C':0},
42           'D':{'D':0, 'B':1, 'C':5, 'G':4},
43           'E':{'E':0, 'D':-3, 'E':2},
44           'G':{'G':0, 'H':3},
45           'H':{'H':0, 'G':-1}
46           }
47
48  start = input("请输入起点 : ")
49  rtn = bellman_ford(graph, start)
50  print(rtn)
```

执行结果

```
=============== RESTART: D:\Python interveiw\ch16\ch16_6.py ===============
请输入起点 : A
{'A': 0, 'B': -1, 'C': 2, 'D': -2, 'E': 1, 'G': 2, 'H': 3}
>>>
=============== RESTART: D:\Python interveiw\ch16\ch16_6.py ===============
请输入起点 : D
{'A': inf, 'B': 1, 'C': 4, 'D': 0, 'E': 3, 'G': 4, 'H': 5}
```

面试实例 ch16_7.py：八皇后问题是一个经典的算法题目，最早由马克斯·贝瑟尔（Max Bezzel）在 1848 年提出。主要是以 8×8 的西洋棋盘为背景，放置八个皇后，然后任一个皇后都无法吃掉其他皇后。在西洋棋的规则中，任何两个皇后不可以在同一行、同一列或对角线。

如果一个皇后在（row=3，col=3）位置，如下所示的虚线部位就是无法放置其他皇后的位置。

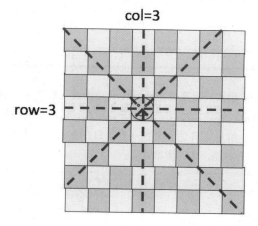

```
1   # ch16_7.py
2   class Queens:
3       def __init__(self):
4           self.queens = size * [-1]              # 默认皇后位置
5           self.solve(0)                          # 从row = 0 开始搜寻
6           for i in range(size):                  # 绘制结果图
7               for j in range(size):
8                   if self.queens[i] == j:
9                       print('Q', end='')
10                  else:
11                      print('1',end='')
12              print()
13      def is_OK(self, row, col):
14          ''' 检查是否可以放在此row, col位置 '''
15          for i in range(1, row + 1):            # 循环往前检查是否冲突
16              if (self.queens[row - i] == col     # 检查栏
17                  or self.queens[row - i] == col - i   # 检查左上角斜线
18                  or self.queens[row - i] == col + i): # 检查右上角斜线
19                  return False                   # 传回有冲突，不可使用
20          return True                            # 传回可以使用
21
22      def solve(self, row):
23          ''' 从第 row 列开始找寻皇后的位置 '''
24          if row == size:                        # 终止搜寻条件
25              return True
26          for col in range(size):
27              self.queens[row] = col             # 安置(row, col)
28              if self.is_OK(row, col) and self.solve(row + 1):
29                  return True                    # 找到并返回
30          return False                           # 表示此row没有解答
31
32  size = 8                                       # 棋盘大小
33  Queens()
```

执行结果

```
=============== RESTART: D:/Python interveiw/ch16/ch16_7.py ===============
Q1111111
1111Q111
1111111Q
11111Q11
11Q11111
111111Q1
1Q111111
111Q1111
```

面试实例 ch16_8.py：VLSI 超大规模集成电路设计或是微波工程常使用 H-Tree，H-Tree 也是数学领域分形（fractal）的一部分。从英文大写字母 H 开始绘制，H 的三条线长度一样，这个 H 算 0 阶分形，可参考下方左图，第 1 阶是将 H 的 4 个顶点当作 H 的中心点产生新的 H，这个 H 的长度大小是原先 H 的一半，可参考下方右图，依此类推。

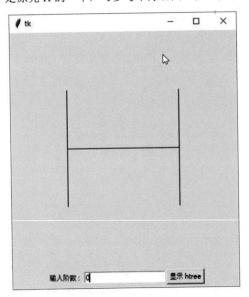 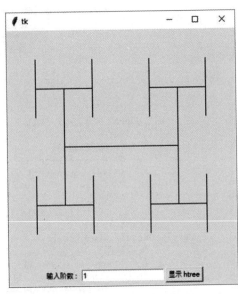

```
1   # ch16_8.py
2   from tkinter import *
3   def htree(order, center, ht):
4       ''' 依指定阶数绘制 H 树分形 '''
5       if order >= 0:
6           p1 = [center[0] - ht / 2, center[1] - ht / 2]    # 左上点
7           p2 = [center[0] - ht / 2, center[1] + ht / 2]    # 左下点
8           p3 = [center[0] + ht / 2, center[1] - ht / 2]    # 右上点
9           p4 = [center[0] + ht / 2, center[1] + ht / 2]    # 右下点
10
11          drawLine([center[0] - ht / 2, center[1]],
12              [center[0] + ht / 2, center[1]])             # 绘制H水平线
13          drawLine(p1, p2)                                  # 绘制H左边垂直线
14          drawLine(p3, p4)                                  # 绘制H右边垂直线
15
16          htree(order - 1, p1, ht / 2)                      # 递归左上点当中间点
17          htree(order - 1, p2, ht / 2)                      # 递归左下点当中间点
18          htree(order - 1, p3, ht / 2)                      # 递归右上点当中间点
19          htree(order - 1, p4, ht / 2)                      # 递归右下点当中间点
```

```
20   def drawLine(p1,p2):
21       ''' 绘制p1和p2之间的线条 '''
22       canvas.create_line(p1[0],p1[1],p2[0],p2[1],tags="htree")
23   def show():
24       ''' 显示 htree '''
25       canvas.delete("htree")
26       length = 200
27       center = [200, 200]
28       htree(order.get(), center, length)
29
30   tk = Tk()
31   canvas = Canvas(tk, width=400, height=400)      # 建立画布
32   canvas.pack()
33   frame = Frame(tk)                               # 建立框架
34   frame.pack(padx=5, pady=5)
35   # 在框架Frame内建立标签Label，输入阶乘数Entry，按钮Button
36   Label(frame, text="输入阶数：").pack(side=LEFT)
37   order = IntVar()
38   order.set(0)
39   entry = Entry(frame, textvariable=order).pack(side=LEFT,padx=3)
40   Button(frame, text="显示 htree",
41         command=show).pack(side=LEFT)
42   tk.mainloop()
```

执行结果

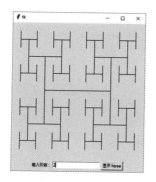 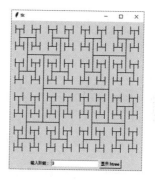

面试实例 ch16_9.py：科赫是瑞典数学家，这一题所介绍的科赫雪花分形是以他的名字命名，其原理如下：

（1）建立一个等边三角形，这个等边三角形称 0 阶；

（2）从一个边开始，将此边分成 3 个等边长，1/3 等边长是 x 点、2/3 等边长是 y 点，中间的线段向外延伸产生新的等边三角形。下列是 0、1、3、4 阶的结果。

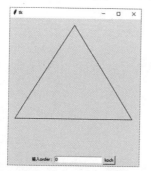 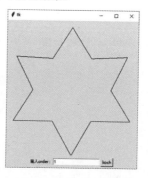

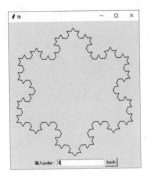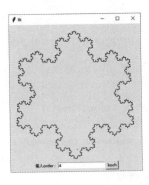

```
1   # ch16_9.py
2   from tkinter import *
3   import math
4
5   def koch(order, p1, p2):
6       ''' 绘制科赫雪花分形(Fractal) '''
7       if order == 0:                        # 如果阶层是0绘制线条
8           drawLine(p1, p2)
9       else:                                 # 计算线段间的x, y, z点
10          dx = p2[0] - p1[0]                # 计算线段间的x轴距离
11          dy = p2[1] - p1[1]                # 计算线段间的y轴距离
12  # x是1/3线段点, y是2/3线段点, z是突出点
13          x = [p1[0] + dx / 3, p1[1] + dy / 3]
14          y = [p1[0] + dx * 2 / 3, p1[1] + dy * 2 / 3]
15          z = [(int)((p1[0]+p2[0]) / 2 - math.cos(math.radians(30)) * dy / 3),
16              (int)((p1[1]+p2[1]) / 2 + math.cos(math.radians(30)) * dx / 3)]
17          # 递归调用绘制科赫雪花分形
18          koch(order - 1, p1, x)
19          koch(order - 1, x, z)
20          koch(order - 1, z, y)
21          koch(order - 1, y, p2)
22
23  # 绘制p1和p2之间的线条
24  def drawLine(p1, p2):
25      canvas.create_line(p1[0], p1[1], p2[0], p2[1],tags="myline")
26
27  # 显示koch线段
28  def koch_demo():
29      canvas.delete("myline")
30      p1 = [200, 20]
31      p2 = [20, 300]
32      p3 = [380, 300]
33      order = depth.get()
34      koch(order, p1, p2)                   # 上方点到左下方点
35      koch(order, p2, p3)                   # 左下方点到右下方点
36      koch(order, p3, p1)                   # 右下方点到上方点
37
38  # main
39  tk = Tk()
40  myWidth = 400
41  myHeight = 400
42  canvas = Canvas(tk, width=myWidth, height=myHeight)
43  canvas.pack()
```